高等职业教育专业教材

无机及分析化学

赵晓华　主编
孙迎东　主审

中国轻工业出版社

图书在版编目（CIP）数据

无机及分析化学/赵晓华主编．—北京：中国轻工业出版社，2024.5

高等职业教育“十二五”规划教材

ISBN 978-7-5019-8361-2

Ⅰ.①无…　Ⅱ.①赵…　Ⅲ.①无机化学-高等职业教育-教材②分析化学-高等职业教育-教材　Ⅳ.①061②065

中国版本图书馆 CIP 数据核字（2011）第 150228 号

责任编辑：江　娟　贺　娜

策划编辑：江　娟　　责任终审：滕炎福　　封面设计：锋尚设计

版式设计：锋尚设计　责任校对：燕　杰　　责任监印：张　可

出版发行：中国轻工业出版社（北京鲁谷东街 5 号，邮编：100040）

印　　刷：三河市万龙印装有限公司

经　　销：各地新华书店

版　　次：2024 年 5 月第 1 版第 11 次印刷

开　　本：720×1000　1/16　印张：15

字　　数：302 千字

书　　号：ISBN 978-7-5019-8361-2　定价：30.00 元

邮购电话：010－85119873

发行电话：010－85119832　010－85119912

网　　址：http://www.chlip.com.cn

Email：club@chlip.com.cn

240799J2C111ZBW

本系列教材编委会

（按姓氏笔画排列）

《无机及分析化学》编写人员

主　编　赵晓华（滨州职业学院）

副主编　牛洪波（烟台职业学院）
韩　娟（山东省农业管理干部学院）
柏芳青（滨州职业学院）
丁　新（日照职业技术学院）

参　编（按姓氏笔画排序）
毕秋芸（淄博职业学院）
孙清荣（山东科技职业学院）
李　华（烟台职业学院）
杨俊杰（齐鲁师范学院）
邹佳佳（日照职业技术学院）
张秀娟（烟台职业学院）
韩德红（山东科技职业学院）
缪金伟（东营职业学院）

主　审　孙迎东（滨州医学院附属医院）

前言

随着高等教育教学改革的不断深入，教学内容和课程体系都随之发生了较大的变化。为了适应高职高专培养目标的要求我们编写了《无机及分析化学》教材。

本教材根据生物类专业课程教学改革的要求组织编写。在编写过程中力求体现近年来高职高专的教学改革成果，突出高职高专的教学特点，本着深入浅出的指导思想和职业院校对基础课的“实用为主、够用为度、应用为本”的原则，把无机化学和分析化学知识有机地融合在一起。

在本教材的编写中，注重体现“项目化教学”的思想，以任务为载体，将知识点分散于各个项目的任务中，每个项目设定了一个或多个模块；采取以酸碱滴定技术为主，以点带面，强化学生的技能，加大了该部分技能训练在整部教材技能训练中所占的比例，精选了部分典型的思考练习题以对各知识点进行巩固。

本教材分为七个项目，包括无机化学基础知识（模块一由缪金伟编写，模块二由柏芳青编写）、分析化学的误差及数据处理技术（赵晓华编写）、分析化学的常用实验技术（模块一、模块二由孙清荣编写，模块三由杨俊杰编写）、酸碱滴定技术（赵晓华编写）、氧化还原滴定技术（韩德红编写）、配位滴定技术（毕秋芸编写）、沉淀分析技术（模块一、模块二、模块三由韩娟编写，模块四由邹佳佳编写）；精选 19 个技能训练（1、2、3、4 由李华编写，5、8、9、13、14、16、17、18、19 由牛洪波编写，6、7、10、11、12、15 由张秀娟编写），以促使学生技能的形成与提高。本教材由赵晓华担任主编，牛洪波、韩娟、柏芳青、丁新担任副主编。牛洪波、韩娟、柏芳青、丁新参加了审稿工作，孙迎东担任主审。全书由赵晓华统稿。

由于编者水平有限，且时间仓促，书中不足之处在所难免，欢迎读者批评指正。

编　者

目 录

项目一
无机化学基础知识

模块一 化学平衡

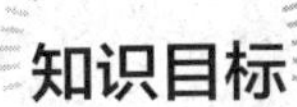

知识目标

1. 了解化学反应速率的概念；掌握浓度、温度对反应速率的影响。
2. 了解化学平衡的概念，理解化学平衡常数的意义。
3. 掌握化学平衡移动的影响因素。

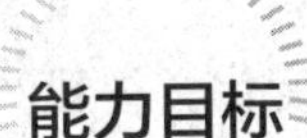

能力目标

1. 学会化学平衡的有关计算。
2. 能够判断反应方向。

就化学研究而言，一个化学反应能否被利用，需要考虑三个问题：①反应能否发生，即化学热力学问题；②反应进行的速率，这是化学动力学问题，对于有益的化学反应，需要提高反应速率，节省反应时间，提高经济效益；③反应的产率问题，即化学平衡问题，对于我们需要的反应，应尽可能多地使反应物转化为生成物，提高原材料的利用率，降低成本。研究的目的在于控制反应速率，使其按我们希望的速率进行。

一、化学反应速率

（一）反应速率的表示方法

1. 平均速率

定义：反应速率是指在一定条件下，反应物转变为生成物的速率。化学反应速率经常用单位时间内反应物浓度的减少或生成物浓度的增加来表示。

$$\bar{v}=\frac{c_2-c_1}{t_2-t_1}=\frac{\Delta c_i}{\Delta t}$$

一般浓度单位用mol/L，时间单位用s来表示，因此，一般反应速率单位为mol/(L·s)。

例如，在给定条件下，合成氨反应

	N_2	+	$3H_2 \rightleftharpoons 2NH_3$
起始浓度（mol/L）	2.0	3.0	0
2s末浓度（mol/L）	1.8	2.4	0.4

该反应平均速率若根据不同物质的浓度变化可分别表示为（以下时间内的平均反应速率）：

$$\bar{v}_{N_2}=-\frac{\Delta c_{N_2}}{\Delta t}=-\frac{(1.8-2.0)(mol/L)}{(2-0)s}=0.1mol/(L\cdot s)$$

$$\bar{v}_{H_2}=-\frac{\Delta c_{H_2}}{\Delta t}=-\frac{(2.4-3.0)(mol/L)}{(2-0)s}=0.3mol/(L\cdot s)$$

$$\bar{v}_{NH_3}=\frac{\Delta c_{NH_3}}{\Delta t}=\frac{(0.4-0)(mol/L)}{(2-0)s}=0.2mol/(L\cdot s)$$

可以看出 $\bar{v}_{N_2}=\frac{1}{3}\bar{v}_{H_2}=\frac{1}{2}\bar{v}_{NH_3}$

对于一般的化学反应 $aA+bB \longrightarrow gG+hH$

则有 $\bar{v}=\frac{1}{a}\bar{v}_A=\frac{1}{b}\bar{v}_B=\frac{1}{g}\bar{v}_G=\frac{1}{h}\bar{v}_H$

上述反应速率为该反应在一段时间内的平均速率。

2. 瞬时速率

实验证明，几乎所有化学反应的速率都随反应时间的变化而不断变化。一般来说，反应刚开始时速率较快，随着反应的进行，反应物浓度逐渐减少，反应速率不断减慢。因此有必要应用瞬时速率的概念精确表示化学反应在某一指定时刻的速度。

$$v=\lim_{\Delta\to 0}\frac{\Delta c_i}{\Delta t}=\frac{dc}{dt}$$

用作图的方法可以求出反应的瞬时速率。

由于瞬时速率真正反映了某时刻化学反应进行的快慢，所以比平均速度更重要，有着更广泛的应用。故以后提到反应速率，一般指瞬时速率。

（二）影响化学反应速率的因素

反应速率的大小首先取决于参加反应的物质本性（物质的分子结构、化学键等），其次是外界条件，如反应物的浓度、反应温度和催化剂等。

1. 浓度对化学反应速率的影响

（1）基元反应和非基元反应　通常的化学方程式不代表真正实际的反应历程，仅为反应物与最终产物之间的化学计量关系，从反应式（总反应式）看不出反应的中间历程。

例如常见的（气相）反应：$H_2+I_2 \rightleftharpoons 2HI$

机理：　　$I_2(g) = 2I(g)$　　①(快反应)

$H_2(g) + 2I(g) = 2HI(g)$　②(慢反应)

上述反应历程中的每一步反应，都是分子间同时相互碰撞作用后直接得到产物，这样的反应叫基元反应（或元反应），也即一步完成的化学反应。其中，①是快反应；②是慢反应，决定反应的速率。

例如：

$$NO_2 + CO \longrightarrow NO + CO_2$$

$$2NO_2 \longrightarrow 2NO + O_2$$

这些反应都是基元反应，又称简单反应（只有一个基元反应构成的反应）。

大多数反应是多步完成的，这些反应称为非基元反应，或复杂反应。

真正的基元反应不多，绝大多数反应是复杂反应。是基元反应还是复杂反应由实验确定。

(2) 质量作用定律　对于基元反应，在给定温度下反应速率与各反应物的浓度的幂乘积（以基元反应中该物质的化学计量数为指数）成正比。这一规律称为质量作用定律。

如在一定温度下，下列基元反应

$$aA + bB = cC + dD$$

其反应速率为

$$\upsilon \propto [c_A]^a \cdot [c_B]^b$$

$$\upsilon = k \cdot [c_A]^a \cdot [c_B]^b$$

式中　k——速率常数

当 $c_A = c_B = 1mol/L$ 时，υ 与 k 在数值上相等。故速率常数 k 就是某反应在一定温度下，反应物为单位浓度时的反应速率，速率常数的大小是由反应物的本性所决定的，不随反应物的浓度变化而变化。在相同条件下，不同反应的速率常数不同。k 值越大，反应速率越快。同一反应，k 随温度变化而变化，一般情况下，温度升高，k 增大。

$\upsilon = k \cdot [c_A]^a \cdot [c_B]^b$ 中浓度项的幂称为反应级数。其中 a 是反应物 A 的级数，b 是反应物 B 的级数，$a+b$ 为总反应物级数。

质量作用定律虽然可以定量地说明反应物浓度与反应速率的关系，但它有一定的应用范围和条件，在使用时应注意以下几点：

① 质量作用定律只能适用于“基元反应”。有的非基元反应的速率表达式也符合质量作用定律，那只是巧合，不能以此推断该反应为基元反应。对于非基元反应，不能用质量作用定律直接得到速率方程。需要通过实验手段，确定反应历程。

因为对复杂反应，其反应式中只表示反应物、产物及其计量关系，未反应出反应历程。如反应：

$$2NO(g)+O_2(g)\longrightarrow 2NO_2(g)$$

据实验结果，此反应的速率与 O_2 浓度的 1 次方成正比，与 NO 浓度的 1 次方而不是 2 次方成正比。其反应速率方程为：

$$\upsilon=kc_{NO}\cdot c_{O_2}$$

经研究，此反应分两步进行：

$$2NO(g)\longrightarrow N_2O_2(g) \quad （快）$$

$$N_2O_2(g)+O_2(g)\longrightarrow 2NO_2(g) \quad （慢）$$

总反应的速率取决于最慢的一步（定速步骤）的反应速率，所以，其反应速率方程式为：

$$\upsilon=kc_{NO}c_{O_2}$$

由此可见，在使用质量作用定律表示时，必须根据实验定一个反应是不是基元反应，而不能简单地根据总反应方程式写出其质量作用定律表示式。

② 稀溶液进行的反应，若溶剂参与反应，其浓度不写入质量作用定律表示式，因为溶剂大量存在，其量改变甚微，可近似看作常数，合并到速率常数项中。

③ 纯液体、纯固体参加的多相反应，若它们不溶于其他介质，则其浓度不出现在质量作用定律表示式中。

④ 气体的浓度可以用分压表示。

2. 温度对化学反应速率的影响

温度是影响化学反应的重要因素之一。对于一般化学反应来说，升高温度，反应速率显著增大。一般地，在反应物浓度相同的情况下，温度每升高 10℃，反应速率大约增加到原来的 2～4 倍，相应的速率常数也按相同的倍数增加。

二、化学平衡

（一）可逆反应与化学平衡

1. 可逆反应

在同一条件下，能向正方向进行又能向逆方向进行的反应称为可逆反应。绝大多数化学反应都具有可逆性，都可在不同程度上达到平衡。

2. 化学平衡

化学平衡的建立是以可逆反应为前提的。从动力学角度看，反应开始时，反应物浓度较大，产物浓度较小，正反应速率大于逆反应速率。随反应进行，$\upsilon_{正}$

由大到小，$v_{逆}$ 由小到大，一定时间后 $v_{正}$ 与 $v_{逆}$ 相等，系统中各种物质的浓度不再发生变化，建立了一种动态平衡，称作化学平衡。

化学平衡具有逆、等、动、定、变的特点。

（1）化学平衡的研究对象是可逆反应。

（2）平衡时正反应速率与逆反应速率相等，$v_{正}=v_{逆}$。

（3）化学平衡是动态平衡，$v_{正}=v_{逆}\neq 0$。

（4）平衡时各组分含量保持恒定。

（5）当外界条件改变时，平衡一般要发生改变。

（二）标准平衡常数

1. 标准平衡常数

在恒温下，可逆反应无论从正反应开始，或是从逆反应开始，最后达到平衡时，尽管每种物质的浓度或分压在各个系统中并不一致，但生成物平衡时相对浓度或相对分压的乘积与反应物平衡时相对浓度或相对分压的乘积之比却是一个恒定值。

$$CO_2+H_2 \rightleftharpoons CO+H_2O$$

浓度标准平衡常数（标准浓度 $c^{\ominus}=1mol/L$）

$$K_c^{\ominus}=\frac{(c_{CO}/c^{\ominus})\cdot(c_{H_2O}/c^{\ominus})}{(c_{CO_2}/c^{\ominus})\cdot(c_{H_2}/c^{\ominus})}$$

分压标准平衡常数（标准压力=100kPa ）

$$K_p^{\ominus}=\frac{(p_{CO}/p^{\ominus})\cdot(p_{H_2O}/p^{\ominus})}{(p_{CO_2}/p^{\ominus})\cdot(p_{H_2}/p^{\ominus})}$$

如果一个反应系统有气体、溶液、纯液体或固体参加，则气体用 p、溶液用 c 表示，纯液体和固体不表示在平衡常数表达式中。在以上两式中的 $c/c^{\ominus}$ 可以用 c' 表示，$p/p^{\ominus}$ 可以用 p' 表示。

2. 书写标准平衡常数时的注意事项

（1）平衡常数中，生成物相对浓度（或相对分压）相应方次的乘积作分子，反应物相对浓度（或相对分压）相应方次的乘积作分母，每一反应物（或生成物）的相应方次为反应方程式中各物质的计量系数。

（2）标准平衡常数中，气态物质的量以相对分压表示，溶液中的物质（溶质）的量用相对浓度表示，纯液体和纯固体不出现在 $K^{\ominus}$ 表达式中（视为 1）。

（3）平衡常数表达式必须与化学方程式对应，同一化学反应，方程式的写法不同时，其平衡常数的数值也不相同。

3. 平衡常数的意义

（1）可以用于判断一个可逆反应在特定条件下向正反应方向进行的程度　$K^{\ominus}$ 越大，反应向正方向进行得越完全；$K^{\ominus}$ 越小，反应向逆方向进行得越完全。$10^{-3}<K^{\ominus}<10^{3}$ 时，反应物部分转化为生成物。

（2）判断反应进行的方向　一个反应是否达到平衡可用平衡常数与反应商比得出结论。反应商是任意状态下，产物浓度幂的乘积与反应物浓度幂的乘积之比，用 Q 表示。如反应

$a\mathrm{A}+b\mathrm{B} \rightleftharpoons c\mathrm{C}+d\mathrm{D}$ 有

$$Q=c_{\mathrm{C}}{}^{c}c_{\mathrm{D}}{}^{d}/c_{\mathrm{A}}{}^{a}c_{\mathrm{B}}{}^{b}$$

反应商与平衡常数的书写原则相同，但式中各个物质的浓度为任意状态下的浓度或分压，分别称为浓度商（Q_c）或压力商（Q_p）。

当 $K^{\ominus}=Q$ 时，反应处于平衡状态；当 $K^{\ominus}\neq Q$ 时，反应处于非平衡状态。当反应处于非平衡状态时，有如下两种可能的情况：

$K^{\ominus}>Q$，反应向正方向进行，产物浓度增大，反应商增大，至 $K^{\ominus}=Q$；

$K^{\ominus}<Q$，反应向逆方向进行，反应物浓度增大，反应商减小，至 $K^{\ominus}=Q$。

由上述讨论可得判断反应方向和反应限度的判据如下：

$K^{\ominus}>Q$，反应正向进行；

$K^{\ominus}<Q$，反应逆向进行；

$K^{\ominus}=Q$，反应达到平衡，此刻反应达该条件下的最大限度。

例题 1： 已知 698.1K 时，下列反应：

$$I_2(g)+H_2(g) \rightleftharpoons 2HI(g)$$

反应达到平衡时，I_2 的分压 $p_{I_2}=4.278\text{kPa}$，H_2 和 HI 的分压分别为 $p_{H_2}=26.47\text{kPa}$，$p_{HI}=78.54\text{kPa}$，求标准平衡常数 $K^{\ominus}$。

解：

$$K^{\ominus}=\frac{(p_{HI}/p^{\ominus})^2}{(p_{H_2}/p^{\ominus})(p_{I_2}/p^{\ominus})}$$

$$=\frac{(78.54/100)^2}{(26.47/100)(4.278/100)}$$

$$=54.74$$

4. 多重平衡的平衡常数

在一个化学过程中，若同时存在着多个平衡，且有同一种物质同时参与了几种平衡，这种现象称为多重平衡。

例如 NO、O_2、NO_2、N_2O_4 共存于同一反应容器中，此时，至少有三种平衡同时存在：

（1）$2NO(g)+O_2(g) \rightleftharpoons 2NO_2(g)$

$$K_1^{\ominus}=\frac{(p'_{NO_2})^2}{(p'_{NO})^2 p'_{O_2}}$$

（2）$2NO_2(g) \rightleftharpoons N_2O_4(g)$

$$K_2^{\ominus}=\frac{p'_{N_2O_4}}{(p'_{NO_2})^2}$$

（3）$2NO(g)+O_2(g) \rightleftharpoons N_2O_4(g)$

$$K_3^{\ominus}=\frac{p'_{N_2O_4}}{(p'_{NO})^2 p'_{O_2}}$$

容易得出：　$K_3^{\ominus}=K_1^{\ominus}\times K_2^{\ominus}$

多重平衡规则：在相同条件下，如有两个反应方程式相加（相减）得到第三个反应方程式，则第三个反应方程式的平衡常数等于前两个反应方程式平衡常数的积（或）商。

5. 有关化学平衡常数的计算

用平衡常数来表示反应的限度有时不够直观，常用平衡转化率 α 来表示反应限度。

对于可逆反应：　$mA+nB\rightleftharpoons pC+qD$

反应物 A 的平衡转化率（该条件最大转化率）可表示为：

$$\alpha_A=\frac{\text{A 的初始浓度}-\text{A 的平衡浓度}}{\text{A 的初始浓度}}\times 100\%$$

$$=\frac{c_{0A}-c_{平A}}{c_{0A}}\times 100\%$$

$$\alpha_A=\frac{\text{A 初始的物质的量}-\text{A 的平衡物质的量}}{\text{A 初始的物质的量}}\times 100\%$$

$$=\frac{n_{始}-n_{平}}{n_{始}}\times 100\%$$

例题 2：硝酸银和硝酸亚铁两种溶液混合，会发生下列反应：

$$Fe^{2+}+Ag^+\rightleftharpoons Fe^{3+}+Ag$$

在 25℃ 时，以上两种溶液反应，假设开始时 Fe^{2+}、Ag^+ 的浓度各为 0.100mol/L，达到平衡时 Ag^+ 的转化率为 19.4%。求平衡时 Fe^{2+}、Fe^{3+}、Ag^+ 各离子的浓度。

解：

	Fe^{2+}	+	Ag^+	$\rightleftharpoons$	Fe^{3+}	+	Ag
起始浓度	0.100		0.100		0		0
变化浓度	−0.1×19.4%		−0.1×19.4%		0.1×19.4%		
平衡浓度	0.1−0.0194		0.1−0.0194		0.0194		

平衡时：　$c'_{Fe^{2+}}=c'_{Ag^+}=0.0806$

$$c'_{Fe^{3+}}=0.0194$$

所以，$c_{Fe^{2+}}$ 和 c_{Ag^+} 浓度为 0.0806mol/L　$c_{Fe^{3+}}$ 浓度为 0.0194 mol/L

（三）化学平衡的移动

化学平衡如同其他平衡一样，都是相对的和暂时的，它只能在一定的条件下才能保持。当外界条件变化时，化学反应从原来的平衡状态转变到新的平衡状态的过程称为化学平衡的移动。这里主要讨论浓度、压力、温度对化学平衡移动的影响。

1. 浓度对化学平衡的影响

在恒温下增加反应物的浓度或减小生成物的浓度，平衡向正反应方向移动；相反，减小反应物浓度或增大生成物浓度，平衡向逆反应方向移动。

可用反应商来判断方向的移动。

$Q<K^{\ominus}$时，反应将正向进行

$Q>K^{\ominus}$时，反应将逆向进行

$Q=K^{\ominus}$时，反应达到平衡状态

2. 压力对化学平衡的影响

压力的变化对没有气体参加的化学反应影响不大。对于有气体参加且反应前后气体的物质的量有变化的反应，压力变化时将对化学平衡产生影响。

可逆反应在密闭容器中达到平衡后，保持温度恒定，通过缩小容器体积将系统的总压变为原来的 x 倍（$x>1$），则各组分气体的分压也分别增至原来的 x 倍。

对于反应 $a\text{A(g)}+b\text{B(g)} \rightleftharpoons y\text{Y(g)}+z\text{Z(g)}$

$$Q=\frac{(xp_{\text{Y}}/p^{\ominus})^{y}\cdot(xp_{\text{Z}}/p^{\ominus})^{z}}{(xp_{\text{A}}/p^{\ominus})^{a}\cdot(xp_{\text{B}}/p^{\ominus})^{b}}$$

$$=\frac{(p_{\text{Y}}/p^{\ominus})^{y}\cdot(p_{\text{Z}}/p^{\ominus})^{z}}{(p_{\text{A}}/p^{\ominus})^{a}\cdot(p_{\text{B}}/p^{\ominus})^{b}}\cdot x^{(y+z)-(a+b)}$$

$$=K^{\ominus}\cdot x^{\Delta v}$$

$$\Delta v=(y+z)-(a+b)$$

$\Delta v>0$，即生成物分子数大于反应物分子数时，$Q>K^{\ominus}$，平衡向左移动，反应将逆向进行；

$\Delta v<0$，即生成物分子数小于反应物分子数时，$Q<K^{\ominus}$，平衡向右移动，反应将正向进行。

$\Delta v=0$，反应前后分子总数相等，$Q=K^{\ominus}$，平衡不移动。

结论：压力变化只对反应前后气体分子数有变化的反应平衡系统有影响。

恒温下向平衡系统中加入不参与反应的其他气态物质：

(1) 若体积不变，则平衡不移动。这是因为体系内原有各气体的分压不变。

(2) 若总压不变，系统体积增大，则平衡的移动规律相当于系统原来的压力减小时的情况。

压力变化只是对那些反应前后气体分子数目有变化的反应有影响：在恒温下，增大压力，平衡向气体分子数目减小的方向移动；减小压力，平衡向气体分子数目增加的方向移动。

3. 温度对化学平衡的影响

浓度、总压对平衡的影响是改变了平衡时各物质的浓度，不改变平衡常数

$K^{\ominus}$。温度对平衡移动的影响和浓度及压力有着本质的区别，温度变化时，$K^{\ominus}$就随之发生变化，从而导致化学平衡的移动。

温度对化学平衡的影响归结为：当温度升高时平衡向吸热方向移动；降低温度时平衡向放热方向移动。

浓度、压力和温度等各种外界条件变化对化学平衡的影响，均符合吕·查德里（Le Chatelier）规律：如果对平衡系统施加外力，平衡将沿着减少此外力影响的方向移动。

根据此原理，可以对浓度、压力或温度对化学平衡的影响做出统一的解释：在平衡体系中增加任何物质的浓度，则平衡将向着减少该物质浓度的方向移动；减少某一物质的浓度，则平衡向产生此物质的方向移动，以尽力消除浓度改变带来的影响。升高温度，平衡向吸热方向移动，以尽力恢复原来系统的低温；降低温度，平衡向放热方向移动，以尽力恢复原来系统的高温。增加压力，平衡向减少气体分子总数的方向移动，以恢复原来系统的压力状态。

吕·查德里规律是一条普遍的规律，它对于所有的动态平衡都适用。但是应注意它只能应用于已达平衡的体系，对于非平衡体系不适用。

模块二　物质结构

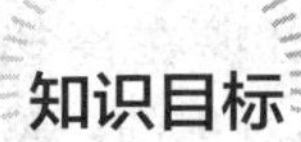

1. 掌握用四个量子数描述核外电子运动状态的方法；掌握核外电子的排布原理以及原子结构与元素周期系的关系；掌握元素某些性质的周期性规律。

2. 熟悉元素周期表的分区、重要元素的位置。

3. 了解核外电子运动的特殊性；了解多电子原子能级交错的原因。

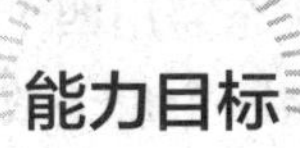

1. 会应用四个量子数描述核外电子的运动状态。

2. 能够运用原子结构与元素性质的周期性变化的关系，初步分析上推测元素的某些性质。

自然界中的物质种类繁多，性质千差万别。不同的物质在性质上的差异是由物质的内部结构不同引起的。大多数物质由分子组成，分子由原子组成。认识物质世界的变化规律，首先要了解原子及其原子的内部结构。在讨论原子核外电子排布和运动规律的基础上，研究物质的微观结构与性能的关系，对于了解物质的性质和变化规律具有重要意义。

一、原子核外电子的运动状态

（一）电子云

原子由原子核和核外电子构成。核外电子在原子核外的空间做高速运动。电子是一种微观粒子，在原子如此小的空间（直径约 10^{-10} m）内做高速运动，现已经证明电子在核外空间所处的位置及其运动速度不能同时准确地确定，也就是不能描绘出它的运动轨迹。在量子力学中采用统计的方法，即对一个电子多次的行为或许多电子的一次行为进行总的研究，可以统计出电子在核外空间某单位体积中出现机会的多少，即概率密度。

为了更形象地说明原子核外电子的运动状态，量子力学引入了电子云的概念。电子云是电子在原子核外空间概率密度分布的形象描述，电子在原子核外空间的某区域内出现，好像带负电荷的云笼罩在原子核的周围，人们形象地称它为“电子云”，即电子云是电子在核外空间出现机会的统计结果，是电子在核外空间出现概率密度分布的一种形象描述。

如果我们用小黑点的疏密来表示电子出现几率的大小，电子云图像中每一个小黑点表示电子出现在核外空间中的一次概率，则概率密度越大，电子云图像中的小黑点越密，离核近处，黑点密度大，电子出现机会多，离核远处，电子出现机会少。氢原子中电子在核外运动的状态描述见图 1-1。

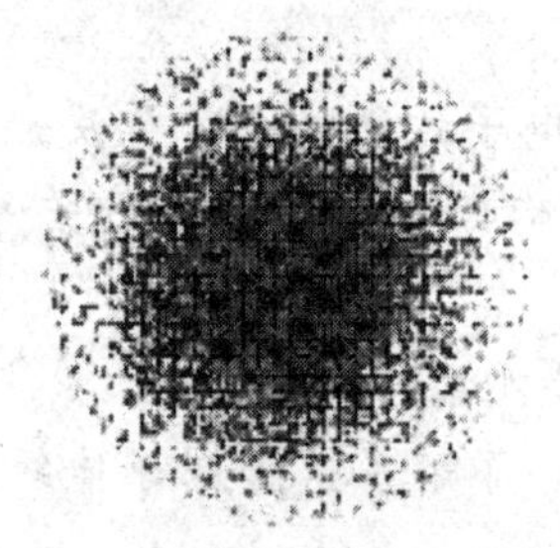

图 1-1　基态氢原子电子云图

对于氢原子来说，电子经常出现在离核 53nm 的球形区域内，电子云是球形对称的，越接近原子核，几率密度就越大。我们把电子出现几率相等的地方连接起来，作为电子云的界面，这个界面所包括的空间范围称作原子轨道。

（二）核外电子的运动状态

电子在原子核外一定的区域内做高速运动，都具有一定的能量。由于电子在核外的运动状态比较复杂，其运动状态需用四个量子数来描述，它们各自反映着电子不同的运动状态及能量关系。这四个量子数通常用 n、l、m、m_s 表示。

1. 主量子数 n

在多电子原子中，各电子出现几率最大的区域离原子核的距离不完全相同。我们把这些不同远近、不同能量的区域，分成不同的电子层，电子就在这些不同的电子层上运动着。

主量子数 n 是表示原子中电子出现概率最大区域离核的平均距离。它的数值可为 1，2，3…正整数，每个 n 值对应一个电子层，通常用 K、L、M、N、O、

P、Q 等符号来表示。一般 n 值越小，表示电子运动离核距离越近，电子受核的引力越大，电子的能量越小。因此，主量子数 n 不仅能表示电子运动距离离核的远近，也是反映电子能量高低的主要参数。

主量子数与电子层的关系见表 1-1。

表 1-1 主量子数与电子层的关系

n 的取值	1	2	3	4	5	6	7
电子层符号	K	L	M	N	O	P	Q
电子层	一	二	三	四	五	六	七

2. 角量子数 l

根据光谱实验及理论推导得出：在同一电子层中，电子能量也有所差别，电子云的形状也不完全相同。角量子数（又称为副量子数、电子亚层或亚层）就是描述核外电子运动所处原子轨道（或电子云）的形状的，在多电子原子中与主量子数 n 共同决定电子能量的高低。

l 取值是从 0 到 n-1 的正整数，即 l=0，1，2，3…n-1，相应的常用 s、p、d、f、g 等光谱符号表示。当 n=1 时，l 只能取 0，表示第一电子层只包含一个亚层，即 s 亚层，表示为 1s，在 1s 亚层上的电子，称为 1s 电子；当 n=2 时，l 可以取 0 和 1，即 s 亚层和 p 亚层，分别表示为 2s 和 2p；以此类推。由此可见，每一个电子层中，电子亚层的数目和电子层数相等。

角量子数 l 与主量子数 n 的关系见表 1-2。

表 1-2 角量子数 l 与主量子数 n 的关系

主量子数(n)	1	2	3	4
电子层符号	K	L	M	N
角量子数(l)	0	0,1	0,1,2	0,1,2,3
电子云亚层符号	1s	2s,2p	3s,3p,3d	4s,4p,4d,4f

同一电子层中，随着 l 的增大，原子轨道能量也依次升高，即 $E_{ns}<E_{np}<E_{nd}<E_{nf}$，在描述多电子原子系统的能量状态时，需要用 n 和 l 两个量子数。与主量子数决定的电子层间的能量差别相比，角量子数决定的亚层间的能量差要小得多。

不同亚层，其原子轨道（或电子云）的形状如图 1-2 所示：s 亚层为球形，p 亚层为哑铃形，d 亚层为花瓣形，而 f 亚层则更复杂。

3. 磁量子数 m

同一亚层（l 值相同）中的不同电子，虽然它们电子云的形状相同，却处在不同的空间位置上，即有不同的伸展方向。如图 1-2 所示，p 亚层的电子云在空间有 3 种伸展方向；d 亚层的电子云在空间有 5 种伸展方向。

每一种具有一定形状和伸展方向的电子云所占据的空间就是一个原子轨道。

磁量子数（m）是描述原子轨道（或电子云）在空间的伸展方向。磁量子数

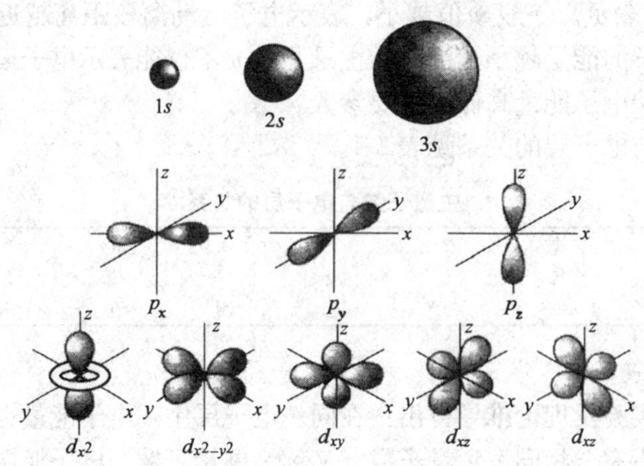

图 1-2　电子云图

(*m*) 的取值受角量子数 (*l*) 的制约。当角量子数一定时，*m* 可以取从 $+l$ 到 $-l$ 包括 0 在内的整数值，即 $m=0$，±1，±2，$\cdots\pm l$，因此，每一电子亚层所具有的轨道总数为 $2l+1$ 个。

如当 $l=0$ 时，$m=0$，只有一个轨道，因为 *s* 电子云是球形对称的，即 *s* 亚层只有一个伸展方向；当 $l=1$ 时，$m=\pm1$，0，即 *p* 亚层有三种伸展方向，分别沿直角坐标系的 *x*、*y*、*z* 轴伸展，依次称为 p_x、p_y、p_z 轨道；当 $l=2$ 时，$m=0$，±1，±2，共有 5 个取值，表示 *d* 亚层有 5 个伸展方向不同的原子轨道。而当 *n*、*l* 都相同时，原子轨道的能量也相同，我们把同一亚层（*l* 相同）伸展方向不同的原子轨道称为等价轨道或简并轨道，*p*、*d*、*f* 分别有 3、5、7 个等价轨道或简并轨道。

n、*l*、*m* 的关系归纳成表 1-3。

表 1-3　　　　*n*、*l* 和 *m* 的关系

主量子数(*n*)	1	2		3			4			
电子层符号	K	L		M			N			
角量子数(*l*)	0	0	1	0	1	2	0	1	2	3
电子亚层符号	1*s*	2*s*	2*p*	3*s*	3*p*	3*d*	4*s*	4*p*	4*d*	4*f*
磁量子数(*m*)	0	0	0 ±1	0	0 ±1	0 ±1 ±2	0	0 ±1	0 ±1 ±2	0 ±1 ±2 ±3
亚层轨道数($2l+1$)	1	1	3	1	3	5	1	3	5	7
电子层轨道数 n^2	1	4		9			16			

综上所述，用 *n*、*l*、*m* 三个量子数即可决定一个特定原子轨道的大小、形状和伸展方向。每一个电子层所具有的轨道数应为 n^2 个。

4. 自旋量子数 m_s

用分辨率很高的光谱仪研究原子光谱时，发现在无外磁场作用时，每条谱线实际上由两条十分接近的谱线组成，这种谱线的精细结构用 n、l、m 三个量子数无法解释。1925 年人们为了解释这种现象，沿用旧量子论中习惯的名词，提出了电子有自旋运动的假设，并用第四个量子数 m_s 表示自旋量子数。m_s 的值可取 $+1/2$ 或 $-1/2$，在轨道表示式中用“↑”和“↓”分别表示电子的两种不同的自旋运动状态。考虑电子自旋后，由于自旋磁矩和轨道磁矩相互作用分裂成相隔很近的能量，所以在原子光谱中每条谱线由两条很相近的谱线组成。值得说明的是，“电子自旋”并不是电子真像地球自转一样，它只是表示电子的两种不同的运动状态。

综上所述，原子核外每个电子的运动状态可用四个量子数来描述，四个量子数从原子轨道的分布范围、轨道形状、伸展方向以及电子的自旋几个方面，较全面地描述了核外每个电子的运动情况。

二、核外电子排布

（一）多电子原子轨道能级

主量子数（n）和角量子数（l）是决定原子轨道能量高低的主要因素。电子能量高低与其所在原子轨道能量的高低有关。

单电子原子体系（H，He^+，Li^{2+}，Be^{3+}…），原子轨道的能量（电子能量）E 只由 n 决定，与角量子数 l 无关。

$$E_n=-13.6\ Z^2/n^2\quad(\text{eV})$$

在多电子原子中，由于电子间的相互排斥作用，原子轨道能级关系较为复杂。目前，原子中各轨道的能量高低主要根据光谱实验结果确定，美国化学家鲍林（L. Pauling）总结出了原子轨道的近似能级图（图 1-3），它反映出了多电子原子中轨道能级的高低顺序。

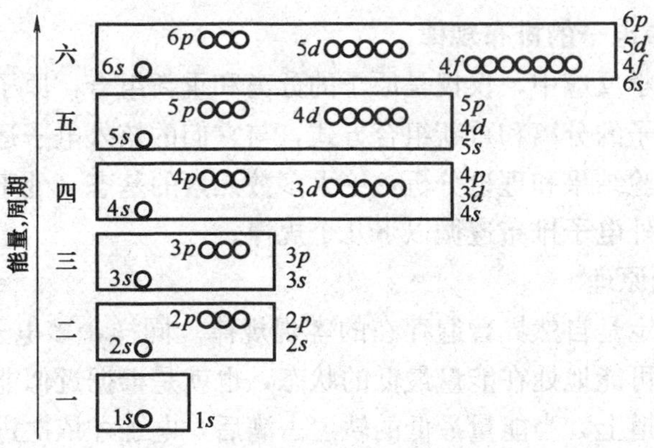

图 1-3　鲍林原子轨道近似能级图

图中原子轨道位置的高低，表示其能级相对大小，等价轨道并列在一起。按照能量由低到高的顺序，能量相近的能级划归一个能级组，共分为七个能级组，同一能级组原子轨道能量相差很小，不同能级组之间能量相差比较大。

根据鲍林原子轨道近似能级图，我们可以得出以下几个结论：

（1）当 n 值不同，l 值相同时，n 越大，电子的能量 E 越高。例如：

$$E_{1s}<E_{2s}<E_{3s}<E_{4s}$$

$$E_{1p}<E_{2p}<E_{3p}<E_{4p}<E_{5p}$$

$$E_{3d}<E_{4d}<E_{5d}$$

$$E_{4f}<E_{5f}$$

（2）当 n 值相同，l 值不同时，l 值越大，电子的能量 E 越高。即

$$E_{ns}<E_{np}<E_{nd}<E_{nf}$$

（3）当 $n\geqslant 3$，n 和 l 的值都不相同时，可能出现能级交错现象。如

$$E_{ns}<E_{(n-2)f}<E_{(n-1)d}<E_{np}$$

能级交错只发生在离核较远的电子层之间，这主要是因为，在多电子的原子中，核外电子不仅受到原子核的吸引作用，电子和电子之间还有相互作用，这些作用主要表现为屏蔽效应和钻穿效应。

对于多电子原子来说，外层电子既受到原子核的吸引，又受到其余电子的排斥，前者使电子靠近原子核，后者使电子离开原子核。对于某一电子来说，其余电子的存在势必削弱核对该电子的吸引力，这就相当于抵消了一部分核电荷，这种现象称为屏蔽效应。该效应使得核对电子的吸引力减小，电子的能量增大。离核越近的电子对外层电子的屏蔽作用越强；离核越远的电子受到其他电子的屏蔽作用越强。

另外，离核较远的电子可以钻入离核较近的空间，从而更靠近核的现象，称为“钻穿”。电子“钻穿”的结果是避开其他电子的屏蔽，起到增加有效核电荷、降低能量的作用，这种现象称为钻穿效应。

上述两种效应是引起能级交错的主要原因。

（二）基态原子中电子的排布规律

在大多数化学反应中，仅仅是原子的分离和重新组合，原子本身并没有发生质的变化，而原子的分离和重新组合方式，与它们的核外电子运动和排列状况有关。根据光谱实验结果和理论分析，绝大多数元素的基态（处于能量最低的稳定态）原子，其核外电子排布遵循以下几个规律。

1. 能量最低原理

能量低则稳定是自然界普遍存在的客观规律。同样，多电子原子在基态时，核外电子总是尽可能地处在能量最低的状态，也就是根据近似能级图尽量先排布在能量较低的轨道上，当能量最低的轨道占满后，电子才依次进入能量较高的轨道，以尽可能使原子处于能量最低最稳定的状态。这就是能量最低原理，即电子

总是最先排布（占据）在能量最低的轨道。

应用电子的近似能级图，并根据能量最低原理，可以确定电子填入原子轨道时遵守的次序，如图 1-4 所示。

2. 鲍利不相容原理

奥地利物理学家鲍利（W. Pauli）在1925 年根据光谱分析结果和元素在周期系中的位置，提出了鲍利不相容原理，即在同一个原子里不可能存在运动状态完全相同的电子；或者说，在同一个原子中没有四个量子数完全相同的电子。

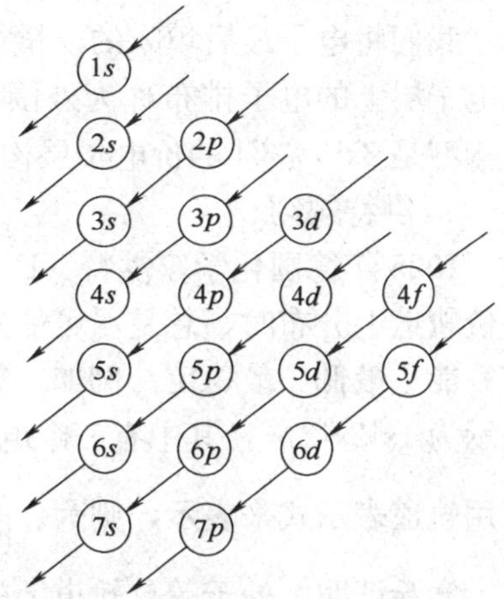

图 1-4　电子填入轨道的顺序

所以，若电子的 n，l，m 相同，m_s 则一定不同。换言之，在同一原子中，一个原子轨道最多只能容纳 2 个自旋相反的电子。这是因为电子自旋时能产生磁场，而自旋方向相反的两个电子所产生的磁场，方向正好相反，因而可以产生互相吸引，共处于一个轨道中。反之，自旋方向相同的两个电子所产生的磁场，方向相同，同极相斥，因此不能在同一个“轨道”内运动。

若用小“○”或“□”表示一个原子轨道，每个箭头“↑”或“↓”表示一个电子则有

[↑↓]　或　(↑↓)

在化学上，经常用轨道表示式或电子排布式来表示核外电子的排布情况。表示方法如下：

	轨道表示式	电子排布式
氢 H	1s [↑]	$1s^1$
氯 Cl	1s [↑↓] 2s [↑↓] 2p [↑↓][↑↓][↑↓] 3s [↑↓] 3p [↑↓][↑↓][↑]	$1s^2 2s^2 2p^6 3s^2 3p^5$

在轨道表示式中，电子填充时按由左向右、由低到高的顺序。在电子排布式中，以原子核外各亚层的分布情况来表示，其中亚层符号右上角的数字表示该亚层电子的数目。

例题 3：试写出原子序数为 11 的 Na 元素轨道表示式和电子排布式。

解：11 号 Na 元素原子核外共有 11 个电子，根据能量最低原理和能级图顺序，其电子排布式为：$1s^2 2s^2 2p^6 3s^1$

轨道表示式为：1s [↑↓] 2s [↑↓] 2p [↑↓][↑↓][↑↓] 3s [↑]

为了避免电子排布式过长，通常把内层电子已达到稀有气体结构的部分用稀有气体元素符号加方括号“[]”的形式来表示，称为“原子实”。于是 11 号 Na 元素的电子排布式可表示为：[Ne] $3s^1$。

我们将电子最后填入的能量最高的能级组中的轨道合称为外围电子层，在外围电子层上的电子排布称为外围电子构型或价电子层构型。如：$_{11}$Na 的价电子层构型是 $3s^1$，$_{17}$Cl 的价电子层构型是 $3s^2 3p^5$。

3. 洪特规则

1925 年德国化学家洪特（F. Hund）根据大量光谱实验的结果，提出电子在等价轨道上分布时，总是尽可能地以自旋方向相同的形式分占不同的轨道，此时体系能量最低、最稳定。例如，氮原子核外有 7 个电子，如果用核外电子排布式表示为 $1s^2 2s^2 2p^3$，其中有三个电子分别占据 p_x、p_y、p_z 轨道，而且自旋平行，若用轨道表示式来表示，则为：

1s	2s	2p		
↑↓	↑↓	↑	↑	↑

。

实验证明，处于等价轨道上的电子按洪特规则进行排布可使能量最低，也可以说洪特规则是能量最低原理的一个补充。

上述三条规律，是从大量实验事实中总结出来的，它对绝大多数原子的电子排布是实用的，但不是一切原子的电子排布都严格符合三条规律。例如：24 号元素铬（Cr），按照三条规律，其电子排布式应是 [Ar] $3d^4 4s^2$，实际上其电子排布式是 [Ar] $3d^5 4s^1$。又如，29 号元素铜（Cu），按照三条规律，其电子排布式应是 [Ar] $3d^9 4s^2$，实际上其电子排布式是 [Ar] $3d^{10} 4s^1$。对这种情况的解释是，作为洪特规则的特例，电子在等价轨道上处于全充满（p^6，d^{10}，f^{14}）、半充满（p^3，d^5，f^7）和全空（p^0，d^0，f^0）时原子状态比较稳定。

（三）基态原子中的电子排布

根据光谱实验的分析结果，表 1-4 按原子序数递增的顺序列出了 1～112 号元素基态原子的核外电子排布。

表 1-4　　1～112 号元素基态原子的核外电子排布

周期	原子序数	元素符号	元素名称	电子层结构																		
				K	L		M			N				O				P				Q
				1s	2s	2p	3s	3p	3d	4s	4p	4d	4f	5s	5p	5d	5f	6s	6p	6d	6f	7s
1	1	H	氢	1																		
	2	He	氦	2																		
2	3	Li	锂	2	1																	
	4	Be	铍	2	2																	
	5	B	硼	2	2	1																
	6	C	碳	2	2	2																
	7	N	氮	2	2	3																
	8	O	氧	2	2	4																
	9	F	氟	2	2	5																
	10	Ne	氖	2	2	6																

续表

周期	原子序数	元素符号	元素名称	电子层结构																		
				K	L		M			N				O				P				Q
				1s	2s	2p	3s	3p	3d	4s	4p	4d	4f	5s	5p	5d	5f	6s	6p	6d	6f	7s
3	11	Na	钠	2	2	6	1															
	12	Mg	镁	2	2	6	2															
	13	Al	铝	2	2	6	2	1														
	14	Si	硅	2	2	6	2	2														
	15	P	磷	2	2	6	2	3														
	16	S	硫	2	2	6	2	4														
	17	Cl	氯	2	2	6	2	5														
	18	Ar	氩	2	2	6	2	6														
4	19	K	钾	2	2	6	2	6		1												
	20	Ca	钙	2	2	6	2	6		2												
	21	Sc	钪	2	2	6	2	6	1	2												
	22	Ti	钛	2	2	6	2	6	2	2												
	23	V	钒	2	2	6	2	6	3	2												
	24	Cr	铬	2	2	6	2	6	5	1												
	25	Mn	锰	2	2	6	2	6	5	2												
	26	Fe	铁	2	2	6	2	6	6	2												
	27	Co	钴	2	2	6	2	6	7	2												
	28	Ni	镍	2	2	6	2	6	8	2												
	29	Cu	铜	2	2	6	2	6	10	1												
	30	Zn	锌	2	2	6	2	6	10	2												
	31	Ga	镓	2	2	6	2	6	10	2	1											
	32	Ge	锗	2	2	6	2	6	10	2	2											
	33	As	砷	2	2	6	2	6	10	2	3											
	34	Se	硒	2	2	6	2	6	10	2	4											
	35	Br	溴	2	2	6	2	6	10	2	5											
	36	Kr	氪	2	2	6	2	6	10	2	6											
5	37	Rb	铷	2	2	6	2	6	10	2	6			1								
	38	Sr	锶	2	2	6	2	6	10	2	6			2								
	39	Y	钇	2	2	6	2	6	10	2	6	1		2								
	40	Zr	锆	2	2	6	2	6	10	2	6	2		2								
	41	Nb	铌	2	2	6	2	6	10	2	6	4		1								
	42	Mo	钼	2	2	6	2	6	10	2	6	5		1								
	43	Tc	锝	2	2	6	2	6	10	2	6	5		2								
	44	Ru	钌	2	2	6	2	6	10	2	6	7		1								
	45	Rh	铑	2	2	6	2	6	10	2	6	8		1								
	46	Pd	钯	2	2	6	2	6	10	2	6	10										
	47	Ag	银	2	2	6	2	6	10	2	6	10		1								
	48	Cd	镉	2	2	6	2	6	10	2	6	10		2								
	49	In	铟	2	2	6	2	6	10	2	6	10		2	1							
	50	Sn	锡	2	2	6	2	6	10	2	6	10		2	2							
	51	Sb	锑	2	2	6	2	6	10	2	6	10		2	3							
	52	Te	碲	2	2	6	2	6	10	2	6	10		2	4							
	53	I	碘	2	2	6	2	6	10	2	6	10		2	5							
	54	Xe	氙	2	2	6	2	6	10	2	6	10		2	6							

续表

周期	原子序数	元素符号	元素名称	K	L		M			N				O				P				Q
				1s	2s	2p	3s	3p	3d	4s	4p	4d	4f	5s	5p	5d	5f	6s	6p	6d	6f	7s
	55	Cs	铯	2	2	6	2	6	10	2	6	10		2	6			1				
	56	Ba	钡	2	2	6	2	6	10	2	6	10		2	6			2				
	57	La	镧	2	2	6	2	6	10	2	6	10		2	6	1		2				
	58	Ce	铈	2	2	6	2	6	10	2	6	10	1	2	6	1		2				
	59	Pr	镨	2	2	6	2	6	10	2	6	10	2	2	6			2				
	60	Nd	钕	2	2	6	2	6	10	2	6	10	3	2	6			2				
	61	Pm	钷	2	2	6	2	6	10	2	6	10	4	2	6			2				
	62	Sm	钐	2	2	6	2	6	10	2	6	10	5	2	6			2				
	63	Eu	铕	2	2	6	2	6	10	2	6	10	6	2	6			2				
	64	Gd	钆	2	2	6	2	6	10	2	6	10	7	2	6	1		2				
	65	Tb	铽	2	2	6	2	6	10	2	6	10	7	2	6			2				
	66	Dy	镝	2	2	6	2	6	10	2	6	10	9	2	6			2				
	67	Ho	钬	2	2	6	2	6	10	2	6	10	11	2	6			2				
	68	Er	铒	2	2	6	2	6	10	2	6	10	12	2	6			2				
	69	Tm	铥	2	2	6	2	6	10	2	6	10	13	2	6			2				
	70	Yb	镱	2	2	6	2	6	10	2	6	10	14	2	6			2				
6	71	Lu	镥	2	2	6	2	6	10	2	6	10	14	2	6	1		2				
	72	Hf	铪	2	2	6	2	6	10	2	6	10	14	2	6	2		2				
	73	Ta	钽	2	2	6	2	6	10	2	6	10	14	2	6	3		2				
	74	W	钨	2	2	6	2	6	10	2	6	10	14	2	6	4		2				
	75	Re	铼	2	2	6	2	6	10	2	6	10	14	2	6	5		2				
	76	Os	锇	2	2	6	2	6	10	2	6	10	14	2	6	6		2				
	77	Ir	铱	2	2	6	2	6	10	2	6	10	14	2	6	7		2				
	78	Pt	铂	2	2	6	2	6	10	2	6	10	14	2	6	9		1				
	79	Au	金	2	2	6	2	6	10	2	6	10	14	2	6	10		1				
	80	Hg	汞	2	2	6	2	6	10	2	6	10	14	2	6	10		2				
	81	Tl	铊	2	2	6	2	6	10	2	6	10	14	2	6	10		2	1			
	82	Pb	铅	2	2	6	2	6	10	2	6	10	14	2	6	10		2	2			
	83	Bi	铋	2	2	6	2	6	10	2	6	10	14	2	6	10		2	3			
	84	Po	钋	2	2	6	2	6	10	2	6	10	14	2	6	10		2	4			
	85	At	砹	2	2	6	2	6	10	2	6	10	14	2	6	10		2	5			
	86	Rn	氡	2	2	6	2	6	10	2	6	10	14	2	6	10		2	6			
	87	Fr	钫	2	2	6	2	6	10	2	6	10	14	2	6	10		2	6			1
	88	Ra	镭	2	2	6	2	6	10	2	6	10	14	2	6	10		2	6			2
	89	Ac	锕	2	2	6	2	6	10	2	6	10	14	2	6	10		2	6	1		2
	90	Th	钍	2	2	6	2	6	10	2	6	10	14	2	6	10		2	6	2		2
	91	Pa	镤	2	2	6	2	6	10	2	6	10	14	2	6	10	2	2	6	1		2
	92	U	铀	2	2	6	2	6	10	2	6	10	14	2	6	10	3	2	6	1		2
	93	Np	镎	2	2	6	2	6	10	2	6	10	14	2	6	10	4	2	6	1		2
	94	Pu	钚	2	2	6	2	6	10	2	6	10	14	2	6	10	6	2	6			2
	95	Am	镅	2	2	6	2	6	10	2	6	10	14	2	6	10	7	2	6			2
	96	cm	锔	2	2	6	2	6	10	2	6	10	14	2	6	10	7	2	6	1		2
	97	Bk	锫	2	2	6	2	6	10	2	6	10	14	2	6	10	9	2	6			2
	98	Cf	锎	2	2	6	2	6	10	2	6	10	14	2	6	10	10	2	6			2
7	99	Es	锿	2	2	6	2	6	10	2	6	10	14	2	6	10	11	2	6			2
	100	Fm	镄	2	2	6	2	6	10	2	6	10	14	2	6	10	12	2	6			2
	101	Md	钔	2	2	6	2	6	10	2	6	10	14	2	6	10	13	2	6			2
	102	No	锘	2	2	6	2	6	10	2	6	10	14	2	6	10	14	2	6			2
	103	Lr	铹	2	2	6	2	6	10	2	6	10	14	2	6	10	14	2	6	1		2
	104	Rf		2	2	6	2	6	10	2	6	10	14	2	6	10	14	2	6	2		2
	105	Db		2	2	6	2	6	10	2	6	10	14	2	6	10	14	2	6	3		2
	106	Sg		2	2	6	2	6	10	2	6	10	14	2	6	10	14	2	6	4		2
	107	Bh		2	2	6	2	6	10	2	6	10	14	2	6	10	14	2	6	5		2
	108	Hs		2	2	6	2	6	10	2	6	10	14	2	6	10	14	2	6	6		2
	109	Mt		2	2	6	2	6	10	2	6	10	14	2	6	10	14	2	6	7		2
	110	Uun		2	2	6	2	6	10	2	6	10	14	2	6	10	14	2	6	8		2
	111	Uuu		2	2	6	2	6	10	2	6	10	14	2	6	10	14	2	6	9		2
	112	Uub		2	2	6	2	6	10	2	6	10	14	2	6	10	14	2	6	10		2

如表 1-4 所示，大多数元素的电子层结构都是满足核外电子排布的三个规律的，只有少数例外，如$_{41}Nb$、$_{44}Ru$、$_{45}Rh$、$_{46}Pd$、$_{78}Pt$ 以及一些镧系元素和锕系元素，这些元素的电子层结构式是由光谱实验得出的结果。理论推导与实验结果不一致时，应以实验为准。

三、元素性质的周期性变化

由于元素的化学性质主要取决于原子最外电子层的结构，而最外电子层结构又是由核电荷数和核外电子排布规律所决定的，因此，当元素按照原子序数排列成序后，随着序数的增加，它们的原子核外电子排布、原子半径、电负性、化合价等性质具有周期性变化。这种元素的性质随着原子序数的递增呈周期性变化的规律，称为元素周期律。

元素周期表是元素周期律的具体表现形式，它反映元素原子的内部结构和它们之间相互联系的规律。元素周期表简称周期表。元素周期表有很多种表达形式，目前最常用的是维尔纳长式周期表。

（一）原子的电子层结构与元素的分区

1. 周期与能级组

在长周期表中，将目前发现的元素，按原子序数递增的顺序，从左到右排成 7 个横行，每一个横行称为一个周期，分别为第 1、2、3、4、5、6、7 周期。各周期正好与鲍林能级图中的能级组对应。每建立一个能级组，就出现一个新的周期。周期与能级组的一一对应关系见表 1-5。

表 1-5　周期与能级组的关系

能级	能级组	周期(n)	周期名称	可容纳的电子数($2n^2$)	元素数目
$1s$	1	1	特短周期	2	2
$2s2p$	2	2	短周期	8	8
$3s3p$	3	3	短周期	8	8
$4s3d4p$	4	4	长周期	18	18
$5s4d5p$	5	5	长周期	18	18
$6s4f5d6p$	6	6	特长周期	32	32
$7s5f6d7p$	7	7	未完成周期	32	26(未满)

如表 1-5 所示：

（1）周期表中的周期数就是能级组数。

（2）元素所在的周期序数，等于该元素原子外层电子所处的最高能级组序数，也等于该元素原子最外电子层的主量子数。

（3）各周期元素的数目，等于相应能级组各原子轨道所能容纳的电子总数。

（4）每一能级组中电子的填充，都是从 ns^1 开始到 np^6 结束，对应于每个周期（第一周期除外）都是从碱金属开始，到稀有气体结束。

（5）在第 6 周期中 57 号元素镧的位置上另有 14 种元素，由于结构和性质相似，称为镧系元素；在第7周期89号元素锕的位置上也另有14种元素，称为锕系元素。为了表示完整性，在长周期表中把镧系元素和锕系元素另列成两排，放在主表的下方。

2. 族与价电子结构

在周期表中，共有18个纵行，我们把它分成16个族。其中铁、钌、锇，钴、铑、铱，镍、钯、铂三列合称为第八族，其他每一列为一族。又将16个族分成8个主族（用A表示），8个副族（用B表示）。

（1）主族　主族元素包括ⅠA、ⅡA、ⅢA、ⅣA、ⅤA、ⅥA、ⅦA、0族，共8个纵行。每一主族的价电子层构型相同，为 $ns^{1\sim2}$ 或 $ns^2np^{1\sim6}$。各主族元素的族序号等于该元素原子的最外层电子数。同一主族的元素具有相同的价电子结构和相同的最外层电子数。

（2）副族　副族元素包括ⅠB、ⅡB、ⅢB、ⅣB、ⅤB、ⅥB、ⅦB、第Ⅷ族共8个纵行。其电子构型的共同特征一般是电子最后填入 d 或 f 轨道上。副族元素的次外层电子数为 $d^1\sim d^{10}$ 或倒数第三层的电子数为 $f^1\sim f^{14}$，而最外层一般只有1～2个电子。

副族元素所处的族数与价电子层构型及电子数有关。具体如下：

① 对于（n-1）d 电子未充满的元素，其族数等于（n-1）d 和 ns 电子数之和。

② 对于（n-1）d 电子已充满的元素，其族数等于最外层电子数。

3. 元素的分区

根据各元素原子的核外电子排布以及价电子层构型的特点，还可将长式周期表中的元素分为五个区。如图1-5所示。

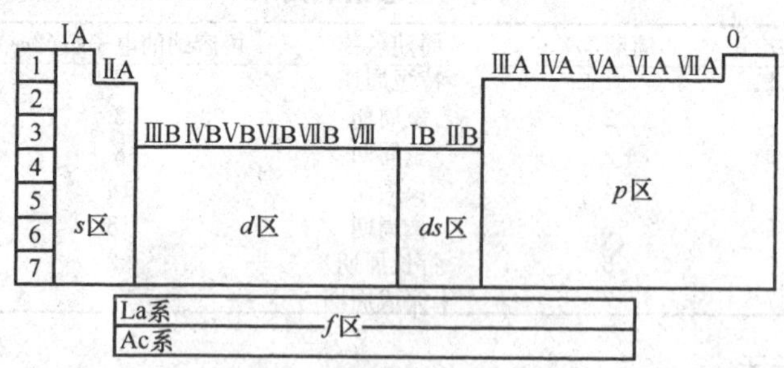

图1-5　周期表中元素分区

（1）s 区元素　最后一个电子填充在 s 轨道上的元素属 s 区元素，包括称为碱金属的ⅠA族元素和碱土金属的ⅡA族元素，位于周期表中左侧的位置，它们都是活泼金属。

（2）p 区元素　最后一个电子填充在 p 轨道上的元素属 p 区元素，包括ⅢA～ⅦA族元素和零族，分别称为硼族元素（ⅢA）、碳族元素（ⅣA）、氮族元素（ⅤA）、氧族元素（ⅥA）、卤族元素（ⅦA）和稀有气体元素，它们位于周期表中右侧位置，大部分元素为非金属元素。

(3) d 区元素　最后一个电子填充在 d 轨道上的元素属 d 区元素，包括ⅢB～ⅦB 族和第Ⅷ B 族元素，它们位于周期表中的中间位置。

(4) ds 区元素　最后一个电子填充在 d 轨道上或 s 轨道上，且 $(n-1)d$ 能级达全满状态的元素称 ds 区元素，包括称为铜分族的ⅠB 族元素和锌分族的ⅡB 族元素，位于周期表中间的 d 区元素和右侧的 p 区元素之间位置，它们的特点是次外层 d 轨道能级上的电子排布是全满的。ds 区元素均为金属。

ds 区元素和 d 区元素统称为过渡元素。

(5) f 区元素　最后一个电子填充在 f 轨道上的元素称为 f 区元素，其电子构型是 $(n-2)f^{1-14}(n-1)d^{0-2}ns^2$，包括镧系元素（57～71 号元素）和锕系元素（89～103 号元素）。由于外层和次外层上的电子数几乎相同，只是倒数第三层 f 轨道上电子数不同，所以每系各元素的化学性质极为相似。

总之，原子的电子层结构和它在周期表中的位置有密切的关系。若已知某元素的原子序数，就可以写出它的核外电子排布式，并可判断出该元素在周期表中的位置和分区，从而了解元素的性质。

例题 4： 已知某元素的原子序数是 34，试写出该元素的电子层结构，指出该元素位于周期表中哪个周期？哪一族？哪一区？

解： 原子序数为 34 的元素，根据核外电子排布规律，

电子层结构为：$1s^2 2s^2 2p^6 3s^2 3p^6 3d^{10} 4s^2 4p^4$

根据　　周期数＝能级组数＝电子层数　　族数＝价层电子数

因为具有 4 个电子层，所以该元素属于第四周期；

价电子层结构为 $4s^2 4p^4$，应在ⅥA 族；

p 区元素，非金属。

（二）元素性质的周期性变化

随着原子序数的递增，元素原子的电子层结构呈周期性变化，导致元素的一些基本性质，如原子半径、电离能、电负性及电子亲和能等，也必然呈现周期性的变化。

1. 原子半径的周期性变化

从量子力学理论观点考虑，电子云没有明确的界限，因此严格来讲原子半径有不确定的含义，也就是说要给出一个准确的原子半径是不可能的。原子半径是假设原子为球形，根据实验测定和间接计算方法求得的。根据测定方法的不同，原子半径常用的有三种，即共价半径、金属半径和范德华半径。

共价半径：同种元素的两个原子，形成共价单键的两原子核间距离的一半。

金属半径：在金属单质晶体中，两个相邻金属原子核间距离的一半。

范德华半径：在分子晶体中（如稀有气体），相邻分子核间距离的一半。

通常情况下，范德华半径比较大，而金属半径比共价半径大一些。在比较元

素的某些性质时，原子半径取值应该用同一套数据。

讨论原子半径在周期系中的变化时，我们采用的是共价半径。而稀有气体（0族元素）通常为单原子分子，只能用范德华半径。表1-6列出了周期系中各元素的原子半径数据。

表1-6　元素的原子半径　单位：pm

ⅠA	ⅡA	ⅢB	ⅣB	ⅤB	ⅥB	ⅦB		Ⅷ		ⅠB	ⅡB	ⅢA	ⅣA	ⅤA	ⅥA	ⅦA	0
H																	He
32																	93
Li	Be											B	C	N	O	F	Ne
123	89											82	77	70	66	64	112
Na	Mg											Al	Si	P	S	Cl	Ar
154	136											118	117	110	104	99	154
K	Ca	Sc	Ti	V	Cr	Mn	Fe	Co	Ni	Cu	Zn	Ga	Ge	As	Se	Br	Kr
203	174	144	132	122	118	117	117	116	115	117	125	126	122	121	117	114	169
Rb	Sr	Y	Zr	Nb	Mo	Tc	Ru	Rh	Pd	Ag	Cd	In	Sn	Sb	Te	I	Xe
216	191	162	145	134	130	127	125	125	123	134	148	144	140	141	137	133	190
Cs	Ba		Hf	Ta	W	Re	Os	Ir	Pt	Au	Hg	Tl	Pb	Bi	Po	At	Rn
235	198		144	134	130	128	126	127	130	134	144	148	147	146	146	145	22
镧系元素																	
La	Ce	Pr	Nd	Pm	Sm	Eu	Gd	Tb	Dy	Ho	Er	Tm	Yb	Lu			
169	165	164	164	163	162	185	162	161	160	158	158	158	170	158			

由表1-6可以总结出原子半径的变化规律如下：

（1）同一周期　原子的电子层数基本不变，从左到右，原子核对外层电子的吸引力增强，主族元素的半径因有效电荷显著地增加而明显地减小（邻近元素相差约10pm），到稀有气体半径突然增大，因为它们是范德华半径。ⅠB、ⅡB族元素的原子半径则因有效核电荷增加不多而减小不明显（邻近元素间相差小于5pm）。

（2）同族元素　主族元素中，由上至下，原子半径因电子层数增加而增加。但是副族元素中，原子半径增加规律仅体现在ⅢB族和每一副族的前两种元素上，从ⅣB族开始，每组中后两种副族元素的原子半径近似相等，这是由于镧系收缩造成的。

（3）镧系收缩　随原子序数增加，原子半径累计有所减小的现象称为镧系收缩。镧系收缩可以抵消增加一个电子层的影响，从而使ⅢB族及其后每族的后两种副族元素的半径相近，性质相似。

2. 第一电离能的周期性变化

元素的一个气态原子在基态时失去一个电子形成+1价气态阳离子时所需能量称为该元素的第一电离能，常用符号“I_1”表示，单位为kJ/mol。元素气态+1价阳离子失去一个电子形成气态+2价阳离子时所需能量称为元素的第二电离能（I_2）。第三、四电离能依次类推，并且$I_1<I_2<I_3$……这是因为气态阳离

子的价数越高，核外电子数越少，且离子的半径也越小，外层电子受有效核电荷作用就越大，故失去电子越困难，所需要的能量就越大。

例如：

$$H(g)-e \rightarrow H^{+}(g) \qquad I_1=1312\ kJ/mol$$
$$Li(g)-e \rightarrow Li^{+}(g) \qquad I_2=52011\ kJ/mol$$
$$Li^{+}(g)-e \rightarrow Li^{2+}(g) \qquad I_3=7298\ kJ/mol$$

由于原子失去电子必须消耗能量，克服原子核对外层电子的引力，所以电离能总为正值，通常不特别说明，指的都是第一电离能。通常用第一电离能衡量原子失电子难易。电离能越小，原子越易失去电子。

元素的电离能可以从元素的发射光谱实验测得。元素的电离能在周期表中呈现明显的周期性变化。表 1-7 所示为周期系中各元素的第一电离能数据。

表 1-7　　元素的第一电离能　　单位：kJ/mol

ⅠA	ⅡA	ⅢB	ⅣB	ⅤB	ⅥB	ⅦB	Ⅷ			ⅠB	ⅡB	ⅢA	ⅣA	ⅤA	ⅥA	ⅦA	0
H																	He
1312																	2372
Li	Be											B	C	N	O	F	Ne
520	900											801	1086	1402	1314	1681	2081
Na	Mg											Al	Si	P	S	Cl	Ar
496	738											578	787	1012	1000	1251	1521
K	Ca	Sc	Ti	V	Cr	Mn	Fe	Co	Ni	Cu	Zn	Ga	Ge	As	Se	Br	Kr
419	590	631	658	650	653	717	759	758	737	746	906	579	762	944	941	1140	1351
Rb	Sr	Y	Zr	Nb	Mo	Tc	Ru	Rh	Pd	Ag	Cd	In	Sn	Sb	Te	I	Xe
406	550	616	660	664	685	702	700	720	805	731	868	558	709	832	869	1008	1170
Cs	Ba	La	Hf	Ta	W	Re	Os	Ir	Pt	Au	Hg	Tl	Pb	Bi	Po	At	Rn
376	503	538	654	761	770	760	840	880	870	890	1007	589	716	703	812	912	1037
镧系元素																	
La	Ce	Pr	Nd	Pm	Sm	Eu	Gd	Tb	Dy	Ho	Er	Tm	Yb	Lu			
538	528	523	530	536	544	547	592	564	571	581	589	597	603	524			

由表 1-7 可以总结出元素的第一电离能具有周期性的变化规律：

（1）同一周期元素电离能的变化　主族元素：从左到右，由于作用到最外层电子上的有效核电荷逐渐增大，元素的第一电离能也逐渐增大，但并非单调的上升，例如 Be、N、Ne 的电离能 I_1 都较相邻两元素的高，这是由于它们的原子轨道上的电子填充时出现了全充满、全空或半充满的情况。稀有气体由于具有稳定的电子层结构，其电离能最大。

副族元素：从左至右，由于有效核电荷增加不多，原子半径减小缓慢，故电离能增加不如主族元素明显。

（2）同一族元素电离能的变化　在同一主族元素中，从上到下随着原子半径的增大，外层电子离核越来越远，受到原子核的引力越来越小，故第一电离能减小。

在副族元素中，由于最后的电子是填入内层，屏蔽效应大，抵消了核电荷增加所产生的影响，另外它们的半径也都相近，因此它们的第一电离能变化不大。

3. 电子亲和能的周期性变化

与原子失去电子需要一定的能量正好相反，电子亲和能是指原子获得电子所放出的能量。一个气态原子在基态时得到一个电子形成气态+1价阴离子所放出的能量称为第一电子亲和能，以 E_1 表示，依次也有 E_2、E_3 等。例：

$$O(g)+e \rightarrow O^-(g) \qquad E_1=141kJ/mol$$

一般元素的电子亲和能越大，表示元素由气态原子得到电子生成阴离子的倾向越大，则该元素的原子越容易获得电子，该元素非金属性越强。影响电子亲和能大小的因素与电离能相同，即原子半径、有效核电荷和原子的电子构型。它的变化趋势与电离能相似，具有大的电离能的元素一般电子亲和能也很大。元素的电子亲和能数据目前还不完整，表1-8所示为部分元素的电子亲和能。

由表1-8可以总结出第一电子亲和能的变化规律：

(1) 一般元素的第一亲和能为负值，表示得到一个电子形成负离子时放出能量。元素的第二亲和能均为正值。碱金属和碱土金属元素的电子亲和能都是正值。

(2) 同一周期，从左到右，元素的第一电子亲和能 E_1 总体趋势是增大的。由于核外电子层未增加，随着有效核电荷数的增加，原子半径变小，失去电子的倾向减弱而获得电子的倾向增大，故元素的第一电子亲和能增大，非金属性增强。但也有反常的现象，这与它们的电子层结构有关。如碱金属元素（ns^2）、VA族元素（ns^2np^3）以及稀有气体元素（ns^2np^6），它们都具有半满或全满的稳定结构，因此获得电子很困难，需要消耗能量，一般都为负值。

(3) 同一主族元素，从上至下，由于核外电子层的增加趋势大于有效核电荷的增加趋势，故原子半径依次变大，电子亲和能总体来说逐渐减小，但也有反常现象。如第2周期ⅥA族元素氧和ⅦA族元素氟要比第3周期同一族的硫元素和氯元素要小，这是因为氧原子和氟原子的原子半径为同一族中最小，电子云密度大，因此当获得电子时由于电子间的相互排斥力大，放出的能量小，不易形成阴离子，而硫原子和氯原子的原子半径要比同一族的氧原子和氟原子大，获得电子时电子间的相互排斥力小，放出的能量大，更易形成阴离子。

4. 电负性的周期性变化

元素的电离能和电子亲和能分别反映出了元素的原子失去电子和获得电子的能力，但并不能全面地反映出元素的性质，因为有些原子在反应时并没有得失电子，而只是电子发生偏移，因此，只从电离能和电子亲和能来考虑判断元素的金属性和非金属性有一定的局限性。

为全面反映分子中各原子间争夺电子能力的大小，1932年，鲍林首先提出电负性的概念。原子在分子中吸引成键电子的能力称为电负性，并指定氟的电负性为4.0，然后以此计算出其他元素的电负性，故电负性是一个相对数值，没有单位。虽然现在已有几套电负性数据，但目前较常用的还是鲍林的电负性数据表。表1-9所示为各元素的电负性数据。

表 1-8 元素的电子亲和能 单位：kJ/mol

H															He
72.9															(−21)
Li	Be									B	C	N	O	F	Ne
59.8	(−240)									23	122	−58	141	322	(−29)
Na	Mg									Al	Si	P	S	Cl	Ar
52.9	(−230)									44	120	74	200.4	348.7	(−35)
K	Ca	Ti	V	Cr	Fe	Co	Ni	Cu	Zn	Ga	Ge	As	Se	Br	Kr
48.4	(−156)	(37.7)	(90.4)	63	(56.2)	(90.3)	(123.1)	123	(−87)	36	116	77	195	324.5	(−39)
Rb		Zr		Mo					Cd	In	Sn	Sb	Te	I	Xe
46.9		1.33		96					(−58)	34	121	101	190.1	295	(−40)
Cs	Ba	Ta		W	Re	Pt	Au			Tl	Pb	Bi	Po	At	Rn
45.5	(−52)	80		50	15	205.3	222.7			50	100	100	(180)	(270)	(−40)
Fr															
44.0															

注：未加括号的数据为实验值，加括号的数据为理论值。

表 1-9 元素的电负性数值

H																	He
2.2																	
2.20																	3.2
Li	Be											B	C	N	O	F	Ne
0.98	1.57											2.04	2.55	3.04	3.44	3.98	
0.97	1.47											2.01	2.50	3.07	3.50	4.10	5.1
Na	Mg											Al	Si	P	S	Cl	Ar
0.93	1.31											1.61	1.90	2.19	2.58	3.16	
1.01	1.23											1.47	1.74	2.06	2.44	2.83	3.3
K	Ca	Sc	Ti	V	Cr	Mn	Fe	Co	Ni	Cu	Zn	Ga	Ge	As	Se	Br	Kr
0.82	1.00	1.36	1.54	1.63	1.66	1.55	1.83	1.88	1.91	1.9	1.65	1.81	2.01	2.18	2.55	2.96	2.9
0.91	1.04	1.20	1.32	1.45	1.56	1.6	10.14	1.70	1.75	1.75	1.66	1.82	2.02	2.20	2.48	2.74	3.1
Rb	Sr	Y	Zr	Nb	Mo	Tc	Ru	Rh	Pd	Ag	Cd	In	Sn	Sb	Te	I	Xe
0.82	0.95	1.22	1.33	1.6	2.16	1.9	2.2	2.28	2.20	1.93	1.69	1.78	1.8	2.05	2.10	2.66	2.6
0.89	0.99	1.1	1.22	1.23	1.3	1.36	1.42	1.45	1.35	1.42	1.46	1.49	1.72	1.82	2.01	2.21	2.4
Cs	Ba	La	Hf	Ta	W	Re	Os	Ir	Pt	Au	Hg	Tl	Pb	Bi	Po	At	Rn
0.79	0.89	1.10～1.27	1.3	1.5	2.36	1.9	2.2	2.20	2.28	2.54	2.00	1.62	1.87	2.02	2.0	2.2	
0.86	0.97	1.08～1.14	1.23	1.33	1.40	1.46	1.52	1.55	1.44	1.42	1.44	1.44	1.55	1.67	1.76	1.90	

注：第一行数据是鲍林的电负性，第二行数据是阿莱-罗周的电负性。

电负性越大，原子在分子中吸引电子的能力越强；电负性越小，原子在分子中吸引电子的能力越弱。在两个原子成键时，电子常偏于电负性大的一边。

从表 1-9 中可见，元素的电负性具有明显的周期性规律。

(1) 在一般情况下，金属元素的电负性小于 2.0（除铂系元素和金），而非金属元素（除硅）的电负性大于 2.0。

(2) 在同一周期中，随着原子序数的递增，从左到右，电负性逐渐增大；在同一主族中，从上到下，元素的电负性依次减小。

就总体而言，周期表右上方的典型非金属元素都有较大电负性，氟是电负性最大的元素（4.0）；周期表左下方的金属元素电负性都较小，铯是电负性最小的元素（0.7）。

5. 金属性和非金属性的周期性变化

元素的金属性指原子失去电子的能力；元素的非金属性指原子获得电子的能力。原子失去与获得电子的难易程度主要取决于原子半径的大小和电子层结构，均用电负性衡量。

(1) 短周期元素　从左至右，由于核电荷依次增多，原子半径逐渐减小，最外层电子数也依次增多，元素的金属性逐渐减弱，非金属性逐渐增强。以第三周期为例，从活泼金属钠到活泼非金属氯，递变非常明显。

(2) 长周期过渡元素　同一周期中的主族元素性质的递变与短周期元素相同。长周期中过渡元素原子的最外层电子数较少，一般为 2 个，所以都是金属元素。由于最外层电子数不多于 2 个，而且几乎保持不变，只有次外层的 d 电子数有区别，所以金属性从左到右减弱缓慢。同主族元素自上而下随着主量子数增大，电子层数增多，半径增大，使得核对外层电子引力减弱，所以自上而下非金属性减弱，金属性增强。

6. 氧化数的周期性变化

元素的氧化数（或称氧化值）是指某元素一个原子的形式电荷数，这种电荷数是假设化学键中的电子指定给电负性较大的原子而求得的。

氧化数反应元素的氧化状态，有正、负、零之分，也可以是分数，与原子的价电子构型有关，周期表中元素的最高氧化数呈周期性变化。ⅠA～ⅦA 族（F 除外）、ⅢB～ⅦB 族元素的最高氧化数等于价电子总数，也等于其族序数，ⅠB、ⅡB、ⅧA、ⅧB 族元素的最高氧化数变化不规律。非金属元素的最高氧化数的绝对值之和等于 8。

综上所述，元素性质随原子序数递增而呈周期性变化的规律，称为元素周期律。元素周期律的实质是原子核外电子排布周期性变化的结果。

思考练习题

一、名词解释

可逆反应，化学平衡，化学反应速率，基元反应，标准平衡常数，吕·查德里规律

二、选择题

1. 向体积为 2L 的容器中加入 1mol 氮气和 6mol 氢气，合成氨。2min 之后达到平衡，测得氮气为 0.6mol。氢气的反应速率是（　　）

(A) 0.1mol/(L·s)　　(B) 0.2mol/(L·s)

(C) 0.3mol/(L·s)　　(D) 0.6mol/(L·s)

2. 不能用化学平衡移动原理说明的事实是（　　）

(A) 合成氨在高压下进行是有利的

(B) 温度过高对合成氨不利

(C) 使用催化剂能使合成氨速率加快

(D) 及时分离从合成塔中出来的混合气，有利于合成氨

3. 一定温度下，在一个体积可变的密闭容器中加入 2mol H_2 和 2mol N_2，建立如下平衡：$N_2(g)+3H_2(g) \rightleftharpoons 2NH_3(g)$ 相同条件下，若向容器中再通入 1mol H_2 和 1mol N_2 又达到平衡，则下列说法正确的是（　　）

(A) NH_3 的百分含量不变　　(B) N_2 的体积分数增大

(C) N_2 的转化率增大　　(D) NH_3 的百分含量增大

4. $3s^1$ 表示（　　）的一个电子

(A) $n=3$

(B) $n=3$，$l=0$

(C) $n=3$，$l=0$，$m=0$

(D) $n=3$，$l=0$，$m=0$，$m_s=+1/2$ 或 $m_s=-1/2$

5. 决定多电子原子核外电子运动能量的两个主要因素是（　　）

(A) 电子层和电子的自旋状态

(B) 电子云的形状和伸展方向

(C) 电子层和电子亚层

(D) 电子云的形状和电子的自旋状态

6. 每个电子层的轨道数与电子层序数 n 之间的关系是（　　）

(A) $2n$　　(B) n^2　　(C) n　　(D) $2n^2$

7. 下列元素基态原子的电子排布式正确的是（　　）

(A) $_5B$：$1s^22s^3$

(B) $_{11}Na$：$1s^2 2s^2 2p^7$

(C) $_{24}Cr$：$1s^2 2s^2 2p^6 3s^2 3p^6 3d^6$

(D) $_{24}Cr$：$1s^2 2s^2 2p^6 3s^2 3p^6 3d^5 4s^1$

8. 某元素的价电子结构为 $3d^2 4s^2$，则该元素位于周期表中（　　）

(A) 四周期，ⅥA，s 区　　(B) 四周期，ⅥB，s 区

(C) 四周期，ⅣB，d 区　　(D) 四周期，ⅣB，d 区

9. 某元素位于周期表中ⅠB，ds 区，则其基态原子的价电子构型为（　　）

(A) $nd^{10}ns^1$　　(B) $(n-1)d^{10}ns^1$

(C) $nd^{10}(n-1)\ s^1$　　(D) ns^1np^6

10. 下列有关氧化数的叙述中，正确的是（　　）

(A) 主族元素的最高氧化数一般等于其所在的族数

(B) 副族元素的最高氧化数总等于其所在的族数

(C) 副族元素的最高氧化数一定不会超过其所在的族数

(D) 元素的最低氧化数一定是负数

11. 比较 O、S、As 三种元素的电负性和原子半径大小的顺序，正确的是（　　）

(A) 电负性：O>S>As；原子半径：O<S<As

(B) 电负性：O<S<As；原子半径：O<S<As

(C) 电负性：O<S<As；原子半径：O>S>As

(D) 电负性：O>S>As；原子半径：O>S>As

三、填空题

1. 将等物质的量的 A、B、C、D 四种物质混合，发生如下反应：

$$aA+bB \rightleftharpoons cC(固)+dD$$

当反应进行一定时间后，测得 A 减少了 $n$mol，B 减少了 $\frac{n}{2}$mol，C 增加了 $\frac{3}{2}n$mol，D 增加了 $n$mol，此时达到化学平衡：

(1) 该化学方程式中各物质的系数为 a=________，b=________，c=________，d=________。

(2) 若只改变压强，反应速率发生变化，但平衡不发生移动，该反应中各物质的聚集状态 A ________，B ________，D ________。

(3) 若只升高温度，反应一段时间后，测知四种物质的量又达到相等，则该反应为________反应（填放热或吸热）。

2. 已知反应 $CH_3OH(g) \rightleftharpoons CH_3OCH_3(g) + H_2O(g)$ 在某温度下的平衡常数为 400。此温度下，在密闭容器中加入 CH_3OH，反应到某时刻测得各组分的浓度如下：

物质	CH_3OH	CH_3OCH_3	H_2O
浓度/(mol/L)	0.44	0.6	0.6

① 比较此时正、逆反应速率的大小：$v_{正}$________ $v_{逆}$（填“>”、“<”或“=”）。

② 若加入 CH_3OH 后，经 10min 反应达到平衡，此时 c_{CH_3OH} = ____________；该时间内反应速率 v_{CH_3OH} = ____________。

3. 已知下列反应的平衡常数：

$$H_2(g) + S(s) \rightleftharpoons H_2S(g) \quad k_1$$

$$S(s) + O_2(g) \rightleftharpoons SO_2(g) \quad k_2$$

反应 $H_2(g) + SO_2(g) \rightleftharpoons O_2(g) + H_2S(g)$ 的平衡常数为________________。

4. 主量子数为 4 的一个电子，它的角量子数的可能取值有____________种，它的磁量子数的可能取值有____________种。

5. 在氢原子中，4*s* 和 3*d* 轨道的能量高低为______，而在 19 号元素 K 和 26 号元素 Fe 中，4*s* 和 3*d* 轨道的能量高低顺序分别为______和______。

6. 填上合理的量子数：$n=2$，$l=$____________，$m=$____________，$m_s=+1/2$。

7. +3 价离子的电子层结构与 S^{2-} 相同的元素是____________。

8. 微观粒子运动与宏观物质相比具有两大特征，它们是____________和____________。

9. 氢原子的电子能级由____________决定，而钠原子的电子能级由____________决定。

10. Mn 原子的价电子构型为____________，用四个量子数分别表示每个价电子的一定状态，是____________。

11. 在电子构型 a. $1s^2 2s^2$；b. $1s^2 2s^2 2p^5 4s^1$；c. $1s^2 2s^1 2p^1 3d^1 3s^1$；d. $1s^2 2s^2 2p^6 3s^1 3d^1$；e. $1s^2 2p^2$；f. $1s^2 2s^3 2p^1$；g. $1s^1 2s^2 2p^1 3d^1$ 中，属于原子基态的是______，属于原子激发态的是______，纯属错误的是______。

12. 用元素符号填空（均以天然存在为准）：原子半径最大的元素是________，第一电离能最大的元素是________，原子中 3*d* 半充满的元素是________，原子中 4*p* 半充满的元素是________，电负性差最大的两个元素是________；化学性质最不活泼的元素是________。

?

四、简答题

1. 为什么说化学平衡是动态平衡？

2. 原子核外电子的运动状态有何特征？如何描述？

3. 下列说法是否正确？为什么？

(1) s 电子绕核运动时，其轨道是一个圆圈，而 p 轨道上的电子是按“∞”字形运动的。

(2) 当主量子数为 2 时，有自旋相反的两个轨道。

(3) 当 n、l 确定时，该轨道的能量也基本确定，通常我们称为能级，如 $2s$、$3p$ 能级等。

(4) 当主量子数为 4 时，共有 $4s$、$4p$、$4d$、$4f$ 四个轨道。

(5) 当角量子数为 1 时，有 3 个等价轨道。角量子数为 2 时，有 5 个等价轨道。

(6) 每个原子轨道只能容纳两个电子，且自旋方向相同。

4. 在下列各组中，填充合理的缺失量子数。

(1) $n=3$ $l=?$ $m=2$ $m_s=-1/2$

(2) $n=?$ $l=3$ $m=3$ $m_s=+1/2$

(3) $n=4$ $l=3$ $m=?$ $m_s=-1/2$

(4) $n=4$ $l=2$ $m=1$ $m_s=?$

(5) $n=1$ $l=?$ $m=?$ $m_s=?$

5. 当主量子数 $n=4$ 时，共有几个能级？每个能级有几个轨道？各轨道分别能容纳多少电子？该电子层最多可容纳多少电子？

6. 何谓屏蔽效应？何谓钻穿效应？并用这两个效应解释为何钾原子的 $E_{3d}>E_{4s}$？而铬原子的 $E_{3d}<E_{4s}$？

7. 根据下列原子序数，写出它们的元素符号和核外电子排布式。

(1) 原子序数为 8　　(2) 原子序数为 15

(3) 原子序数为 27　　(4) 原子序数为 48

8. 根据下列元素的价电子层结构，分别指出它们属于第几周期？第几族？最高氧化值是多少？

(1) $5s^2$　(2) $3s^2 3p^4$　(3) $3d^5 4s^2$　(4) $4d^{10} 5s^2$

(5) $2s^2 2p^2$

9. 周期表同一周期和同一族中，原子半径变化的趋势？并解释为何铜原子的原子半径比镍原子的要大？

10. 下列各对元素中，电负性大小正确的是：

(1) Mg>Ca　(2) N>O　(3) S>P　(4) Cr<Mn

(5) Cu>Zn　　(6) F>I

11. 请解释原因：

(1) He^+ 中 $3s$ 和 $3p$ 轨道的能量相等，而在 Ar^+ 中 $3s$ 和 $3p$ 轨道的能量不相等。

(2) 第一电子亲和能为 Cl>F，S>O；而不是 F>Cl，O>S。

12. 判断半径大小并说明原因：

(1) Sr 与 Be　　(2) Ca 与 Sc　　(3) Ni 与 Cu　　(4) S^{2-} 与 S

(5) Na^+ 与 Al^{3+}　　(6) Sn^{2+} 与 Pb^{2+}　　(7) Fe^{2+} 与 Fe^{3+}

五、写出下列反应的化学平衡常数

(1) $CH_4(g)+2O_2(g) \rightleftharpoons CO_2(g)+2H_2O(g)$

(2) $Al_2O_3(s)+3H_2(g) \rightleftharpoons 2Al(s)+3H_2O(g)$

(3) $NO(g)+\frac{1}{2}O_2(g) \rightleftharpoons NO_2(g)$

(4) $BaCO_3(s) \rightleftharpoons BaO(s)+CO_2(g)$

六、综合题

1. PCl_5 遇热按 $PCl_5(g) \rightleftharpoons PCl_3(g)+Cl_2(g)$ 式分解。2.695gPCl_5 装在 1.00L 的密闭容器中，在 523K 达平衡时总压力为 100kPa。(1) 求 PCl_5 的摩尔分解率及平衡常数 $K^{\ominus}$。(2) 当总压力 1000kPa 时，PCl_5 的分解率 (mol) 是多少？(3) 要使分解率低于 10%，总压力是多少？

2. 某元素原子序数为 33；试问：

(1) 此元素原子的电子总数是多少？有多少个未成对电子？

(2) 它有多少个电子层？多少个能级？最高能级组中的电子数是多少？

(3) 它的价电子数是多少？它属于第几周期？第几族？是金属还是非金属？最高化合价是几？

3. 写出原子序数为 24 的元素的名称；符号及其基态原子的电子排布式；并用四个量子数分别表示每个价电子的运动状态。

项目二
分析化学的误差及数据处理技术

模块一　定量分析基础理论

知识目标

1. 了解定量分析的分类。
2. 理解有效数字的含义，掌握其取舍规则。
3. 了解误差产生的原因及减小误差的方法。

能力目标

1. 能够正确判断有效数字的位数，会用取舍规则对其进行取舍。
2. 能熟练进行有效数字的运算。

一、定量分析的任务

分析化学是人们获取物质的化学组成与结构信息的科学。分析化学的任务是对物质进行组成分析和结构鉴定，研究获取物质化学信息的理论和方法。

物质组成的分析，主要包括定性与定量两个部分。定性分析的任务是确定物质由哪些组分（元素、离子、基团或化合物）组成；定量分析的任务是确定物质中有关组分的含量。一般在定性分析的基础上进行定量分析。结构分析的任务是确定物质各组分的结合方式及其对物质化学性质的影响，结构分析需要用到特殊的仪器，属于仪器分析的范畴。本部分主要介绍定量分析的知识。

二、定量分析的分类

定量分析依据测定原理和操作方法的不同，可分为化学分析法和仪器分析法两类。

1. 化学分析法

化学分析法是以物质的化学反应为基础的分析方法。主要有滴定分析法和质量分析法。

（1）滴定分析法（容量分析法）　是通过滴定操作，根据所需滴定剂的体积和浓度，以确定试样中待测组分含量的一种方法。滴定分析法根据化学反应类型的不同分为酸碱滴定法、沉淀滴定法、配位滴定法和氧化还原滴定法。

（2）质量分析法　质量分析法是通过称量操作测定试样中待测组分的质量，以确定其含量的一种分析方法。质量分析法分为沉淀质量法、电解质量法和气化法。

2. 仪器分析法

仪器分析法是以物质的物理性质和物理化学性质为基础的分析方法。常用的仪器分析方法有：光学分析法、电化学分析法、色谱分析法。

3. 无机分析和有机分析

若按物质的属性来分，分析方法主要分为无机分析和有机分析。无机分析的对象是无机化合物；有机分析的对象是有机化合物。另外还有药物分析和生化分析等。

4. 常量分析、半微量分析和微量分析

按被测组分的含量来分，分析方法可分为常量组分（含量＞1%）分析、微量组分（含量为0.01%～1%）分析、痕量组分（含量＜0.01%）分析；按所取试样的量来分，分析方法可分为常量试样（固体试样的质量＞0.1g，液体试样体积10mL）分析、半微量试样（固体试样的质量在0.01～0.1g，液体试样体积为1～10mL）分析、微量试样（固体试样的质量＜0.01g，液体试样体积＜1mL）分析和超微量试样（固体试样的质量＜0.1mg，液体试样体积＜0.01mL）分析。

常量分析一般采用化学分析法，微量分析一般采用仪器分析法。

三、定量分析的程序

定量分析一般要经过以下几个步骤。

1. 取样

要求所取的样品均匀和有代表性。在实际工作中，要分析的对象往往是很大量、很不均匀的，而分析时所取的试样量一般不到1g，所以最重要的一点是要保证所取的试样具有代表性，否则分析工作毫无意义。

2. 试样的分解

定量化学分析采用湿法分析，即把试样分解后转入溶液中，然后进行测定。试样的分解应根据试样性质的不同，采用不同的分解方法。常用的分解试样的方法有以下两类：①用水、酸、碱等溶剂溶解；②采用高温熔融法。

试样的分解应注意以下几点：试样分解完全；分解过程中待测组分不应损失；不能从外部引入待测组分和干扰物质；分解试样最好与分离干扰元素相结合。

3. 除杂去干扰

在实际测定中所遇到的样品往往存在许多干扰组分，应设法消除。掩蔽是一种较简便的办法（配位掩蔽、氧化还原掩蔽、沉淀掩蔽等）。若没有合适的掩蔽方法则需要进行分离。

4. 试样测定

根据被测组分的性质、含量和对分析结果准确度的要求，选择合适的测定方法进行样品测定。测定是定量分析的中心环节，也是本课程的主要学习内容。

5. 计算分析结果

根据试样质量，测量所得数据和分析过程中有关反应的计量关系，计算试样中被测组分的含量，有时还要应用统计方法对分析结果的可信程度进行评价。

应该指出的是，分析是一个复杂的过程，是从未知、无序走向确定、有序的过程，试样的多样性也使分析过程不可能一成不变，上述的基本步骤，只是各种定量分析过程中的共性部分，只能进行一般性指导。

模块二　定量分析的误差

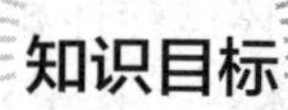

知识目标

1. 掌握误差的概念。
2. 理解准确度与精密度的关系。
3. 掌握有效数字的概念。

能力目标

1. 能判断常见的误差类型。
2. 熟练记录有效数字，正确进行有效数字的取舍及计算。

在定量分析中，由于受分析方法、测量仪器、所用试剂和分析人员主观条件等各方面的限制，所得结果不可能绝对准确，总伴有一定的误差。即使由技术很熟练的分析人员用最可靠的分析方法和最精密的仪器，对同一试样进行多次测定，其结果也不尽相同。这说明误差是客观存在的。因此，人们在进行定量分析时，不仅要测得组分含量，而且还需评价分析结果，采用相应的措施把误差减小到最小程度，从而不断提高分析结果的准确度。

一、误差

在分析过程中，误差是客观存在、不可避免的。在进行定量测定时，必须对分析结果进行评价，判断其准确性、可靠性，检查产生误差的原因，并采取相应的措施减少误差，使测定结果尽量接近真实值。

（一）误差的分类及产生原因

按照产生的原因和性质，误差可分为两类：系统误差和偶然误差。

1. 系统误差（可测误差）

系统误差是由某些确定的因素造成的，具有单向性、重复性和可测性的特点。单向性指在测定过程中，使测定结果总是偏高或偏低；重复性指在重复测定时重复出现；可测性是这类误差的大小和正负是可以测定的，至少在理论上说是可以测定的，所以又称为可测误差。

产生系统误差的原因包括：

（1）方法误差　这种误差是由分析方法本身所造成的。如在滴定分析过程中，由于化学计量点和滴定终点不完全吻合造成的误差。

（2）仪器和试剂误差　仪器误差是由仪器本身不够精确或试剂含有杂质等引起的。如容量仪器刻度不准确或所用试剂和蒸馏水中含有被测物质或干扰物质等。

（3）操作误差　由操作人员主观的原因或习惯造成的。如某指示剂的颜色由黄变橙即为滴定终点，而有人由于视觉原因总要滴到偏红色才停止。

2. 偶然误差

偶然误差是由某些不确定的原因引起的。例如，测量时环境温度、湿度和气压的微小波动；仪器性能的微小变化；分析人员对各份试样处理时的微小差别等，都将使分析结果在一定范围内波动。

偶然误差虽然是无法测量的，但它的出现也是有规律可循的：小误差出现的机会多，大误差出现的机会少，特别大的误差出现的机会极少；大小相等的正负误差出现几率相同。也就是说，偶然误差的分布符合统计规律。

需要指出的是，“过失”不属于误差，它是由于分析者粗心大意或违反操作规程所产生的错误，如加错试剂、试液溅失、读错刻度等。在分析实验的过程中，“过失”是完全可以避免的，这样的数据一经发现必须弃去。

（二）减小误差的方法

系统误差减小的方法有以下几种：

（1）对照试验　常用已知准确含量的标准试样，按同样方法进行分析测定以资对照，也可以用不同的分析方法，或者由不同部门的人员分析同一试样来互相对照。进行对照试验时，应尽量选择与试样组成相近的标准试样。根据标准试样的分析结果与已知含量的差值，即可判断方法有无系统误差，并可用此误差对实际试样的结果进行校正。

（2）空白试验　在不加试样的情况下，按照试样分析同样的步骤、条件进行的分析方法，得到的结果称为“空白值”。另在同样条件下测得试样的测定结果，再从这一测定结果中扣除空白值即得最后的分析结果。空白试验可以消除或减少由试剂、蒸馏水、器皿和环境等带入的杂质所引起的系统误差。

(3) 校准仪器　仪器不准确引起的系统误差，可以通过校准仪器加以消除。例如天平、容量瓶、温度计和滴定管等。在准确度要求较高的分析中，必须校准仪器，并在计算结果时采用校正值。

(4) 回收试验　如果对试样的组成不完全清楚或分析反应不完全引起的系统误差，可以采用回收试验进行校正。回收试验是向试样或标准试样中加入已知含量的被测组分的纯净物质，然后用同一方法进行测定，由测得的增加值与加入量之差，估算系统误差，并对结果进行校正。

偶然误差的减小可以采取增加测定次数的方法，重复多次做平行试验，取其平均值，这样可以使正负偶然误差相互抵消，在消除系统误差的前提下，平均值可能接近真实值。

二、准确度和精密度

（一）准确度与精密度

准确度是指分析结果与真实值相接近的程度，用误差来表示。误差越小表示分析结果的准确度越高；相反，误差越大，准确度越低。

精密度是指几次平行测定结果相互吻合的程度，用偏差来衡量。偏差越小表示分析结果的精密度越高；相反，偏差越大，精密度越低。那么准确度与精密度有何关系，以及如何用准确度与精密度来评价分析结果呢？

例如，三个学生对样品中的某组分进行测定，结果如下：甲 50.25%，50.27%，50.26%；乙 50.10%，50.20%，50.30%；丙 50.10%，50.12%，50.12%，设真实值为50.26%，评价三人的分析结果。

由以上数据看出，甲三次分析结果都接近真实值，且相互吻合程度高；乙的分析结果跟真实值差距较大，而且三个数据相互吻合程度低；丙的分析结果虽然相互吻合程度高，但是与真实值相差比较大。

由此可见，准确度与精密度的关系：精密度是保证准确度的先决条件；高的精密度不一定能保证高的准确度；两者的差别主要是由于系统误差的存在。

（二）误差与偏差

1. 误差

误差是测得值与真实值之间的差距。一般用绝对误差和相对误差来表示。

$$绝对误差=测定值-真实值$$

$$相对误差=\frac{绝对误差}{真实值}\times 100\%$$

例题1：分别称取硼砂（A）0.2391g、（B）2.3912g，设A、B的真实值分

别为 0.2392g、2.3913g。求两次称量结果的绝对误差和相对误差。

解：

$$A\text{的绝对误差}=0.2391-0.2392=-0.0001(g)$$

$$A\text{的相对误差}=\frac{-0.0001}{0.2392}\times 100\%=-0.004182\%$$

$$B\text{的绝对误差}=2.3912-2.3913=-0.0001(g)$$

$$B\text{的相对误差}=\frac{-0.0001}{2.3913}\times 100\%=-0.04182\%$$

例题 1 说明：绝对误差相等，相对误差不一定相等；称量质量越大，相对误差越小，分析结果也越准确。所以，基准物质一般具有较大的摩尔质量，以保证称量值的准确性（后续部分将讲述）。

注意例题 1 中的负号表示的是分析结果偏低。如果结果为正号，则是分析结果偏高。

2. 偏差

偏差是测定值与平均值之间的差值。偏差也分为绝对偏差和相对偏差。

$$\text{绝对偏差}(d)=\text{测得值}-\text{平均值}$$

$$\text{相对偏差}=\frac{\text{绝对偏差}}{\text{平均值}}\times 100\%$$

在实际工作中，对于分析结果的精密度经常用平均偏差和相对平均偏差来表示（有时候也用标准偏差 S 和相对标准偏差 RSD% 表示）。若有 n 次测定，则：

$$\text{算术平均值}\overline{X}=\frac{x_1+x_2+x_3+\cdots+x_n}{n}$$

$$\text{绝对平均偏差}\overline{d}=\frac{|x_1-\overline{x}|+|x_2-\overline{x}|+\cdots+|x_n-\overline{x}|}{n}$$

$$\text{相对平均偏差}=\frac{\overline{d}}{x}\times 100\%$$

相对平均偏差指绝对平均偏差在平均值中所占的百分比，它更能反映分析结果的精密度。在实际工作中，常用相对平均偏差表示精密度。

标准偏差表示为：

$$S=\sqrt{\frac{d_1^2+d_2^2+\cdots+d_n^2}{n-1}}=\sqrt{\frac{\sum_{i=1}^{n}(x_i-\overline{x})^2}{n-1}}=\sqrt{\frac{\sum_{i=1}^{n}d_i^2}{n-1}}$$

相对标准偏差表示为：

$$RSD\%=\frac{S}{x}\times 100\%$$

由于计算平均偏差和标准偏差时，取每次测量偏差的绝对值或进行了平方处理，所以平均偏差和标准偏差均无正、负之分。用标准偏差表示精密度比用平均偏差好，因为将单次测量的偏差平方之后，较大的偏差更显著地反映出来，这样能更好地说明数据的分散程度。

例题 2：某测定得到了以下数据：40.12%、40.13%、40.14%，试求该测定的绝对偏差、绝对平均偏差和相对平均偏差。

解：

$$\bar{x}=\frac{40.12\%+40.13\%+40.14\%}{3}=40.13\%$$

三次测得值的绝对偏差分别为：

$$d_1=40.12\%-40.13\%=-0.01\%$$

$$d_2=40.13\%-40.13\%=0$$

$$d_3=40.14\%-40.13\%=+0.01\%$$

$$\bar{d}=\frac{|d_1|+|d_2|+|d_3|}{3}=\frac{0.02}{3}=0.0067$$

$$相对平均偏差=\frac{0.0067\%}{40.13\%}\times100\%=0.0167\%$$

对于该测定的标准偏差和相对标准偏差，读者可自行练习计算。

三、有效数字

（一）有效数字

有效数字是指测定过程中得到的有实际意义的数字，包括所有可靠数字加一位可疑数字。为了得到可靠的分析结果，不仅要准确地进行测量，而且还要正确地记录数据的位数和计算。

例如，用万分之一的分析天平称量一份样品，平行称量三次的结果为：0.4768g、0.4767g、0.4769g。其中，0.476是准确可靠的，而最后一位数字是不可靠的。上述数据有四位有效数字。

对于滴定管读到的数据：20.12mL、20.13mL，其前三位20.1是可靠的，而最后一位是不可靠的。

有效数字不仅表示数量的大小，也反映测量时所用仪器的精确程度。上述数据0.4768g是万分之一天平读到的数据；如果用托盘天平称量，则只能得到像2.1g这样的数据。在定量分析中，用不同的仪器分析得到的数据记录上的区别要特别注意。

在有效数字的使用过程中，要注意如下问题：

（1）“0”的作用：0在非0数字前不是有效数字，只起到定位作用；0在非0数字中和非0数字后是有效数字。如：0.01030有四位有效数字。

（2）单位改变，有效数字位数不变，因为测量的精度是一定的。如，0.0050g或5.0mg都是2位有效数字。

（3）采用科学计数法时，有效数字位数要根据实际情况确定。如，54000若为2位有效数字，应记为5.4×10^4，若为3位有效数字应记为5.40×10^4等。

（4）pH、lg$K$ 等对数值，其有效数字位数取决于其小数点后数字的位数，整数部分只代表该数的方次。如 pH=11.02 不是 4 位有效数字。

（5）化学计量式前的系数可视为无限多位有效数字。

（二）有效数字的修约

常用的有效数字的修约方法有两种："四舍五入"法和"四舍六入五留双"法。运算中舍弃多余的数字时，采用"四舍六入五留双"的规则。即被修约的数字小于或等于 4 时，舍弃；被修约的数字大于或等于 6 时则进位；被修约的数字等于 5 时，若"5"后面的数字不全为 0，则进位；5 后面的数字全为 0，"5"前为偶数则舍，为奇数则进位。

在对有效数字进行修约时，注意一次修约到位，不要分次修约。如将数据 3.5747 修约为三位有效数字时，不能先修约到 3.575 再修约到 3.58。

（三）有效数字的运算规则

1. 加减法

在运算时，以绝对误差最大（即小数点后位数最少的）的那个数为依据。

如：

$$0.0121+25.64+1.05782$$
$$=0.01+25.64+1.06$$
$$=26.71$$

2. 乘除法

在运算时，要以相对误差最大（有效数字位数最少）的那个数为依据。

$$0.0121\times25.64\times1.05782$$
$$=0.0121\times25.6\times1.06$$
$$=0.328$$

在运算过程中要注意将修约过程表示出来，不能直接得出计算结果。

四、可疑值的取舍

在多次测量所得的数据中经常会出现个别数值偏高或偏低的情况，这就是可疑值。对可疑数值的取舍经常用的比较简单的方法是 Q-检验和 G-检验。

（一）Q-检验的方法

用 Q-检验决定可疑值的取舍步骤如下：

（1）将测量数值按照从大到小排序，并算出最大值与最小值之差。

（2）计算可疑值与相邻值的差值。

（3）用下式计算 $Q_{计}=\dfrac{|可疑值-相邻值|}{最大值-最小值}$

（4）查表 2-1 决定可疑值的取舍：若 $Q_{计}$ 大于或等于 $Q_{表}$，该数值舍弃；若 $Q_{计}$ 小于 $Q_{表}$，则予以保留。

表 2-1　　不同置信度下的 Q 值表

n	3	4	5	6	7	8	9	10
$Q_{90\%}$	0.94	0.76	0.64	0.56	0.51	0.47	0.44	0.41
$Q_{95\%}$	0.97	0.84	0.73	0.64	0.59	0.54	0.51	0.49
$Q_{99\%}$	0.99	0.93	0.82	0.74	0.68	0.63	0.60	0.57

（二）G-检验的方法

G-检验也是应用较广泛的检验方法。检验步骤如下：

（1）计算所有测定值的平均值。

（2）计算所有测定值的标准偏差。

（3）按照 $G_{计}=\frac{x_{可疑}-\bar{x}}{s}$ 求 $G_{计}$ 的值。

（4）查表 2-2 比较：若 $G_{计}$ 大于或等于 $G_{表}$，则该可疑值舍弃；若 $G_{计}$ 小于 $G_{表}$，该可疑值保留。

表 2-2　　95%置信度的 G 临界值表

n	3	4	5	6	7	8	9	10
G	1.15	1.48	1.71	1.89	2.02	2.13	2.21	2.29

对于置信度的定义我们在此不做讨论。如果感兴趣请读者查阅相关资料。

例题 3：标定 NaOH 标准溶液时测得 4 个数据，0.1012，0.1014，0.1016，0.1019，试用 Q-检验法确定 0.1019 数据是否应舍去（设置信度 95%）？

解：排序　0.1012，0.1014，0.1016，0.1019

$$0.1019-0.1016=0.0003$$

计算：
$$Q_{计}=\frac{0.0003}{0.1019-0.1012}=\frac{0.0003}{0.0007}=0.43$$

查 Q 表，4 次测定的 Q 值=0.76，0.43<0.76，故数据 0.1019 不能弃去。

例题 4：用 G-检验的方法检验上题中可疑值是否应该舍弃（设置信度 95%）？

解：
$$平均值=\frac{0.1012+0.1014+0.1016+0.1019}{4}=0.1015$$

$$d_1=0.1012-0.1015=-0.0003$$

$$d_2=0.1014-0.1015=-0.0001$$

$$d_3=0.1016-0.1015=0.0001$$

$$d_4=0.1019-0.1015=0.0004$$

四次测定值的标准偏差为：

$$S=\sqrt{\frac{(-0.0003)^2+(-0.0001)^2+0.0001^2+0.0004^2}{4-1}}$$
$$=0.0003$$

$$Q=\frac{0.1019-0.1015}{0.0003}=1.33$$

查表得 $n=4$ 时，$G=1.48$，1.33<1.48，所以数据 0.1019 不能舍弃。由两种检验方法得到的结论是相同的。

思考练习题

1. 简述定量分析的程序。

2. 系统误差有哪些类型？有什么特点？怎样消除？

3. 偶然误差的分布有什么规律？怎样减少偶然误差？

4. 某分析天平的称量误差为±0.1mg，如果分别称取试样0.01g、1g，相对误差各为多少？对你有什么启示？

5. 说明准确度和精密度之间的关系。

6. 将下列数据均修约成有效数字三位：

(1) 2.604；(2) 2.605；(3) 2.615；(4) 2.6549；(5) 2.666；

(6) 2.605001

7. 下列情况各引起什么误差？如果是系统误差，应如何消除？

(1) 天平的砝码锈蚀；

(2) 分析用试剂中含有微量待测组分；

(3) 质量分析中，沉淀溶解损失；

(4) 读取滴定管读数时，最后一位数值估测不准；

(5) 天平两臂不等长；

(6) 天平零点稍有变动。

8. 下列数据有几位有效数字：

0.1024，0.0015，1.07×105，0.3500，456

9. 40.02，40.12，40.16，40.18，40.18，40.20为一组测定数据，其中一个数据可疑，试判断是否舍弃。

10. 按照有效数字运算规则，计算下列算式：

(1) 213.64+4.402+0.3244

(2) $\dfrac{0.1000\times(25.00-1.52)\times246.47}{1.0000\times1000}$

(3) $\dfrac{1.5\times10^{-5}\times6.11\times10^{-8}}{3.3\times10^{-5}}$

11. 分析铁矿石中铁的质量分数，得如下数据：37.45%，37.20%，37.50%，37.30%，37.25%，设真实值是37.35%，求计算结果的平均值、平均偏差、相对平均偏差、标准偏差、相对标准偏差。

12. 三个学生对样品中的某组分进行测定，结果如下：a. 50.15%，50.17%，50.16%；b. 50.10%，50.20%，50.30%；c. 50.10%，50.12%，50.12%。设真实值为50.16%，请你评价三人的分析结果，说明什么问题？

项目三
分析化学的常用实验技术

模块一　滴定仪器操作技术

知识目标

1. 掌握各种不同玻璃仪器的洗涤剂的选择依据。
2. 掌握滴定仪器的操作过程中的误差来源和避免措施。

能力目标

1. 学会滴定仪器的试漏、洗涤、干燥。
2. 学会酸式滴定管活塞涂凡士林，学会滴定管排气泡，学会滴定操作。
3. 学会正确地选择和使用移液管、吸量管。
4. 能正确读数。

一、基础知识

在分析化学实验中，要求准确量度体积时，一般使用移液管、吸量管、滴定管、容量瓶。这些仪器在制造时都经过校准并标上刻度，但这些刻度有两种含义，一种是“量出”，一种是“装盛”，此外，校正时还标明温度。“装盛”体积和“量出”体积是不同的，容量瓶的刻度是指“装盛”体积，而移液管、吸量管、滴定管的刻度是“排出”体积。

分析化学实验中要求使用洁净的器皿，因此，在使用前必须将器皿充分洗净，并且要使用合理的方法进行干燥。

1. 器皿的洗涤

常用的洗涤方法如下：

(1) 刷洗　用水和毛刷洗涤除去器皿上的污渍和其他不溶性的和可溶性的

杂质。

（2）用肥皂、合成洗涤剂洗涤　洗涤时先将器皿用水湿润，再用毛刷蘸少量洗涤剂，将仪器内外洗刷一遍，然后用水边冲边刷洗，直至洗净为止。

（3）用铬酸洗液（简称洗液）洗涤　洗液的配制：将8g重铬酸钾用少量水润湿，慢慢加入180mL浓硫酸，搅拌以加速溶解。冷却后贮存于磨口试剂瓶中。将被洗涤器皿尽量保持干燥，倒少许洗液于器皿中，转动器皿使其内壁被洗液浸润（必要时可用洗液浸泡），然后将洗液倒回原瓶内以备再用（若洗液的颜色变绿，则另作处理）。再用水冲洗器皿内残留的洗液，直至洗净为止。如用热的洗涤液洗涤，则去污能力更强。

洗液主要用于洗涤被无机物沾污的器皿，它对有机物和油污的去污能力也较强，常用来洗涤一些口小、管细等形状的器皿，如吸管、容量瓶等。

洗液具有强酸性、强氧化性，对衣服、皮肤、桌面、橡皮等有腐蚀作用，使用时要特别小心。另外六价铬对人体有害，污染环境，应尽量少用。易还原成绿色铬酸洗液，可以加入固体 $KMnO_4$ 使其再生。这样，实际消耗的是 $KMnO_4$，可以减少铬对环境的污染。

（4）盐酸-乙醇洗液　将化学纯的盐酸和乙醇，按照1∶2的体积比混合，此洗液主要用于洗涤被染色的吸收池、比色管、吸量管等。

不论上述哪种方法洗涤器皿，最后都必须用自来水冲洗，再用蒸馏水或去离子水荡洗三次，洗净的器皿，放去水后内壁应留下均匀一薄层水，如壁上挂着水珠，说明没有洗净，必须重洗。

2. 器皿的干燥

可在不加热的情况下干燥器皿：将洗净的器皿倒置于干净的实验柜内或容器架上自然晾干；或用吹风机将器皿吹干；还可以在器皿内加入少量酒精，再将其倾斜转动，壁上的水即与酒精混合，然后倾出酒精和水，留在器皿内的酒精快速挥发，而使器皿干燥。

也可以用加热的方法干燥器皿：洗净的玻璃器皿可以放入恒温箱内烘干，应平放或器皿口向下放；烧杯或蒸发皿可在石棉网上用火烤干。有刻度的量器不能用加热的方法干燥，加热会影响这些容器的精密度，还可能造成破裂。

二、常用滴定仪器

（一）滴定管

滴定管是可放出不固定量液体的量出式玻璃量器，主要用于滴定分析中对滴定剂体积的测量。

滴定管大致有以下几种类型：普通的具塞和无塞滴定管、三通活塞自动定零位滴定管、侧边活塞自动定零位滴定管、侧边三通活塞自动定零位滴定管等。滴定管的全容量最小的为 1mL，最大的为 100mL，常用的是 10mL、25mL、50mL 容量的滴定管。

自动定零位滴定管（图 3-1）是将贮液瓶与具塞滴定管通过磨口塞连接在一起的滴定装置，加液方便，可自动调零点，适用于常规分析中的经常性滴定操作。使用时用打气球向贮液瓶内加压，使瓶中的标准溶液压入滴定管中，滴定管顶端熔接了一个回液尖嘴，使零线以上的溶液自动流回贮液瓶而调定零点。这种滴定管结构比较复杂，清洗和更换溶液都比较麻烦，价格较贵，因此并不普遍使用。在教学和科研中广泛使用的是普通滴定管（图 3-2），在此主要对其进行介绍。

1. 滴定管的准备

新拿到一支滴定管，用前应先做一些初步检查，如酸式管旋塞是否匹配，碱式管的乳胶管孔径与玻璃球大小是否合适，乳胶管是否有孔洞、裂纹和硬化，滴定管是否完好无损等。初步检查合格后，进行下列准备工作。

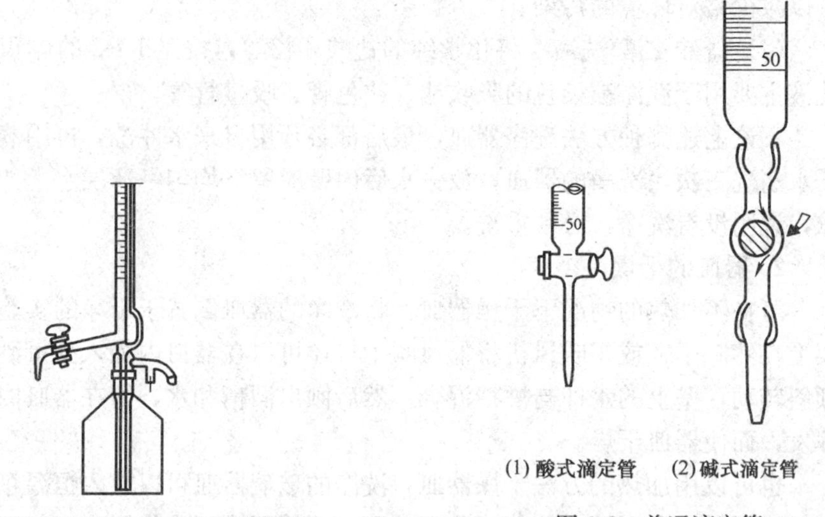

图 3-1 侧边活塞自动定零位滴定管图

图 3-2 普通滴定管

(1) 洗涤滴定管　可用自来水冲洗或用细长的刷子蘸洗衣粉液洗刷，但不能用去污粉。去污粉的细颗粒很容易粘附在管壁上，不易清洗除去。也不要用铁丝做的毛刷刷洗，因为容易划伤器壁，引起容量的变化，并且划伤的表面更易藏污垢。如果经过刷洗后内壁仍有油脂（主要来自于旋塞润滑剂）或其他能用铬酸洗液洗去的污垢，可用铬酸洗液荡洗或浸泡。对于酸式滴定管，可直接在管中加入洗液浸泡，而碱式滴定管则要先拔去乳胶管，换上一小段塞有短玻璃棒的橡皮管，然后用洗液浸泡。总之，为了尽快而方便地洗净滴定管，可根据脏物的性质，弄脏的程度，选择合适的洗涤剂和洗涤方法。无论用哪种方法洗，最后都要用自来水充分洗涤，继而用蒸馏水荡洗三次。洗净的滴定管在水流去后内壁应均匀地润上一薄层水，若管壁上还挂有水珠，说明未洗净，必须重洗。

（2）涂凡士林　使用酸式滴定管时，为使旋塞旋转灵活而又不致漏水，一般需将旋塞涂一薄层凡士林。其方法是将滴定管平放在实验台上，取下旋塞芯，用吸水纸将旋塞芯和旋塞槽内擦干。然后分别在旋塞的大头表面上和旋塞槽小口内壁沿圆周均匀地涂一层薄薄的凡士林（也可将凡士林用同法涂在旋塞芯的两头），在旋塞孔的两侧，小心地涂上一细薄层，以免堵塞旋塞孔。将涂好凡士林的旋塞芯插进旋塞槽内，向同一方向旋转旋塞，直到旋塞芯与旋塞槽接触处全部呈透明而没有纹路为止（图 3-3）。涂凡士林要适量，过多可能会堵塞旋塞孔，过少则起不到润滑的作用，甚至造成漏水。把装好旋塞的滴定管平放在桌面上，让旋塞的小头朝上，然后在小头上套一个小橡皮圈（可以从橡皮管上剪下一小圈）以防旋塞脱落。在涂凡士林的过程中特别要小心，切莫让旋塞芯跌落在地上，造成整支滴定管报废。

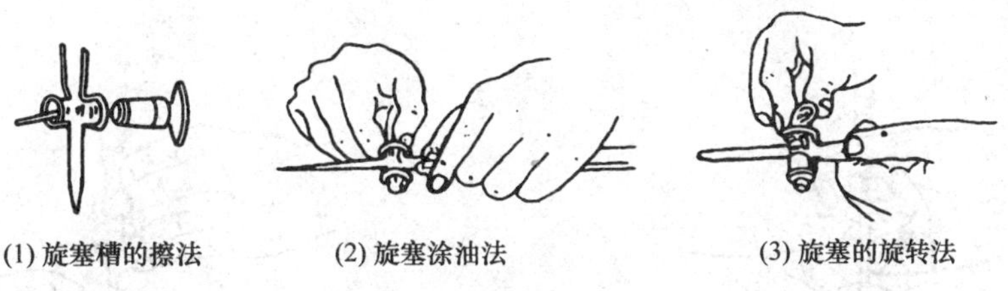

(1) 旋塞槽的擦法　(2) 旋塞涂油法　(3) 旋塞的旋转法

图 3-3　旋塞涂凡士林

（3）检漏　检漏的方法是将滴定管用水充满至“0”刻度附近，然后夹在滴定管夹上，用吸水纸将滴定管外擦干，静置 1min，检查管尖或旋塞周围有无水渗出，然后将旋塞转动 180°，重新检查。如有漏水，必须重新涂油。

（4）滴定剂溶液的加入　加入滴定剂溶液前，先用蒸馏水荡洗滴定管三次，每次约 10mL。荡洗时，两手平端滴定管，慢慢旋转，让水遍及全管内壁，然后从两端放出。再用待装溶液荡洗三次，用量依次为 10mL、5mL、5mL。荡洗方法与用蒸馏水荡洗时相同。荡洗完毕，装入滴定液至“0”刻度以上，检查旋塞附近（或橡皮管内）及管端有无气泡。如有气泡，应将其排出。排出气泡时，酸式滴定管用右手拿住滴定管使它倾斜约 30°，左手迅速打开旋塞，使溶液冲下将气泡赶掉；对碱式滴定管可将橡皮管向上弯曲，捏住玻璃珠的右上方，气泡即被溶液压出，如图 3-4 所示。

2. 滴定管的操作方法

滴定管应垂直地夹在滴定管架上。使用酸式滴定管滴定时，左手无名指和小指弯向手心，用其余三指控制旋塞旋转（图 3-5）。不要将旋塞向外顶以免漏液；也不要太向里紧扣，以免使旋塞转动不灵。

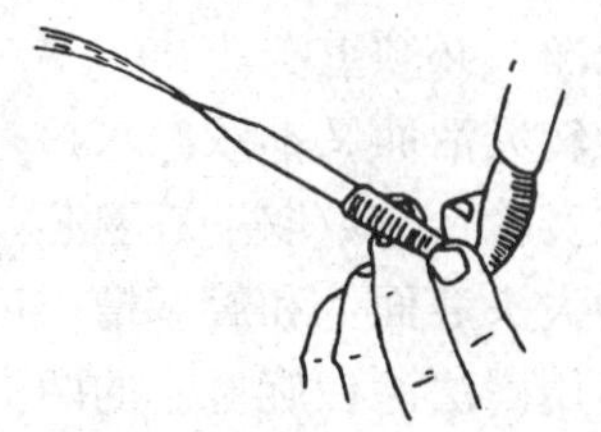

图 3-4 碱式滴定管中气泡的赶出

使用碱式滴定管时，左手无名指和中指夹住尖嘴，拇指与食指向侧面挤压玻璃珠所在部位稍上处的乳胶管（图 3-6），使溶液从缝隙处流出。但要注意不能使玻璃珠上下移动，更不能捏玻璃珠下部的乳胶管。

无论用哪种滴定管，都必须掌握三种加液方法：①逐滴滴加；②加 1 滴；③加半滴。

3. 滴定方法

滴定操作一般在锥形瓶内进行（图 3-5 和图 3-6）。

在锥形瓶中进行滴定时，右手前三指拿住瓶颈，瓶底离瓷板 2～3cm。将滴定管下端伸入瓶口约 1cm。左手如前述方法操作滴定管，边摇动锥形瓶，边滴加溶液。滴定时应注意以下几点：

（1）摇瓶时，转动腕关节，使溶液向同一方向旋转（左旋、右旋均可），但勿使瓶口接触滴定管出口尖嘴。

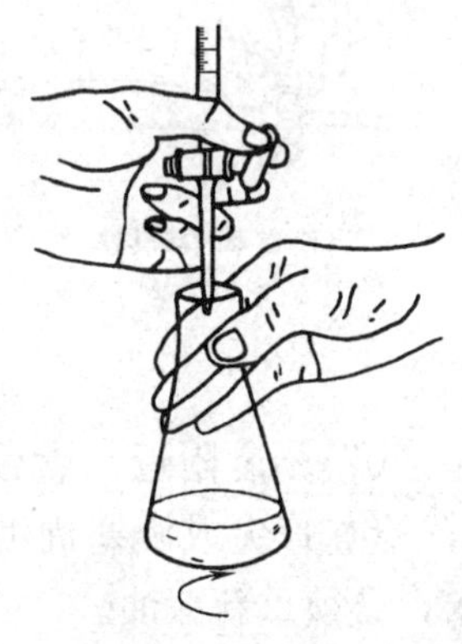

图 3-5 酸式滴定管的操作

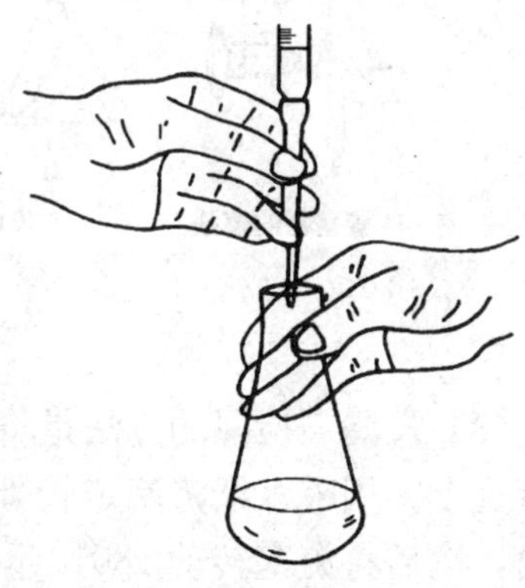

图 3-6 碱式滴定管的操作

（2）滴定时，左手不能离开旋塞任其自流。

（3）眼睛应注意观察溶液颜色的变化，而不要注视滴定管的液面。

（4）溶液应逐滴滴加，不要流成直线。接近终点时，应每加 1 滴，摇几下，直至加半滴使溶液出现明显的颜色变化。加半滴溶液的方法是先使溶液悬挂在出口尖嘴上，以锥形瓶口内壁接触液滴，再用少量蒸馏水吹洗瓶壁。

（5）用碱式滴定管滴加半滴溶液时，应放开食指与拇指，使悬挂的半滴溶液靠入瓶口内，再放开无名指与中指。

（6）滴定开始前，先把管内液面的位置调节到刻度“0”。

（7）滴定结束后，弃去滴定管内剩余的溶液，随即洗净滴定管，以备下次再用。

若在烧杯中进行滴定，烧杯应放在白瓷板上，将滴定管出口尖嘴伸入烧杯约1cm。滴定管应放在左后方，但不要靠杯壁，右手持玻棒搅动溶液。加半滴溶液时，用玻棒末端承接悬挂的半滴溶液，放入溶液中搅拌。注意玻棒只能接触液滴，不能接触管尖。

溴酸钾法、碘量法（滴定碘法）等需在碘量瓶中进行反应和滴定。碘量瓶是带有磨口玻璃塞和水槽的锥形瓶（图3-7），喇叭形瓶口与瓶塞柄之间形成一圈水槽，槽中加纯水可形成水封，防止瓶中溶液反应生成的气体（Br_2、I_2 等）逸失。反应一定时间后，打开瓶塞水即流下并可冲洗瓶塞和瓶壁，接着进行滴定。

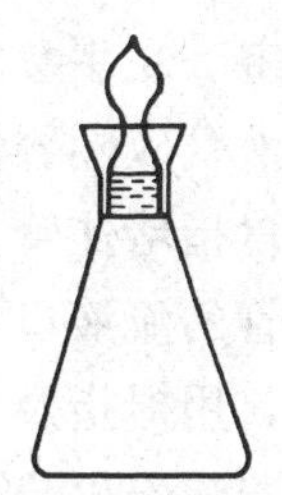

图3-7　碘量瓶

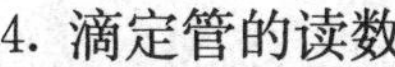

4. 滴定管的读数

读数应遵照下列原则：

（1）读数时，可将滴定管夹在滴定管架上，也可以右手指夹持滴定管上部无刻度处。不管用哪一种方法读数，均应使滴定管保持垂直状态。

（2）读数时，视线应与液面成水平。视线高于液面，读数将偏低；反之，读数偏高（图3-8）。

（3）对于无色或浅色溶液，应该读取弯月面下缘的最低点。溶液颜色太深而不能观察到弯月面时，可读两侧最高点。初读数与终读数应取同一标准。

（4）读数应估计到最小分度的1/10。对于常量滴定管，读到小数后第二位，即估计到0.01mL。

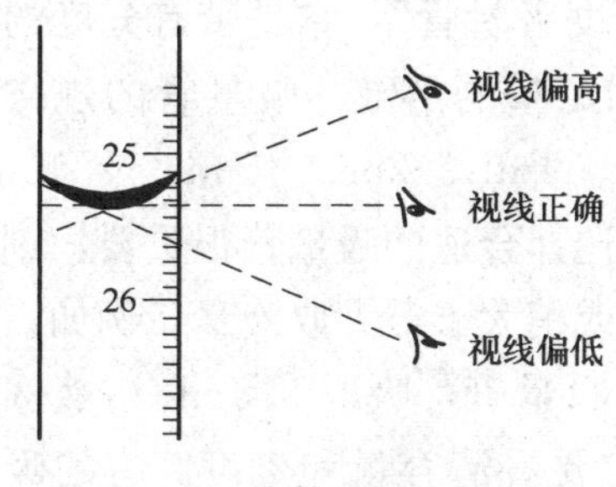

图3-8　读数时视线的方向

（二）移液管

移液管是用于准确移取一定体积溶液的量出式玻璃量器，正规名称是“单标线吸量管”，习惯称为移液管。它的中间有一膨大部分（图3-9），管颈上部刻有一标线，用来控制所吸取溶液的体积。移液管的容积单位为mL（毫升），其容量为在20℃按规定方式排空后所流出纯水的体积。

移液管的正确使用方法如下：

（1）用铬酸洗液将其洗净，使其内壁及下端的外壁均不挂水珠。用滤纸片将流液口内外残留的水擦掉。

（2）移取溶液之前，先用欲移取的溶液荡洗三次。方法是：用洗净并烘干的小烧杯倒出一部分欲移取的溶液，用移液管吸取溶液5～10mL，立即用右手食指按住管口（尽量勿使溶液回流，以免稀释），将管横过来，用两手的拇指及食指分别拿住移液管的两端，转动移液管并使溶液布满全管内壁，当溶液流至距上口 2～3cm 时，将管直立，使溶液由尖嘴（流液口）放出，弃去。

（3）用移液管自容量瓶中移取溶液时，右手拇指及中指拿住管颈刻度线以上的地方（后面二指依次靠拢中指），将移液管插入容量瓶内液面以下 1～2cm 深度。不要插入太深，以免外壁沾带溶液过多；也不要插入太浅，以免液面下降时吸空。左手拿洗耳球，排除空气后紧按在移液管口上，借吸力使液面慢慢上升，移液管应随容量瓶中液面的下降而下降。当管中液面上升至刻度线以上时，迅速用食指堵住管口（食指最好是潮而不湿），用滤纸擦去移液管外部的溶液，将移液管的流液口靠着接收器的内壁，左手拿着接收器，并使其倾斜约 30°。稍松手指，用拇指及中指轻轻捻转管身，使液面缓缓下降，直至调定零点。按紧食指，使溶液不再流出，将移液管移入准备接收溶液的容器中，仍使其流液口接触倾斜的器壁。松开食指，使溶液自由地沿器壁流下，待下降的液面静止后，再等待 15s，然后拿出移液管。

注意：在调整零点和排放溶液过程中，移液管都要保持垂直，其流液口要接触倾斜的器壁（不可接触下面的溶液）并保持不动；等待 15s 后，流液口内残留的一点溶液绝对不可用外力使其被震出或吹出，因校准移液管时，已考虑了尖端内壁处保留溶液的体积。但在管身上标有“吹”“快”或“B”字的，可用洗耳球吹出，不允许保留。移液管用完应放在管架上，不要随便放在实验台上，尤其要防止管颈下端被沾污。

如需吸取 1.00mL、2.00mL、5.00mL、10.00mL、25.00mL、50.00mL 等整数体积的溶液，用相应大小的移液管。量取小体积且不是整数时，一般用吸量管。

（三）吸量管

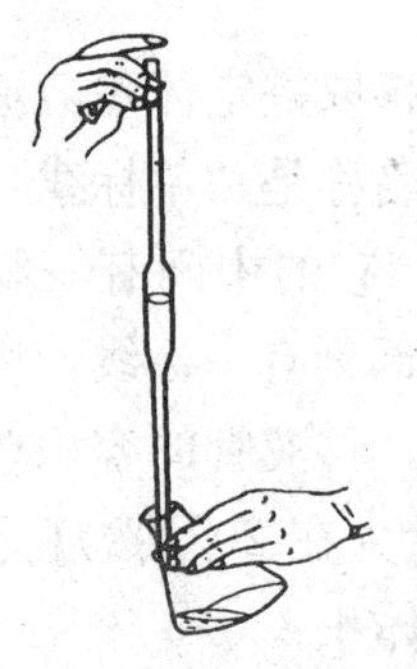

图 3-9 移液管的操作

吸量管的全称是“分度吸量管”，它是带有分度的量出式量器，用于移取非固定量的溶液。吸量管的规格有 0.1mL、0.2mL、0.5mL、1mL、2mL、5mL 及 10mL 等，根据量取的溶液体积选择合适的吸量管很重要，刻度吸量管的总容量最好等于或稍大于最大取液量，例如，吸取 1.5mL 溶液选用 2mL 吸量管，吸取 2.5mL 溶液选用 5mL 吸量管。临用前一定要看清容量和刻度。有的吸量管会有一个“吹”字，表明该吸量管放完溶液后需要用洗耳球吹下管嘴部分的液体。

吸量管的使用方法与移液管大致相同，这里只强调几点：

（1）由于吸量管的容量精度低于移液管，所以在移取 2mL 以上固定量溶液时，应尽可能使用移液管。

（2）使用吸量管时，尽量在最高标线调整零点。

（3）吸量管的种类较多，要根据所做实验的具体情况，合理地选用吸量管。

技能训练一　滴定分析基本操作训练

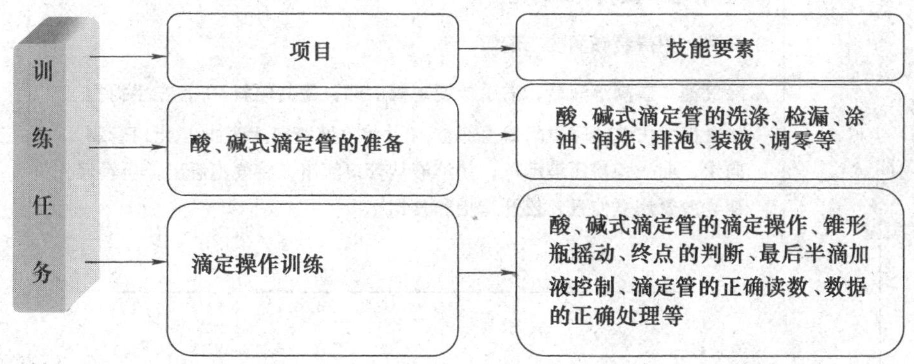

仪器药品

仪器：酸式、碱式滴定管，移液管，容量瓶，锥形瓶

药品：NaOH、浓盐酸、甲基红、酚酞指示剂

实训内容

【知识点】

1. 酸碱反应原理：$H^{+}+OH^{-}=H_2O$
2. 酸碱反应的计量关系：$c_1V_1=c_2V_2$

【能力点】

1. 巩固一般溶液的配制
2. 巩固移液管的使用，酸、碱滴定管的检漏与排气、调零等操作
3. 掌握酸碱滴定的终点判断及半滴加入操作

工作过程

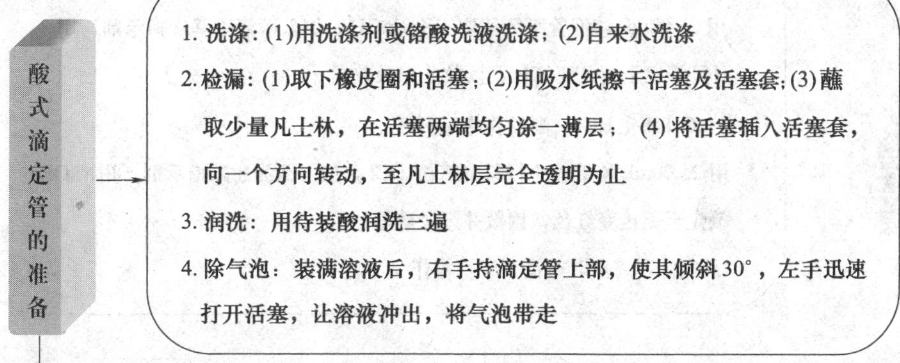

碱式滴定管的准备

1. 洗涤：(1)用洗涤剂或铬酸洗液洗涤；(2)自来水洗涤

2. 检漏：胶管及玻璃珠的更换

3. 润洗：用待装碱润洗三遍

4. 除气泡：装满溶液后，右手持滴定管上部，使其倾斜30°，左手拇指和食指捏住玻璃珠中间偏上部位，并将乳胶管向上弯曲，出口管斜向上，向一旁挤压玻璃珠，使溶液从管口流出，将气泡赶出，再轻轻使乳胶管恢复伸直，松开拇指和食指

↓

酸、碱溶液的配制

1. 0.1mol/L HCl溶液的配制
   用浓盐酸配制 0.1mol/L HCl 250mL

2. 0.1mol/L NaOH溶液的配制
   用固体 NaOH配制 0.1 mol/L NaOH 250mL

↓

酸碱滴定练习

1. 酸、碱滴定管装液，零点读数

2. HCl滴定NaOH，甲基红作指示剂
   用 25.00mL 移液管平行移取三份 NaOH，加入两滴甲基红指示剂，用HCl滴定至黄色变红色，读数并记录数据

3. NaOH滴定HCl，酚酞作指示剂
   用 25.00mL 移液管平行移取三份 HCl，加入两滴酚酞指示剂，用NaOH滴定至无色变红色，读数并记录数据

4. 反复练习终点时一滴至半滴操作

↓

数据记录与结果处理

滴定号码 记录项目	Ⅰ	Ⅱ	Ⅲ
V_{NaOH}/mL			
V_{HCl} /mL			
V_{HCl} / V_{NaOH}			
平均值 V_{HCl} / V_{NaOH}			
相对偏差 /%			
相对平均偏差 /%			
V_{HCl} /mL			
V_{NaOH} /mL			
V_{NaOH} / V_{HCl}			
平均值 V_{NaOH}/ V_{HCl}			
相对偏差 /%			
相对平均偏差 /%			

思考题

1. 常用的滴定管有哪几种形式和规格？读数可准确至多少？
2. 酸式滴定管可盛放哪些溶液？为什么酸式滴定管不能盛放碱溶液？
3. 酸式滴定管的活塞应如何涂油？
4. 碱式滴定管漏液应如何处理？
5. 滴定管尖嘴内的气泡如何赶除？
6. 从酸式滴定管和碱式滴定管放液滴定时，各应怎样控制？
7. 在滴定开始前和停止后，尖嘴外留有的液体各应怎样处理？
8. 酚酞和甲基红的滴定终点各应如何辨认？

技能训练二　一般溶液的配制

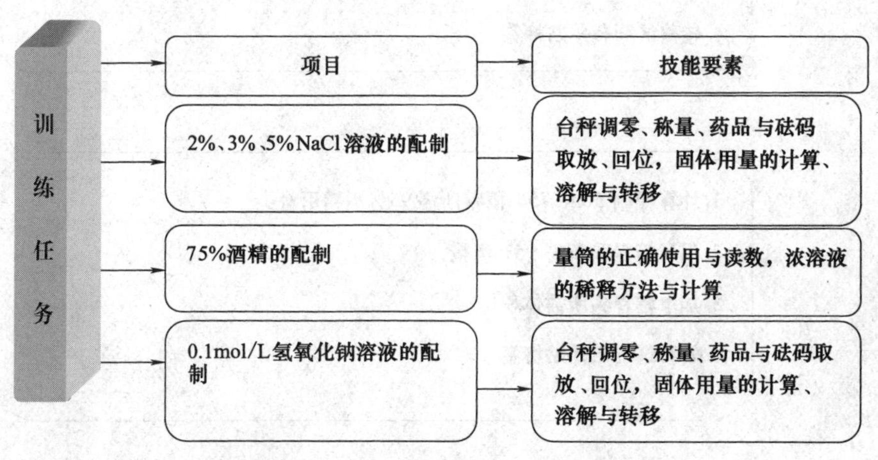

仪器药品

仪器：台秤、量筒、烧杯、洗瓶、试剂瓶等

药品：食盐、氢氧化钠、95%酒精

实训内容

【知识点】

1. 配制 2%、3%、5%食盐溶液各 100mL，各需固体食盐 $m=100\times2\%(3\%, 5\%)=2g(3g, 5g)$

2. 配 75%酒精 50mL，需 95%酒精量 $V=\frac{75\%\times50}{95\%}=39.5mL$

3. 配 0.1mol/L 氢氧化钠溶液 250mL，需固体氢氧化钠

$$m=\frac{0.10\times M_{氢氧化钠}\times250}{1000}=1.0g$$

【能力点】

1. 学习台秤的使用及固体药品取用
2. 巩固量筒的使用及液体药品取用
3. 熟悉溶液配制的一般步骤

工作过程

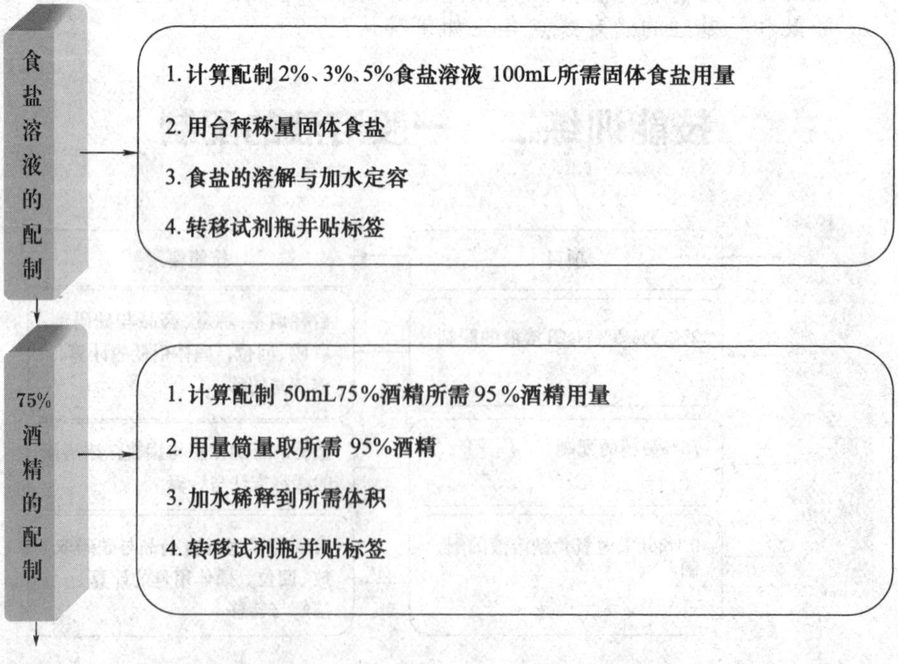

食盐溶液的配制 →

1. 计算配制 2%、3%、5%食盐溶液 100mL所需固体食盐用量
2. 用台秤称量固体食盐
3. 食盐的溶解与加水定容
4. 转移试剂瓶并贴标签

↓

75%酒精的配制 →

1. 计算配制 50mL75%酒精所需 95%酒精用量
2. 用量筒量取所需 95%酒精
3. 加水稀释到所需体积
4. 转移试剂瓶并贴标签

↓

氢氧化钠溶液的配制

1. 计算配制 0.1mol/L 氢氧化钠溶液 250mL 所需固体氢氧化钠的用量
2. 用台秤称取固体氢氧化钠
3. 氢氧化钠的溶解与加水定容
4. 转移试剂瓶并贴标签

思考题

1. 配制一般浓度溶液的步骤可归纳为哪几步？
2. 配制一般浓度溶液所用的主要仪器有哪些？
3. 配制一般浓度溶液需要计算什么？
4. 如何称量具有腐蚀性的药品？

技能训练三　标准溶液的配制

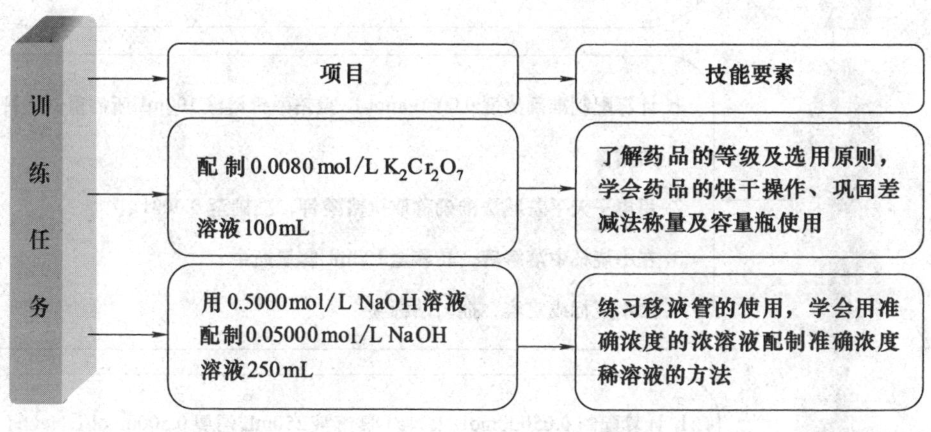

训练任务
项目
技能要素
配制 0.0080 mol/L $K_2Cr_2O_7$ 溶液 100mL
了解药品的等级及选用原则，学会药品的烘干操作、巩固差减法称量及容量瓶使用
用 0.5000mol/L NaOH 溶液配制 0.05000 mol/L NaOH 溶液 250 mL
练习移液管的使用，学会用准确浓度的浓溶液配制准确浓度稀溶液的方法

仪器药品

仪器：烘箱、分析天平、称量瓶、容量瓶、移液管、洗瓶、试剂瓶

药品：$K_2Cr_2O_7$、0.5000mol/L NaOH

实训内容

【知识点】

1. 化学试剂的分类和一般试剂的规格、等级
2. 分析实验中试剂选用的一般原则
3. 标准物质和标准溶液

【能力点】

1. 掌握移液管的使用
2. 巩固电子天平的使用及差减法称量
3. 了解标准浓度溶液配制的一般步骤和两种方法

工作过程

实验前仪器药品的准备

1. 容量瓶洗涤、检漏
2. 电子天平的准备(调水平、调零等操作)
3. 称量瓶的准备(烘干)
4. 药品烘干
5. 了解移液管的规格及使用注意事项
6. 熟练掌握移液管的洗涤、润洗、吸液、调标线、放液等操作
7. 用水反复练习移液管的操作

标准溶液配制一

1. 计算配制准确浓度0.00800mol/L 重铬酸钾溶液100mL所需重铬酸钾的用量
2. 用电子天平差减法准确称取重铬酸钾，准确至0.0001g
3. 在小烧杯中溶解后，转移至100mL容量瓶中
4. 加水至标线定容，摇匀贴标签

标准溶液配制二

1. 计算配制 0.05000mol/ L NaOH溶液250mL 需要0.5000mol/L NaOH的量
2. 用移液管准确移取所需 0.5000mol/L NaOH 的量，放于250mL 容量瓶中
3. 加水至标线，摇匀贴标签

思考题

1. 化学试剂的规格、等级有哪几种？如何选用？作为基准物应具备哪些条件？

2. 标准溶液的配制有几种方法？

3. 配制溶液时，所用试剂是否越纯越好？

4. 滴定分析用标准溶液浓度要保留几位有效数字？

技能要点

移液管正确操作：用滤纸将尖端内外的水吸净并用少量被量取液体润洗三遍、溶液从管尖放出。移取时插入液面下2～3cm处、随溶液液面下降而下移。放液时容器倾斜45°，竖直移液管，管尖贴容器内壁放液、停留15s。

模块二　分析天平使用技术

知识目标

1. 掌握分析天平的分类。

2. 掌握电子天平的分类。

3. 掌握电子天平的使用规程，了解分析天平的简单原理及操作方法。

能力目标

1. 学会电子天平的基本操作。

2. 学会常用称量方法、直接称量法、固定质量称量法和递减称量法。

3. 能准确、整齐、简明地记录实验原始数据。

电子天平是最新一代的天平，是根据电磁力平衡原理，直接称量，全量程不需砝码。放上称量物后，在几秒钟内即达到平衡，显示读数，称量速度快，精度高。电子天平的支撑点用弹性簧片取代机械天平的玛瑙刀口，用差动变压器取代升降枢装置，用数字显示代替指针刻度式。因而，电子天平具有使用寿命长、性能稳定、操作简便和灵敏度高的特点。此外，电子天平还具有自动校正、自动去皮、超载指示、故障报警等功能以及具有质量电信号输出功能，且可与打印机、计算机联用，进一步扩展其功能，如统计称量的最大值、最小值、平均值及标准偏差等。由于电子天平具有机械天平无法比拟的优点，尽管其价格较贵，但也会越来越广泛地应用于各个领域并逐步取代机械天平。

一、电子天平及其分类

人们把用电磁力平衡被称物体重力的天平称为电子天平。其特点是称量准确可靠、显示快速清晰，并且具有自动检测系统、简便的自动校准装置以及超载保护等装置。按电子天平的精度可分为以下几类：

1. 超微量电子天平

超微量天平的最大称量是 2～5g，其标尺分度值小于（最大）称量的 10^{-6}。

2. 微量天平

微量天平的称量一般在 3～50g，其分度值小于（最大）称量的 10^{-5}。

3. 半微量天平

半微量天平的称量一般在 20～100g，其分度值小于（最大）称量的 10^{-5}。

4. 常量电子天平

此种天平的最大称量一般在 100～200g，其分度值小于（最大）称量的 10^{-5}。

5. 分析天平

电子分析天平，是常量天平、半微量天平、微量天平和超微量天平的总称。

6. 精密电子天平

这类电子天平是准确度级别为Ⅱ级的电子天平的统称。

二、电子天平的校准

在测试中我们会发现，对天平进行首次计量测试时误差较大，究其原因，是由于相当一部分仪器，在较长的时间间隔内未进行校准，而且认为天平显示零位便可直接称量（需要指出的是，电子天平开机显示零点，不能说明天平称量的数据准确度符合测试标准，只能说明天平零位稳定性合格。因为衡量一台天平合格与否，还需综合考虑其他技术指标的符合性）。因天平存放时间较长、位置移动或环境变化而未获得精确测量，在使用前一般都应进行校准操作。校准方法分为内校准和外校准两种。德国生产的沙特利斯、瑞士产的梅特勒、上海产的“JA”等系列电子天平均有校准装置。如果使用前不仔细阅读说明书很容易忽略“校准”操作，造成较大称量误差。

三、电子天平的使用方法

1. 水平调节

(1) 水平仪气泡的作用　电子天平在称量过程中会因为摆放位置不平而产生测量误差，称量精度越高误差就越大（如精密分析天平、微量天平），为此大多数电子天平都提供了调整水平的功能。

电子天平都有一个水准泡。水准泡必须位于液腔中央，否则称量不准确。调好之后，应尽量不要搬动，否则，水准泡可能发生偏移，又需重调。电子天平一般有 2 个调平底座，一般位于后面，也有位于前面的。旋转这两个调平基座，就可以调整天平水平。

(2) 水平仪气泡的调整方法　首先，旋转左或右调平底座，把水准泡先调到液腔左右的中间。单独旋转一个左或右调平底座，其实是调整天平的倾斜度，肯定可以将水准泡调到液腔左右的中间。关键是调哪一个调平底座。初学者可以这样判断，先手动倾斜天平，使水准泡达到液腔左右的中间，然后看调平底座，哪一个高了，或者低了，调整其中一个调平底座的高矮，就可以使水准泡移动到液腔左右的中间。

注意，同时旋转两个调平底座，两手幅度必须一致，都需顺时针或者逆时针，让水准泡在液腔左右的中间线前后移动，最终移动到液腔中央，调平底座同时顺时针或者逆时针旋转，则天平倾斜度不变，这样水准泡就不会脱离液腔左右的中间线，只要旋转方向没有问题，就肯定可以达到液腔中央。

同时顺时针或者逆时针旋转：双手同时旋转调平底座（一只手向胸前，一只手向胸外，方向相反，一般就是同时顺时针或者逆时针旋转底座）。

方向问题：初学者不大容易判断方向。可手动抬高底座或另一个支座，使水泡向中央移动，再观察调平底座的位置，看是需要调高还是需要调低。

2. 预热

接通电源，预热至规定时间后（天平长时间断电之后再使用时，至少需预热 30min），开启显示器进行操作。

3. 开启显示器

轻按 ON 键，显示器全亮，约 2s 后，显示天平的型号，然后是称量模式 0.0000g。读数时应关上天平门。

4. 天平基本模式的选定

天平通常为“通常情况”模式，并具有断电记忆功能。使用时若改为其他模式，使用后一经按 OFF 键，天平即恢复通常情况模式。称量单位的设置等可按说明书进行操作。

5. 校准

天平安装后，第一次使用前，应对天平进行校准。因存放时间较长、位置移动、环境变化或未获得精确测量，天平在使用前一般都应进行校准操作，采用外校准（有的电子天平具有内校准功能），由 TAR 键清零及 CAL 键、100g 校准砝码完成。

轻按 CAL 键当显示器出现 CAL-时，即松手，显示器就出现 CAL-100 其中“100”为闪烁码，表示校准砝码需用 100g 的标准砝码。此时就把准备好“100g”校准砝码放上称盘，显示器即出现“——”等待状态，经较长时间后显示器出现 100.0000g，拿去校准砝码，显示器应出现 0.0000g，若出现不是为零，则再清零，重复以上校准操作（注意：为了得到准确的校准结果最好重复以上校准）。

6. 称量

按 TAR 键，显示为零后，置称量物于称盘上，待数字稳定即显示器左下角的“0”标志消失后，即可读出称量物的质量值。

7. 去皮称量

按 TAR 键清零，置容器于称盘上，天平显示容器质量，再按 TAR 键，显示零，即去除皮重。再置称量物于容器中，或将称量物（粉末状物或液体）逐步加入容器中直至达到所需质量，待显示器左下角“0”消失，这时显示的是称量物的净质量。将称盘上的所有物品拿开后，天平显示负值，按 TAR 键，天平显示 0.0000g。若称量过程中称盘上的总质量超过最大载荷时，天平仅显示上部线段，此时应立即减小载荷。

8. 称量结束

称量结束后，若较短时间内还使用天平（或其他人还使用天平），一般不用按 OFF 键关闭显示器。实验全部结束后，关闭显示器，切断电源，若短时间内（例如 2h 内）还使用天平，可不必切断电源，再用时可省去预热时间。若当天不再使用天平，应拔下电源插头。

四、称量方法

常用的称量方法有直接称量法、固定质量称量法和递减称量法。

1. 直接称量法

此法是将称量物直接放在天平盘上称量物体的质量。

例如，称量小烧杯的质量，容量器皿校正中称量某容量瓶的质量，质量分析实验中称量某坩埚的质量等，都使用这种称量法。

2. 固定质量称量法

此法又称增量法，用于称量某一固定质量的试剂（如基准物质）或试样。这种称量操作的速度很慢，适于称量不易吸潮、在空气中能稳定存在的粉末状或小颗粒（最小颗粒应小于 0.1mg，以便容易调节其质量）样品。

固定质量称量法应注意：若不慎加入试剂超过指定质量，应先关闭电源，然后用牛角匙取出多余试剂。重复上述操作，直至试剂质量符合指定要求为止。严格要求时，取出的多余试剂应弃去，不要放回原试剂瓶中。操作时不能将试剂散落于天平盘等容器以外的地方，称好的试剂必须定量地由表面皿等容器直接转入接收容器，此即所谓的“定量转移”。

3. 递减称量法

递减称量法又称减量法，此法用于称量一定质量范围的样品或试剂。在称量过程中样品易吸水、易氧化或易与 CO_2 等反应时，可选择此法。由于称取试样的质量是由两次称量之差求得，故也称差减法。

（1）从干燥器中用纸带（或纸片）夹住称量瓶后取出称量瓶（图 3-10）（注意：不要让手指直接触及称量瓶和瓶盖，可以使用称量用的手套），用纸片夹住称量瓶盖柄，打开瓶盖，用牛角匙加入适量试样（一般为称一份试样量的整数倍），盖上瓶盖。称出称量瓶加试样后的准确质量。

（2）将称量瓶从天平上取出，在接收容器的上方倾斜瓶身，用称量瓶盖轻敲瓶口上部使试样慢慢落入容器中（图 3-11），瓶盖始终不要离开接收器上方。当倾出的试样接近所需量（可从体积上估计或试重得知）时，一边继续用瓶盖轻敲瓶口，一边逐渐将瓶身竖直，使粘附在瓶口上的试样落回称量瓶，然后盖好瓶盖，准确称其质量。

（3）两次质量之差，即为试样的质量。按上述方法连续递减，可称量多份试样。有时一次很难得到合乎质量范围要求的试样，可重复上述称量操作 1～2 次。

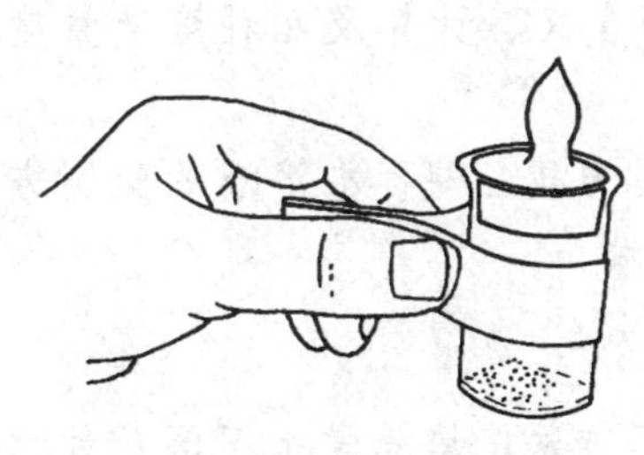

图 3-10　称量瓶

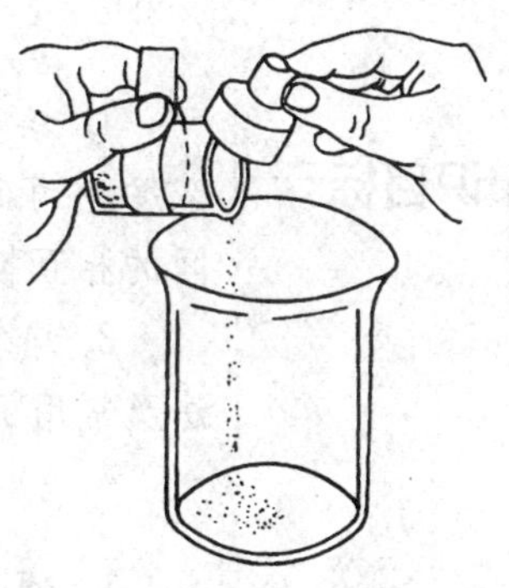

图 3-11　倾出试样的操作

五、电子天平的维护与保养

（1）电子天平安装室的环境要求

① 房间应避免阳光直射，最好选择阴面房间或采用遮光办法。

② 应远离震源，如铁路、公路、震动机等震动机械，无法避免时应采取防震措施。

③ 应远离热源和高强电磁场等环境。

④ 工作室内温度应恒定，以 20℃左右为佳。

⑤ 工作室内的相对湿度以 45%～75%为佳。

⑥ 工作室内应清洁干净，避免气流的影响。

⑦ 工作室内应无腐蚀性气体的影响。

(2) 在使用前调整水平仪气泡至中间位置。

(3) 电子天平应按说明书的要求进行预热。

(4) 称量易挥发和具有腐蚀性的物品时，要盛放在密闭的容器中，以免腐蚀和损坏电子天平。

(5) 经常对电子天平进行自校或定期外校，保证其处于最佳状态。

(6) 如果电子天平出现故障应及时检修，不可带“病”工作。

(7) 操作电子天平不可过载使用，以免损坏天平。

(8) 若长期不用电子天平时应暂时收藏为好。

总而言之，从事天平使用的工作人员，只要考虑和做到以上几个方面，就可有效地提高称量准确度，延长天平的使用年限，保证检测工作的质量。

模块三　溶液配制与标定技术

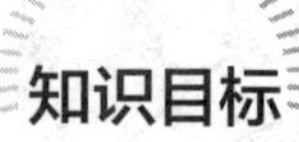

知识目标

1. 培养学生掌握溶液中质量分数、摩尔分数、物质的量浓度、滴定度、质量摩尔浓度的含义、计算及几种溶液量度间的相互换算关系。

2. 培养学生了解实验室常用的酸、碱标准溶液的配制方法及常用的酸、碱溶液的标定技术。

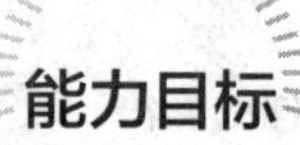

能力目标

1. 通过学习溶液浓度的表示方法，培养学生了解几种溶液量度间的相互换算关系。

2. 掌握容量瓶的检漏、洗涤等方法以及容量瓶使用时的注意事项。

3. 培养学生独立完成标准溶液、试样溶液的配制，掌握溶液的定量稀释技术以及溶液的标定技术。

一、溶液浓度

一种物质以分子、离子状态分散于另一种物质中所构成的均匀而又稳定的体系称为溶液。溶液分为气态溶液、液态溶液、固态溶液，通常不加说明的溶液是指液态溶液。最常见的溶液是水溶液，简称溶液。

一定量溶液或溶剂中所含的溶质的量即“浓度”。根据“溶质的量”的不同表示方法及它在溶液或溶剂中的量，溶液的浓度可以用不同的方法来表示，常用的表示方法：质量分数、摩尔分数、体积分数、物质的量浓度、滴定度、质量摩尔浓度等。

（一）质量分数

混合体系中，溶质 B 的质量与混合物的质量之比，称为溶质 B 的质量分数，其数学表达式为：

$$w_B=\frac{m_B}{m}$$

式中　w_B——质量分数

m_B——溶质 B 的质量

m——溶液的总质量

在使用质量分数时分子、分母的单位要一致。物质的质量分数一般采用数学符号%表述其结果。

例题 1： 如何将 25g NaCl 配制成 w_{NaCl} 为 0.25 的食盐溶液?

解： 根据公式：

$$w_{NaCl}=\frac{m_{NaCl}}{m_{溶剂}}=\frac{m_{NaCl}}{m_{NaCl}+m_{溶剂}}$$

$$0.25=\frac{25g}{25g+m_{溶剂}}\quad 25g+m_{溶剂}=\frac{25g}{0.25}=100g$$

$$m_{溶剂}=100g-25g=75\ (g)$$

答：将 25g NaCl 溶在 75g 水中就可制得 w_{NaCl} 为 0.25 的溶液。

（二）摩尔分数

溶质 B 的物质的量与溶液的总物质的量之比，称为 B 的摩尔分数，也称物质的量分数，符号 x，量纲为 1。

$$x_B=\frac{n_B}{n}$$

式中　x_B——B 的摩尔分数

n_B——溶质 B 的物质的量，mol

n——溶液的总物质的量，mol

对于一个两组分的溶液体系来说，其溶质的摩尔分数与溶剂的摩尔分数分别为：

$$x_B=\frac{n_B}{n_A+n_B} \qquad x_A=\frac{n_B}{n_A+n_B}$$

而 $x_B+x_B=1$。对任何一个多组分体系，都存在$\sum x_i=1$。

例题 2：求 $w_{NaCl}=10\%$的 NaCl 水溶液中溶质和溶剂的摩尔分数。

解：根据题意，100g 溶液中含有 NaCl 10g，水 90g。即 $m_{NaCl}=10g$，而 $m_{H_2O}=90g$

因此，

$$n_{NaCl}=\frac{m_{NaCl}}{M_{NaCl}}=\frac{10g}{58g/mol}=0.17mol$$

$$n_{H_2O}=\frac{m_{H_2O}}{M_{H_2O}}=\frac{90g}{18.0g/mol}=5.0mol$$

$$x_{NaCl}=\frac{n_{NaCl}}{n_{NaCl}+n_{H_2O}}=\frac{0.17mol}{(0.17+5.0)mol}=0.03$$

$$x_{H_2O}=\frac{n_{H_2O}}{n_{NaCl}+n_{H_2O}}=\frac{5.0mol}{(0.17+5.0)mol}=0.97$$

答：$w_{NaCl}=10\%$的 NaCl 水溶液中溶质和溶剂的摩尔分数分别为 0.03 和 0.97。

例题 3：0.5mol 乙醇（C_2H_5OH）溶于 2mol 水中，求乙醇的摩尔分数。

解：根据摩尔分数公式：

$$x_B=\frac{n_B}{n_A+n_B}=\frac{0.5mol}{(0.5+2)mol}=\frac{1}{5}(C_2H_5OH)$$

$$x_A=1-x_B=\frac{4}{5}(H_2O)$$

答：乙醇的摩尔分数为 1/5。

（三）体积分数

表示物质 B 的体积分数时，采用符号 ϕ_B 或 $\phi_{(B)}$。体积分数是指物质 B 的体积与混合过程前的总体积之比。

$$\phi_B=\frac{V_B}{V_0}$$

式中 V_0——在混合过程前的总体积

V_B——物质 B 的体积

ϕ_B 常用%、‰等符号来表示。当用%表示时，也有时用%（体积）表达，以区别于质量分数。

若研究气体则用体积分数。用体积的相对量表示。

$$x_B=\frac{V_B}{V_A+V_B} \qquad x_A=\frac{V_A}{V_A+V_B}$$

$$x_B+x_A=1$$

（四）B 的物质的量浓度

1. 物质的量

物质的量是表示组成物质的基本单元数目的多少的物理量。物系所含的基本单元数与 0.012kg C—12 的原子数目相等（6.023×10^{23}阿伏加德罗常数 N_A），则为 1mol。

$$n_B=\frac{m_B}{M_B}$$

2. 物质的量浓度（c_B）

溶液中溶质 B 的物质的量浓度是指溶质 B 的物质的量除以混合溶液的体积。用符号 c_B 表示，即：

$$c_B=\frac{n_B}{V}$$

式中　n_B——物质 B 的物质的量，mol

　　V——混合物的体积，L

注意：物质的量浓度的 SI 单位为 mol/m^3；常用单位为 mol/L。使用物质的量单位“mol”时，要指明物质的基本单元。基本单元的定义：系统中组成物质的基本组分，可以是分子、离子、电子等及其这些粒子的特定组合。同一种物质，用不同的基本单元表示其浓度时，其浓度值不同。

例如，$c_{KMnO_4}=0.10mol/L$ 与 $c_{\frac{1}{5}KMnO_4}=0.10mol/L$ 的两个溶液，其浓度数值相同，但是，它们所表示 1L 溶液中所含 $KMnO_4$ 的质量是不同的，分别为 15.8g 与 3.16g。

例题 4：如何配制 500mL，1mol/L 的硫酸镁（$MgSO_4$）溶液？

解：硫酸镁（$MgSO_4$）的摩尔质量是 246.5g/mol。根据物质的量浓度公式：

$$c_B=\frac{n_B}{V}=\frac{m/M}{V}$$

$$1=\frac{n_B}{V}=\frac{m/246.5}{500\times10^{-3}}$$

$$m=1\times246.5\times0.5=123.25\ (g)$$

答：准确称取 123.25g 硫酸镁，溶于 100mL 蒸馏水，然后定容至 500mL。

（五）滴定度

在滴定分析中，标准溶液的浓度通常用物质的量浓度或滴定度表示。

滴定度（T）有两种表示方法：一种是以每毫升标准溶液中含有的标准物质的质量表示，以 T_s 表示。例如，$T_{NaOH}=0.004000g/mL$。另一种是以每毫升标准溶液相当的被测物质的质量来表示，以 $T_{s/x}$ 表示。例如，$T_{K_2Cr_2O_7/Fe}=0.005585g/mL$ 表示 1.00mL $K_2Cr_2O_7$ 标准溶液相当于 0.005585g 的 Fe。在生产实践中对分析对象固定的分析，为简化计算，常采用滴定度的表示方法。

滴定度的优点是，只要将滴定时所消耗的标准溶液的体积乘以滴定度，就可以直接得到被测物质的质量。这在生产单位的例行分析中很方便。

物质的量浓度和滴定度间可进行换算。

若滴定反应为：

$$aA\ +\ bB\ \text{===}\ P$$

（滴定剂）（被测物）（生成物）

$T_{A/B}$表示 1.00mL A 溶液相当于 B 的质量（g），即：

$$T_{A/B}=c_A\times\frac{1.00}{1000}\times M_A\times\frac{M_{bB}}{M_{aA}}$$

$$=c_A\times\frac{1.00}{1000}\times M_A\times\frac{bM_B}{aM_A}$$

$$=c_A\times\frac{1.00}{1000}\times M_B\times\frac{b}{a}$$

$$c_A=\frac{1000T_{A/B}a}{M_Bb}$$

例题 5：中和 20.00mL 0.1890mol/L NaOH 用去硫酸 18.90mL，计算：

（1）硫酸溶液的 $c_{\frac{1}{2}H_2SO_4}$，$c_{H_2SO_4}$。

（2）25.00mL 这种硫酸中含 H_2SO_4 的质量。

解：（1）$NaOH+\frac{1}{2}H_2SO_4 = \frac{1}{2}Na_2SO_4+H_2O$

根据“等物质的量”规则，有：

$$c_{NaOH}V_{NaOH}=c_{\frac{1}{2}H_2SO_4}V_{H_2SO_4}$$

$$c_{\frac{1}{2}H_2SO_4}=\frac{c_{NaOH}V_{NaOH}}{V_{H_2SO_4}}$$

$$=\frac{0.1890\text{mol/L}\times20.00\text{mL}}{18.90\text{mL}}=0.2000\text{mol/L}$$

$$c_{H_2SO_4}=\frac{1}{2}c_{\frac{1}{2}H_2SO_4}=0.1000\text{mol/L}$$

（2）设 25.00mL 硫酸中含 H_2SO_4 的质量为 m

根据“等物质的量”规则，有：

$$c_{\frac{1}{2}H_2SO_4}V_{H_2SO_4}=\frac{m}{M_{\frac{1}{2}H_2SO_4}}$$

$$m=c_{\frac{1}{2}H_2SO_4}V_{H_2SO_4}M_{\frac{1}{2}H_2SO_4}$$

$$=0.2000\text{mol/L}\times25.00\times10^{-3}\text{L}\times\frac{1}{2}\times98.08\text{g/mol}$$

$$=0.2452\text{g}$$

答：（1）硫酸溶液的 $c_{\frac{1}{2}H_2SO_4}=0.2000\text{mol/L}$，$c_{H_2SO_4}=0.1000\text{mol/L}$；（2）25.00mL 这种硫酸中含 H_2SO_4 的质量为 0.2452g。

例题 6：需要加多少毫升水到 1000mL 0.2000mol/L HCl 溶液中才能使稀释后的 HCl 溶液对 CaO 的滴定度 $T_{HCl/CaO}=0.005000\text{g/mL}$。

解：因为 1mol HCl 与 1/2mol CaO 完全反应，并设稀释后 HCl 浓度为 c'（HCl）。

$$c_{HCl}V_{HCl}=\frac{m_{CaO}}{M_{\frac{1}{2}CaO}}$$

$$c_{HCl}=\frac{m_{CaO}}{M_{\frac{1}{2}CaO}V_{HCl}}=\frac{0.005000\text{g}}{\frac{56.08\text{g/mol}}{2}\times1.00\times10^{-3}\text{L}}$$

设需加水 x(mL)，则稀释后体积 $V'_{HCl}=1000mL+x$

$$c_{HCl}V_{HCl}=c'_{HCl}V'_{HCl}$$

$$V_{HCl}=\frac{c'_{HCl}V'_{HCl}}{c_{HCl}}$$

$$=\frac{0.2000mol/L\times1000mL}{0.1783mol/L}=1122mL$$

$$1000mL+x=1122mL \qquad x=122mL$$

答：需要加 122mL 水到 1000mL 0.2000mol/L HCl 溶液中才能使稀释后的 HCl 溶液对 CaO 的滴定度 $T_{HCl/CaO}=0.005000g/mL$。

（六）溶质 B 的质量摩尔浓度

单位溶剂中含有溶质的物质的量，即 1000g（1kg）溶剂 A 中所含溶质 B 的物质的量，称为溶质 B 的质量摩尔浓度。其数学表达式为：

$$b_B=\frac{n_B}{m_A}$$

式中　b_B——溶质 B 的质量摩尔浓度，mol/kg

n_B——物质 B 的物质的量，mol

m_A——溶剂的质量，kg

由于物质的质量不受温度的影响，所以溶液的质量摩尔浓度是一个与温度无关的物理量。因此，它常被用于稀溶液依数性的研究和一些精密的测定中。而对于浓度较稀的水溶液来说，1L 溶液的质量约为 1kg，因此质量摩尔浓度近似等于其物质的量浓度。

例题 7：一种防冻溶液为 40g 乙二醇（$C_2H_6O_2$）与 60g 水的混合物，求该溶液的质量摩尔浓度。

解：乙二醇（$C_2H_6O_2$）的摩尔质量是 62.1g/mol。根据质量摩尔浓度公式：

$$b_B=\frac{n_B}{m_A}=\frac{\frac{m_B}{M_B}}{m_A}=\frac{\frac{40}{62.1}}{60}\times10^3=10.74\ (mol/kg)$$

答：该溶液的质量摩尔浓度为 10.74mol/kg。

（七）物质 B 的质量浓度

单位体积混合物中某组分（B）的质量称为该组分的质量浓度，以符号 ρ_B 表示，

$$\rho_B=\frac{m_B}{V}$$

式中　ρ_B——物质 B 的质量浓度，单位为 g/mL 或 g/L

m_B——物质 B 的质量，单位为 g

V——混合物的体积，单位为 mL 或 L

（八）几种溶液度量方法之间的换算关系

1. 物质的量浓度与质量分数的关系

如果已知一个溶液的密度（ρ），同时已知溶液中溶质的质量分数（w），则

该溶液的浓度可表示为：

$$c_B=\frac{n_B}{V}=\frac{m_B}{M_BV}=\frac{m_B}{M_Bm/\rho}=\frac{\rho m_B/m}{M_B}=\frac{w_B\rho}{M_B}$$

式中 c_B——溶液中溶质 B 的物质的量浓度，mol/L

w_B——溶液中溶质 B 的质量分数

ρ——溶液的密度，kg/L

m_B——溶质 B 的质量，kg

M_B——溶质 B 的摩尔质量，kg/mol

2. 物质的量浓度与质量摩尔浓度的关系

$$c_B=\frac{n_B}{V}=\frac{n_B}{m/\rho}=\frac{n_B\rho}{m}$$

若该体系是一个两组分体系，且 B 组分含量较少，则 $m_{A+B}\approx m_A$。

$$c_B=\frac{n_B\rho}{m}\approx\frac{n_B\rho}{m_A}=b_B\rho$$

若该溶液是一个较稀的水溶液时，其密度 $\rho\approx1.0$kg/L，则

$$c_B\approx b_B$$

物质的量浓度与质量浓度的关系：

$$\rho_B=\frac{m_B}{V}=\frac{n_BM_B}{V}=c_BM_B$$

例题 8：已知浓硫酸的密度为 1.84g/mL，硫酸的质量分数为 96.0%，试计算 $c_{H_2SO_4}$ 以及 $c_{\frac{1}{2}H_2SO_4}$。

解：根据公式：

$$c_B=\frac{n_B}{V}=\frac{m_B}{M_BV}=\frac{m_B}{M_Bm/\rho}=\frac{\rho m_B/m}{M_B}=\frac{\omega_B\rho}{M_B}$$

则有：

$$c_{H_2SO_4}=\frac{\omega_{H_2SO_4}\rho}{M_{H_2SO_4}}=\frac{0.96\times1.84\text{kg/L}}{98.0\times10^{-3}\text{kg/mol}}=18.0\text{mol/L}$$

$$c_{\frac{1}{2}H_2SO_4}=\frac{\omega_{\frac{1}{2}H_2SO_4}\rho}{M_{\frac{1}{2}H_2SO_4}}=\frac{0.96\times1.84\text{kg/L}}{98.0\times10^{-3}\text{kg/mol}\times\frac{1}{2}}=36.0\text{mol/L}$$

答：$c_{H_2SO_4}$ 以及 $c_{\frac{1}{2}H_2SO_4}$ 分别为 18.0mol/L 和 36.0mol/L。

从以上例子可以看出，同样一种溶液，由于基本单元选择不同，其浓度的数值也不相同。

例题 9：有一质量分数为 4.64%的醋酸，在 20℃时，ρ=1.005kg/L，求其浓度和质量摩尔浓度。

解：根据公式：

$$c_B=\frac{n_B}{V}=\frac{m_B}{M_BV}=\frac{m_B}{M_Bm/\rho}=\frac{\rho m_B/m}{M_B}=\frac{\omega_B\rho}{M_B}$$

则有：

$$c_{HAc}=\frac{\omega_{HAc}\rho}{M_{HAc}}=\frac{0.0464\times1.005kg/L}{60.0\times10^{-3}kg/mol}=0.777mol/L$$

由于该醋酸溶液浓度较小，可以用公式$c_B=\frac{n_B\rho}{m}\approx\frac{n_B\rho}{m_A}=b_B\rho$来计算质量摩尔浓度。

$$b_B\approx\frac{c_B}{\rho}\approx\frac{0.777mol/L}{1.005kg/L}=0.773mol/kg$$

答：质量分数为4.64%的醋酸，在20℃时，$\rho=1.005$ kg/L，其浓度和质量摩尔浓度分别为0.777mol/L和0.773mol/kg。

由上面计算结果可知，浓度较小的水溶液其物质的量浓度近似等于质量摩尔浓度。

例题 10：欲配制 $c_{\frac{1}{2}H_2SO_4}=0.10mol/L$ 的溶液 500mL，应取密度为1.84kg/L，质量分数为96.0%的硫酸多少毫升？如何配制？

解：根据例题 8 的计算结果，密度为 1.84kg/L 的硫酸，其 $c_{\frac{1}{2}H_2SO_4}=36.0mol/L$

根据公式：$c_AV_A=c'_AV'_A$

$$V_{\frac{1}{2}H_2SO_4}=\frac{0.1mol/L\times0.500L}{36.0mol/L}=0.0014L=1.4mL$$

答：应取密度为1.84kg/L，质量分数为96.0%的硫酸1.4mL。

由于溶液的体积与物质的量无关，所以$V_{\frac{1}{2}H_2SO_4}$与$V_{H_2SO_4}$表示相同的意义。因此该溶液的具体配制方法为：取密度为1.84kg/L，质量分数为96.0%的硫酸1.4mL，边搅拌边加到盛有适量蒸馏水的烧杯中，稀释至500mL。即得$c_{\frac{1}{2}H_2SO_4}=0.10mol/L$的溶液500mL。

常用的浓度表示方法如表3-1所示。

表 3-1　　常用的浓度表示方法

浓度表示方法	符号	表达式	定　义
质量分数	ω_B	$w_B=\frac{m_B}{m}$	m_B为溶质B的质量，m为溶液的总质量
摩尔分数	x_B	$x_B=\frac{n_B}{n}$	n_B为溶质B的物质的量，n为溶液的总物质的量
体积分数	ϕ_B	$\phi_B=\frac{V_B}{V_0}$	V_0为在混合过程前的总体积，V_B为物质B的体积
物质的量浓度	c_B	$c_B=\frac{n_B}{V}$	n_B为物质B的物质的量，V为混合物的体积
质量摩尔浓度	b_B	$b_B=\frac{n_B}{m_A}$	n_B为物质B的物质的量，m_A为溶剂的质量
质量浓度	ρ_B	$\rho_B=\frac{m_B}{V}$	m_B为物质B的质量，V为混合物的体积

二、容量瓶

容量瓶用于准确地配制一定物质的量浓度的溶液。容量瓶上标有温度和容积，表示在所指温度下，液体的凹液面与容量瓶颈部的刻度线相切时，溶液体积恰好与瓶上标注的体积相等。主要用途为配制标准溶液、配制试样溶液或作溶液的定量稀释。容量瓶按颜色可分为无色瓶和棕色瓶两种。一种规格的容量瓶只能量取一个量。常用的容量瓶有 100、250、500、1000mL 等多种规格。

使用容量瓶的注意事项：

(1) 容量瓶使用时不能加热。

(2) 容量瓶磨口瓶塞是配套的，不能互换（也有配塑料塞的)。

(3) 容量瓶不能代替试剂瓶用来存放溶液。

(4) 容量瓶用完后，立即用水冲洗干净，如长期不用，磨口处应擦干，并用纸将磨口隔开。

（一）检漏

使用前检查瓶塞处是否漏水。具体操作方法是：在容量瓶内装入半瓶水，塞紧瓶塞，用右手食指顶住瓶塞，另一只手五指托住容量瓶底，将其倒立（瓶口朝下)，观察容量瓶是否漏水（图 3-12)。若不漏水，将瓶正立且将瓶塞旋转 180°后，再次倒立，检查是否漏水，若两次操作，容量瓶瓶塞周围皆无水漏出，即表明容量瓶不漏水。经检查不漏水的容量瓶才能使用。

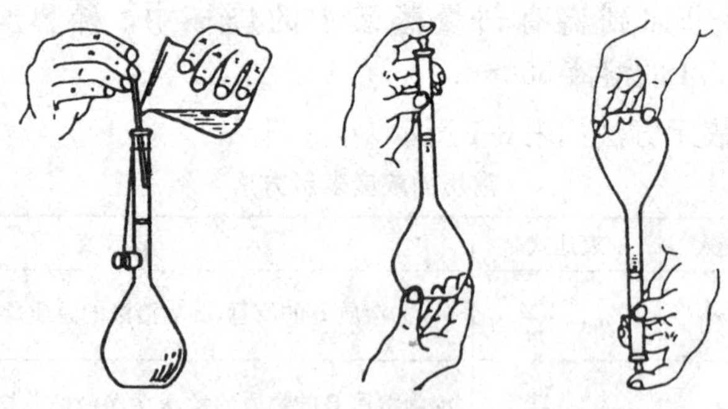

图 3-12　检漏

（二）洗涤

先用自来水洗涤，倒出水后，内壁如不挂有水珠，即可用蒸馏水洗涤好备用，否则就必须用洗液洗涤。

先尽量倒去瓶内残留的水，再倒入适量洗液，倾斜转动容量瓶，使洗液布满内壁，同时将洗液慢慢倒回原瓶。然后用自来水充分洗涤容量瓶及瓶塞，每次洗涤应充分振荡，并尽量使残留的水流尽，最后用蒸馏水洗三次。应根据容量瓶的大小决定用水量，如 250mL 容量瓶，第一次约用 30mL，第二、第三次约用 20mL 蒸馏水。

（三）溶液配制

将准确称量的试剂放在小烧杯中，加适量蒸馏水，搅拌使之溶解。用玻棒引流，将溶液转移到容量瓶中。玻棒尖端贴紧容量瓶内壁，使溶液沿玻棒缓缓流入容量瓶内。当烧杯内溶液全部转移结束后，慢慢扶正烧杯，同时使杯嘴沿玻棒上移 1～2cm，避免烧杯与玻棒间的一滴溶液流到烧杯外。用少量蒸馏水洗涤杯壁和玻棒 3～4 次，每次洗涤液均按同样操作移入容量瓶内，当溶液达到容量瓶容积的 2/3 时，将容量瓶沿水平方向摇晃，初步使溶液混匀，再加水至接近标线处，改用滴管在刻度线上方 1cm 处，沿瓶颈内壁缓缓滴加蒸馏水，至溶液弯月面恰好与标线相切。

盖好瓶塞，用食指压住瓶塞，另一只手手指托住容量瓶底部，倒转容量瓶，使瓶内气泡上升到顶部，边倒转边摇动。如此反复多次，直到溶液混合均匀。

1. 溶液的配制方法

标准溶液：指已知其准确浓度的溶液。

（1）直接配制法

① 在分析天平上准确称取一定质量的某物质，溶解于适量水后定量转入容量瓶中，然后稀释、定容并摇匀。

② 基准物质：能用来直接配制标准溶液的化学试剂称为基准物质。

要求如下：

a. 组成符合化学式，若含结晶水时，其结晶水的含量也应与化学式相符。

b. 纯度要高，主成分的含量应在 99.9%以上。

c. 性质稳定，不分解，不风化，不潮解。

d. 试剂的摩尔质量较大，这样可以减小称量误差。

e. 滴定反应中能按化学计量关系定量地、迅速地进行。

（2）间接配制法（标定法）　先将这类物质配制成近似于所需浓度的溶液，然后利用该物质与某基准物质或另一种标准溶液之间的反应来确定其准确浓度。

2. 0.1mol/L HCl 溶液的配制

用洗净的小量筒取 4.2mL 浓 HCl 溶液，倒入 500mL 试剂瓶中，用蒸馏水稀释至 500mL，盖上玻璃塞摇匀，贴上标签备用。欲知准确浓度需要经过标定。

3. 0.1mol/L NaOH 溶液的配制

在台秤上称取 2g 固体 NaOH，放于 500mL 烧瓶中，加 50mL 水使之全部溶解，转移至 500mL 试剂瓶中，再加 450mL 水，用橡皮塞塞好瓶口摇匀，贴上标签备用。欲知准确浓度需要经过标定。

（四）溶液标定

1. 提高标定准确度的方法

（1）标定时应平行测定 3～4 次，测定结果的相对偏差不大于 0.2%。

（2）称取基准物质的量不能太少，应大于 0.2000g。

(3) 滴定时消耗标准溶液的体积不应太少，应为 20～30mL。

(4) 配制和标定溶液时使用的量器，如滴定管、容量瓶和移液管等，在必要时应校正其体积，并考虑温度的影响。

(5) 标定后的溶液应妥善保存。

2. 酸、碱标准溶液的标定

(1) 酸标准溶液的标定　标定 HCl 溶液的基准物质，通常用无水碳酸钠和硼砂等。

① 无水碳酸钠（Na_2CO_3）：容易制得纯品，价格便宜，但其有较强的吸湿性，使用时先将其置于电烘箱中，在 180℃ 干燥 2～3h，放入干燥器内冷却后备用。

用 Na_2CO_3 标定 HCl 的反应如下：

$$Na_2CO_3 + 2HCl \longrightarrow 2NaCl + CO_2\uparrow + H_2O$$

反应完全时，pH 的突跃范围为 3.5～5.0，可选用甲基橙或甲基红作指示剂，临近终点剧烈摇动溶液或煮沸，以消除 CO_2 的影响。

按下式计算 HCl 溶液的浓度：

$$c_{HCl} = \frac{m_{Na_2CO_3}}{M_{\frac{1}{2}Na_2CO_3} V_{HCl}}$$

② 硼砂（$Na_2B_4O_7 \cdot 10H_2O$）：容易提纯，吸湿性小，摩尔质量大，但易失去结晶水，有风化失水的现象，应保存在相对湿度 60％的恒湿容器中。

用 $Na_2B_4O_7 \cdot 10H_2O$ 标定 HCl 的反应如下：

$$Na_2B_4O_7 + 2HCl + 5H_2O = 4H_3BO_3 + 2NaCl$$

化学计量点产物 H_3BO_3（$K_{a1} = 5.8 \times 10^{-10}$），溶液的 pH＝5.1，可选用甲基红作指示剂。

按下式计算 HCl 溶液的浓度：

$$c_{HCl} = \frac{m_{Na_2B_4O_7 \cdot 10H_2O}}{M_{\frac{1}{2}Na_2B_4O_7 \cdot 10H_2O} \cdot V_{HCl}}$$

(2) 氢氧化钠标准溶液的标定　标定 NaOH 溶液的基准物质，通常用邻苯二甲酸氢钾和草酸等。

① 邻苯二甲酸氢钾（$KHC_8H_4O_4$）：容易制得纯品，在空气中不吸水，容易保存，用于标定 NaOH 的基准物质。

用 $KHC_8H_4O_4$ 标定 NaOH，反应产物为邻苯二甲酸钠钾，化学计量点时溶液的 pH＝9.05，可选用酚酞作指示剂。

$$NaOH + KHC_8H_4O_4 = KNaC_8H_4O_4 + H_2O$$

按下式计算 NaOH 溶液的浓度：

$$c_{NaOH} = \frac{m_{KHC_8H_4O_4}}{M_{KHC_8H_4O_4} V_{NaOH}}$$

② 草酸（$H_2C_8O_4 \cdot 2H_2O$）：草酸相当稳定，相对湿度在 5％～95％时不会

风化失水，可保留在密闭容器中备用，用于标定 NaOH 的基准物质。

草酸是二元酸，其 $K_{a1}=5.98\times10^{-2}$，$K_{a2}=6.4\times10^{-5}$。由于 K_{a1}/K_{a2} 比值较小，因此用 NaOH 溶液滴定时，按二元酸一次被滴定，其反应如下：

$$H_2C_2O_4+2NaOH \xlongequal{} Na_2C_2O_4+2H_2O$$

化学计量点时溶液的 pH 约为 8.4，pH 的突跃范围为 7.7～10.0，可选用酚酞作指示剂。

按下式计算 NaOH 溶液的浓度：

$$c_{NaOH}=\frac{m_{H_2C_2O_4\cdot 2H_2O}}{M_{\frac{1}{2}H_2C_2O_4\cdot 2H_2O}V_{NaOH}}$$

思考练习题

1. 酸式滴定管为什么不能盛碱性溶液？

2. 碱式滴定管能盛氧化性溶液吗？

3. 规格为 50mL 的滴定管盛满液体，液体体积是 50mL 吗？

4. 滴定管读数精确到多少？

5. 误差分析：

(1) 滴定前，滴定管未用滴定液润洗　(　　)

(2) 滴定前，用待测液润洗锥形瓶　(　　)

(3) 滴定前，滴定管尖嘴处有气泡　(　　)

(4) 滴定前仰视，滴定后俯视　(　　)

(5) 快速滴定，立即读数　(　　)

(6) 滴定时，指示剂变色未能保持半分钟就停止滴定　(　　)

(7) 滴定前，向待测液中加少量水　(　　)

6. 为什么滴定分析要用同一支滴定管或移液管？而且滴定管每次都要从零刻度处开始？

7. 选择题：

(1) 准确量取 25.00mL 高锰酸钾溶液，可选用的仪器是（　　）

(A) 50mL 量筒　(B) 10mL 量筒

(C) 50mL 酸式滴定管　(D) 50mL 碱式滴定管

(2) 下列仪器中，没有“0”刻度线的是（　）

(A) 温度计　(B) 量筒　(C) 酸式滴定管　(D) 托盘天平游码刻度尺

(3) 用移液管取 10mL 烧碱溶液注入 25mL 洁净的碱式滴定管中，则液面读数应（　　）

(A) 在 10～15mL　(B) 恰好在 15mL 处

(C) 小于 15mL　(D) 大于 15mL

8. 移液管和吸量管的使用包括哪些步骤？

9. 用分析天平称量的方法有哪几种？固定质量称量法和递减称量法各有何优缺点？在什么情况下选用这两种方法？如使用的是电子天平，如何进行这两种方法的称重？

10. 在实验中记录称量数据应准确至几位？为什么？

11. 称量时，每次均应将砝码和物体放在天平盘的中央，为什么？

12. 使用称量瓶时，如何操作才能保证试样不致损失？

13. 用电子天平称量 0.3～0.4g 样品，要求称量偏差不大于 0.4mg，为什么？

14. 常见溶液浓度的表示方法有哪几种？

15. 什么是标准溶液？标准溶液如何配制？

16. 什么是基准物质？基准物质应具备哪些条件？

17. 滴定度的表示方法有哪几种？

18. NaOH 和 HCl 可否作为基准物质？为什么？

19. 容量瓶使用时应注意哪些事项？

20. 简述提高标定准确度的方法。

21. 已知浓硝酸的密度 ρ=1.42g/mL，含硝酸为 70%，求其浓度。如何配制 c_{HNO_3}=0.20mol/L 的硫酸溶液 500mL？

22. 准确称取 0.5877g 基准试剂 Na_2CO_3，在 100mL 容量瓶中配制成溶液，其浓度为多少？移取该标准溶液 20.00mL 标定某 HCl 溶液，滴定中用去 HCl 溶液 21.96mL，计算该 HCl 溶液的浓度。

23. 为了分析食醋中 HAc 的含量，移取试样 10.00mL。用 0.3024mol/L NaOH 标准溶液滴定，用去 20.17mL。已知食醋的密度为 1.055g/cm^3，计算试样中 HAc 的质量分数。

24. 已知浓硝酸的密度 ρ=1.42g/mL，含硝酸为 70%，求其浓度。如何配制 c_{HNO_3}=0.20mol/L 的硫酸溶液 500mL？

25. 用 0.2000mol/L HCl 标准溶液滴定含有 20% CaO、75% $CaCO_3$ 和 5%酸不溶物质的混合物，欲使 HCl 溶液的用量控制在 25mL 左右，应称取混合物试样多少克？

26. 称取制造油漆的填料（Pb_3O_4）0.1000g，用盐酸溶解，在热时加 0.02mol/L $K_2Cr_2O_7$ 溶液 25mL，析出 $PbCrO_4$：已知 $2Pb^{2+}+Cr_2O_7^{2-}+H_2O=2PbCrO_4\downarrow+2H^+$，冷后过滤，将 $PbCrO_4$ 沉淀用盐酸溶解，加入 KI 溶液，以淀粉为指示剂，用 0.1000mol/L $Na_2S_2O_3$ 溶液滴定时，用去 12.00mL。求试样中 Pb_3O_4 的百分含量（Pb_3O_4 相对分子质量为 685.6）。

27. 水中化学耗氧量（COD）是环保中检测水质污染程度的一个重要指标，是指在特定条件下用一种强氧化剂［(如 $KMnO_4$、$K_2Cr_2O_7$）定量地氧化水中的还原性物质时所消耗的氧化剂用量［折算为每升多少毫克氧，用 $\rho(O_2)$ 表示，单位为 mg/L］。今取废水样 100.0mL，用 H_2SO_4 酸化后，加入 25.00mL 0.01667mol/L 的 $K_2Cr_2O_7$ 标准溶液，用 Ag_2SO_4 作催化剂煮沸一定时间，使水样中的还原性物质氧化完全后，以邻二氮菲-亚铁为指示剂，用 0.1000mol/L 的 $FeSO_4$ 标准溶液返滴，滴至终点时用去 15.00mL。计算废水样中的化学耗氧量(提示：$O_2+4H^++4e^-=H_2O$，在用 O_2 和 $K_2Cr_2O_7$ 氧化同一还原性物质时，3mol O_2 相当于 2mol $K_2Cr_2O_7$)。

28. 用 0.1018mol/L NaOH 标准溶液测定草酸试样的纯度，为了避免计算，欲直接用所消耗 NaOH 溶液的体积（mL）来表示试样中 $H_2C_2O_4$ 的质量分数（%），问应称取试样多少克?

29. 称取纯草酸（$H_2C_2O_4 \cdot 2H_2O$）0.1564g 溶解后，用 NaOH 溶液滴定，用去 NaOH 溶液 20.21mL，求 c_{NaOH} 为多少?

30. 不纯的碳酸钾试样 0.5000g 完全中和时耗去 0.1064mol/L HCl 27.31mL，计算试样中碳酸钾的质量分数。

技能训练四　电子天平使用及溶液的配制练习

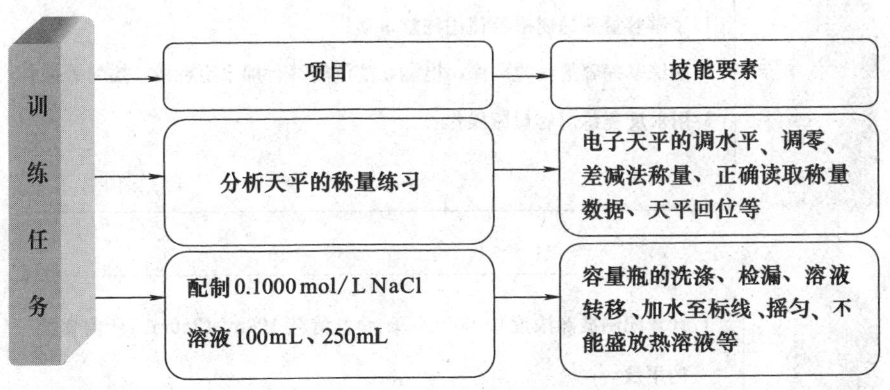

仪器药品

仪器：电子天平、称量瓶、容量瓶、烧杯、洗瓶、试剂瓶

药品：食盐

实训内容

【知识点】

1. 差减法称量基本原理
2. 有效数字的概念、修约规则及计算
3. 物质的量浓度的有关计算

【能力点】

1. 分析天平的使用，差减法称量
2. 容量瓶的使用
3. 准确浓度溶液配制，仪器的选取及溶液配制的一般步骤

工作过程

分析天平的使用

1. 根据实物了解电子天平的构造、规格、型号等
2. 用称量瓶练习电子天平的使用（调水平、调零、称量、读数、回位等操作）
3. 熟练掌握差减法称量，称取食盐 0.2000g 、0.1436g 、1.4265g 等

容量瓶使用

1. 了解容量瓶的规格及使用注意事项
2. 熟练掌握容量瓶的洗涤、检漏、溶液转移、加水至标线、摇匀等操作
3. 用水反复练习容量瓶操作

准确浓度溶液的配制

1. 计算配制准确浓度 0.1000mol/L 食盐溶液 100mL (250mL) 所需食盐的用量
2. 用电子天平差减法准确称取食盐，准确至 0.0001g，记录数据
3. 在小烧杯中溶解后，转移至 100mL (250mL) 容量瓶中
4. 加水至标线，摇匀贴上标签

思考题

1. 配制准确浓度溶液的步骤可归纳为哪几步？
2. 配制准确浓度溶液所用的主要仪器有哪些？与一般溶液配制区别在哪里？
3. 配制准确浓度溶液需要计算什么？

技能训练五　容量仪器的校准

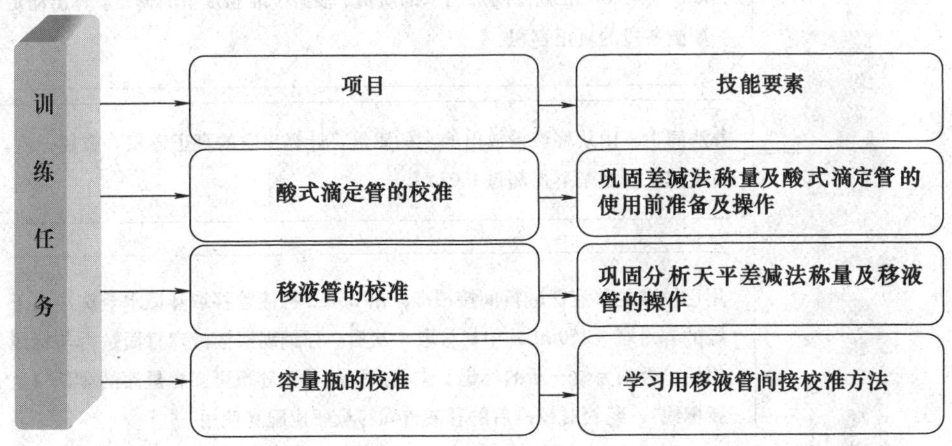

仪器药品

仪器：酸式滴定管、移液管、容量瓶、磨口锥形瓶、分析天平、温度计

实训内容

【知识点】

$$V_{20}=\frac{m_{\text{纯水的质量}}}{\rho_{\text{水的密度}}}$$

【能力点】

1. 巩固分析天平差减法称量
2. 巩固移液管、容量瓶的操作
3. 掌握酸式滴定管的准备及使用

工作过程

滴定管的校准

1. 将欲校准的滴定管洗净,加入与室温达平衡的蒸馏水至零刻度线以下附近，记录水温(℃)及滴定管中水面(弯月形)的起始读数(mL)
2. 称量50mL 磨口锥形瓶(外部保持洁净及干燥)的质量,再以正确操作由滴定管中放出10.00mL 水于上述磨口锥形瓶中(勿将水滴在磨口上)盖紧，称量。两次称量值之差即为滴定管中放出水的质量，反复测量两次
3. 用同样方法测得滴定管10.00～20.00mL、20.00～30.00mL、30.00～40.00mL、40.00～45.00mL刻度间放出水的质量。根据校准温度下的密度，算出滴定管所测各段的真正容积

移液管的校准

方法同上。由从移液管放出的水的质量，计算出它的真正容积。重复一次，两次校正值之差不得超过 0.02mL

容量瓶的校准

用已校准的移液管进行间接校准。用 25mL 移液管移取蒸馏水至洗净而干燥的容量瓶（250mL）中，移取十次后，仔细观察溶液弯月面是否与标线相切，否则另做一新的标记。由移液管的真正容积可知容量瓶的容积（至新标线）。经相对校准后的移液管和容量瓶应配套使用

数据记录与结果处理

滴定管放出水的间隔读数 /mL			放出水的质量 /g			真正容积 /mL	校正值 /mL
$V_{起始}$	$V_{放水后}$	$V=V_{放水后}-V_{起始}$	$m_{瓶}$	$m_{瓶+水}$	$m_{水}$	$V_{20}=m_{水}/\rho_t$	$V_{20}-V$

思考题

1. 容量仪器为什么要校准?

2. 称量纯水所用的具塞锥形瓶，为什么要避免将磨口部分和瓶塞沾湿？

3. 在本校准实验中，为什么只需称准至 0.01g？

4. 分段校准滴定管时，为何每次要从 0.00mL 开始？

5. 在进行滴定管的校准以及移液管和容量瓶相对校准时，所用的锥形瓶和容量瓶是否都需要事先干燥？滴定管和移液管需要吗？

项目四
酸碱滴定技术

模块一　滴定分析概述

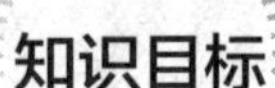

知识目标

1. 了解滴定分析的基本概念。
2. 能根据已知条件，进行滴定操作的有关计算。

能力目标

1. 会选用合适的量器配制标准溶液。
2. 能正确判断不同盐类的性质。
3. 能熟练配制常用缓冲溶液。
4. 能正确选择某个滴定的指示剂。
5. 会用不同的方法标定标准溶液。

在化学分析中，滴定分析是应用最广泛的分析方法。

一、基本概念

滴定分析法又称容量分析法，是化学分析中一种重要的分析方法，它是将一种已知准确浓度的试剂溶液（标准溶液）滴加到待测物质溶液（试液）中，直到化学反应定量完成为止，然后根据所加试剂溶液的浓度和体积计算待测组分含量的一种方法。如图 4-1 所示。已知准确浓度的溶液称为标准溶液，又称滴定剂。将标准溶液通过滴定管逐滴加到待测溶液中的操作过程称滴定。当滴入的标准溶液与被测定的物质定量反应时，也就是两者的物质的量正好符合化学式所表示的化学计量点时，称为理论终点或化学计

图 4-1　滴定分析法

量点。而许多滴定反应到达化学计量点时无外观变化，为了较准确地确定理论终点，需要加入指示剂，即用来确定理论终点的试剂。指示剂正好发生颜色变化的转变点称为滴定终点。由于化学计量点与实验中实际测得的滴定终点不一定完全相符造成的分析误差称为终点误差，也称滴定误差。终点误差是滴定分析误差的主要来源之一，它的大小取决于指示剂的选择、性能及用量等。

滴定分析法通常用于常量组分（一般含量＞1%）的测定，不适合微量和痕量组分的测定。它的特点是：操作简便、仪器简单、速度快、准确度高。一般情况下，滴定的相对误差为0.1%～0.2%。

二、滴定分析的类型及反应条件

滴定分析根据化学反应类型不同分为酸碱滴定法、氧化还原滴定法、沉淀滴定法和配位滴定法。上述滴定分析法是以水作溶剂的分析方法。另外，还有在非水溶剂中进行的滴定分析法，称为非水滴定法，主要用来测定在水中较难进行滴定的酸、碱等物质。

滴定分析法是以化学反应为基础的，但并非所有化学反应都可以用于滴定分析。作为滴定分析的反应，必须具备下列条件：

(1) 反应必须定量（地）完成。被测物质与标准溶液之间的反应要按一定的化学方程式进行，而且反应必须接近完全，通常要达到99.9%以上。这是滴定分析进行定量计算的基础。

(2) 反应速度快。速度较慢的反应，可加热或加催化剂使之加速进行。

(3) 要有简便可靠的方法确定滴定终点。如有合适的指示剂可以选择等。

(4) 反应必须无干扰杂质存在，否则应进行掩蔽或除去。

三、滴定的主要方式

按滴定方式的不同，滴定分析法主要分为直接滴定法、返滴定法、置换滴定法和间接滴定法。

1. 直接滴定法

凡是待测物质与标准溶液之间的反应能满足滴定分析对化学反应的要求，都可以用标准溶液直接滴定，此种滴定方式称为直接滴定法。如用 HCl 标准溶液滴定 NaOH，用 NaOH 标准溶液滴定醋酸等。

2. 返滴定法

返滴定法也称为回滴法或剩余滴定法，以下几种情况可以用返滴定法：①被测物质与标准溶液反应速度很慢；②被测物质为固体；③没有适宜的指示剂。所谓返滴定法是先准确地加入过量的标准溶液1，使反应加速，待反应完成后，再用标准溶液2滴定剩余的溶液1，根据两标准溶液的浓度和消耗的体积，可以求出被测物质的量。如，测定 Al^{3+} 时，Al^{3+} 与EDTA反应速度很慢，可以加过量的EDTA标准溶液，并加热促其反应完全，溶液冷却后，可再用 Zn^{2+} 标准溶液快速滴定剩余的EDTA。

3. 置换滴定法

当反应不按一定的反应式进行或伴有副反应时，可采用置换滴定法。即先用适当的试剂与被测物质反应，使被测物质定量地置换成另外一种物质，然后，再用标准溶液滴定这一物质，从而求出被测物质的含量。如，在酸性溶液中，$K_2Cr_2O_7$（重铬酸钾）是氧化剂，能将 $Na_2S_2O_3$（硫代硫酸钠）氧化为 $Na_2S_4O_6$（连四硫酸钠）和 SO_4^{2-}，即有副反应产生，所以不能用 $Na_2S_2O_3$ 直接滴定 $K_2Cr_2O_7$ 及其（他）氧化剂。此时可用置换滴定法：在 $K_2Cr_2O_7$ 中加过量KI，使 $K_2Cr_2O_7$ 被还原，产生一定量的 I_2，再用 $Na_2S_2O_3$ 标准溶液滴定。

4. 间接滴定法

有时被测溶液不能直接与标准溶液作用，可用间接滴定法。它是指被测物质不能与标准溶液直接反应，但能通过另一种能与标准溶液反应的物质而被间接滴定的方法。如用 $KMnO_4$ 标准溶液测定样品中的 Ca^{2+} 含量，因为 Ca^{2+} 没有可变价态，不能与 $KMnO_4$ 直接反应，可以先用 $C_2O_4^{2-}$ 使 Ca^{2+} 沉淀为 CaC_2O_4，过滤后，用 H_2SO_4 将 CaC_2O_4 溶解，再用 $KMnO_4$ 标准溶液滴定 $C_2O_4^{2-}$，根据它们之间的计量关系，求得 Ca^{2+} 的量。

由于使用了返滴定法、置换滴定法及间接滴定法，所以扩大了滴定分析的应用范围。

四、基准物质与标准溶液

滴定分析过程中，无论采用何种滴定方式，都离不开标准溶液，因为待测物质的含量是根据所消耗的标准溶液的浓度和体积计算出来的。因此，标准溶液的准确性是测定结果准确性的前提。正确地配制标准溶液及准确地标定其浓度，是至关重要的。

1. 基准物质

用来直接配制标准溶液的物质称为基准物质，作为基准物质应具备下列条件：

(1) 试剂纯度高　其杂质含量少到可以忽略不计，一般要求基准物质的纯度应达到99.9%以上，杂质含量少到不影响分析结果的准确性。

(2) 性质稳定　在一般情况下，其物理性质和化学性质非常稳定。如加热、干燥不分解，称量时不吸湿，不吸收空气中的 CO_2，不挥发，不被空气氧化等。

(3) 物质组成与化学式完全符合　如 $Na_2B_4O_7 \cdot 10H_2O$、$H_2C_2O_4 \cdot 2H_2O$，

物质的实际组成必须是10个结晶水和2个结晶水。

(4) 摩尔质量大　因为摩尔质量越大，称取质量越多，可相应减少称量的相对误差。滴定分析中常用基准物质见表4-1。

表4-1　滴定分析中常用基准物质

名称	化学式	干燥后的组成	干燥条件	标定对象
硼砂	$Na_2B_4O_7 \cdot 10H_2O$	$Na_2B_4O_7 \cdot 10H_2O$	放在装有NaCl和蔗糖饱和溶液的密闭器皿中	酸
二水合草酸	$H_2C_2O_4 \cdot 2H_2O$	$H_2C_2O_4 \cdot 2H_2O$	室温空气干燥	碱或高锰酸钾
邻苯二甲酸氢钾	$KHC_8H_4O_4$	$KHC_8H_4O_4$	110～120℃	碱
重铬酸钾	$K_2Cr_2O_7$	$K_2Cr_2O_7$	140～150℃	还原剂
草酸钠	$Na_2C_2O_4$	$Na_2C_2O_4$	130℃	氧化剂
三氧化二砷	As_2O_3	As_2O_3	室温干燥器中保存	氧化剂
碳酸钙	$CaCO_3$	$CaCO_3$	110℃	EDTA
锌	Zn	Zn	室温干燥器中保存	EDTA
氧化锌	ZnO	ZnO	800℃	EDTA
氯化钠	NaCl	NaCl	500～600℃	$AgNO_3$
氯化钾	KCl	KCl	500～600℃	$AgNO_3$
铜	Cu	Cu	室温干燥器中保存	还原剂
碳酸氢钠	Na_2CO_3	Na_2CO_3	270～300℃	酸
溴酸钾	$KBrO_3$	$KBrO_3$	150℃	还原剂

2. 标准溶液

(1) 标准溶液浓度的表示方法

① 物质的量浓度：见项目三。

② 滴定度：见本教材项目三。

物质的量浓度c和滴定度T都表示标准溶液的浓度，它们之间存在着一定的关系，即：

$$c_{溶液}=1000\times T_{X/S}/M_X$$

式中　$T_{X/S}$——X对S的滴定度

M_X——X的摩尔质量

(2) 标准溶液的配制和标定参见本教材前部分

五、滴定分析的计算

例题1：称取基准物质硼砂$Na_2B_4O_7 \cdot 10H_2O$ 0.4835g，用HCl溶液滴定至终点，消耗HCl溶液26.30mL。求HCl溶液的物质的量浓度。

解：　$Na_2B_4O_7 \cdot 10H_2O+2HCl = 4H_3BO_3+2NaCl+5H_2O$

$$n_{HCl}=2n_{Na_2B_4O_7\cdot 10H_2O}$$

因为 $n_{HCl}=c_{HCl}\cdot V_{HCl}$　$n_{Na_2B_4O_7\cdot 10H_2O}=\frac{m_{Na_2B_4O_7\cdot 10H_2O}}{M_{Na_2B_4O_7\cdot 10H_2O}}$

故　$c_{HCl}=\frac{2m_{Na_2B_4O_7\cdot 10H_2O}}{M_{Na_2B_4O_7\cdot 10H_2O}\cdot V_{HCl}}\times 1000=2\times\frac{0.4835\times 1000}{381.43\times 26.30}=0.009640\text{mol/L}$

例题 2：称取纯碱试样 0.2846g，溶解于 25mL 蒸馏水，甲基橙作指示剂，用 0.2000 mol/L 的 HCl 标准溶液滴定，消耗 25.40mL HCl 溶液，求该纯碱的纯度。

解：

$$2HCl+Na_2CO_3 \longrightarrow 2NaCl+H_2CO_3$$

$$n_{Na_2CO_3}=\frac{1}{2}n_{HCl}$$

$$\omega_{Na_2CO_3}=\frac{\frac{1}{2}c_{HCl}V_{HCl}M_{Na_2CO_3}}{m_s}\times 100\%=\frac{\frac{1}{2}\times 0.2000\times 25.40\times 10^{-3}\times 105.99}{0.2846}\times 100\%$$

$$=94.59\%$$

模块二　酸碱平衡

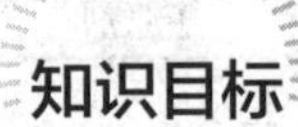

知识目标

1. 能用酸碱电离理论和酸碱质子理论判断常见物质的酸碱性。
2. 了解弱酸弱碱的 pH 的求算方法。
3. 能用盐水解的知识解释盐类的酸碱性并能应用于实际问题的解决。
4. 了解盐类 pH 的求算方法。

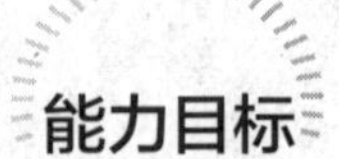

能力目标

能熟练配制常见的缓冲溶液。

一、基础知识

（一）强电解质溶液与弱电解质溶液

酸、碱、盐都是电解质，它们的水溶液（或熔化状态下）能电离出自由移动的离子，因而都能导电。但不同种类的电解质溶液导电能力不同。用等体积 0.5 mol/L 的盐酸、醋酸、氯化钠、氢氧化钠和氨水等溶液进行导电性实验，结果表明：醋酸溶液或氨水溶液导电时灯泡亮度小，而用盐酸、氯化钠或氢氧化钠溶液导电时灯泡亮度大。可见盐酸、氯化钠或氢氧化钠溶液的导电能力强，醋酸或氨水溶液的导电能力弱。溶液的导电能力与溶液中存在自由移动的离子的浓度有关，由此可知，体积和浓度相同的不同电解质在溶液里的电离程度是不同的。根据电离程度的不同，可把电解质分为强电解质和弱电解质。盐酸、氯化钠和氢氧化钠在溶液里能完全离解成离子，溶液里没有分子存在。这种在水溶液里完全离解成离子而没有分子存在的电解质称为强电解质。强电解质的离解是不可逆的，其离解方程式用"══"来表示，如

$$HCl = H^+ + Cl^-$$

$$NaOH = Na^+ + OH^-$$

$$KNO_3 = K^+ + NO_3{}^-$$

强酸、强碱和大多数盐都是强电解质。

醋酸和氨水在溶液里只有一部分离解成离子，溶液中还存在着大量未离解的分子。例如醋酸的离解，一方面 HAc 分子离解成 H^+ 和 Ac^-

$$HAc = H^+ + Ac^-$$

另一方面 H^+ 和 Ac^- 又不断结合成醋酸分子。

$$H^+ + Ac^- = HAc$$

像醋酸这样在水溶液里只有部分离解的电解质称为弱电解质。弱电解质的离解是可逆的，其离解方程式用"⇌"来表示，如

$$HAc \rightleftharpoons H^+ Ac^-$$

弱酸、弱碱都是弱电解质。

按照强电解质在水溶液中全部离解的观点，强电解质的离解度应该是100%，但对其溶液导电性的测定结果表明，它们的离解度都小于100%。这种由实验测得的离解度称为表观离解度。表 4-2 列出了几种强电解质的表观离解度。

表 4-2　　几种强电解质的表观离解度

电解质	离解式	表观离解度/%
盐酸	$HCl = H^+ + Cl^-$	92
硝酸	$HNO_3 = H^+ + NO_3^-$	92
硫酸	$H_2SO_4 = 2H^+ + SO_4{}^{2-}$	61
氢氧化钠	$NaOH = Na^+ + OH^-$	91
氢氧化钾	$KOH = K^+ + OH^-$	89
氯化钠	$NaCl = Na^+ + Cl^-$	84
氯化钾	$KCl = K^+ + Cl^-$	86
硫酸锌	$ZnSO_4 = Zn^{2+} + SO_4{}^{2-}$	40

1923 年德拜（Debye P. J. W.）和休格尔（HücKel E.）提出了强电解质溶液离子互吸理论来解释此现象。该理论认为强电解质在水溶液中是完全离解的，但由于在溶液中的离子浓度较大，离子间的引力和斥力比较显著，在阳离子周围吸引着较多的阴离子；在阴离子周围吸引着较多的阳离子。这种情况好像阳离子周围有阴离子氛，阴离子周围有阳离子氛（图 4-2），导致离子在溶液里的运动受

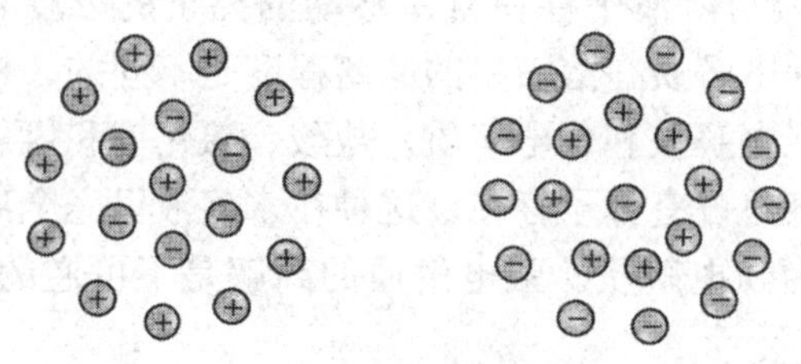
图 4-2　离子氛示意图

到周围离子氛的牵制，并非完全自由。因此在导电性实验中，阴阳离子向两极移动的速度比较慢，好像电解质没有完全离解。这时所测得的离解度并不能表示强电解质在溶液中完全离解的情况，它只反映了强电解质溶液中阴阳离子间相互作用的强弱。为了区别强电解质的真实离解度（100%），把实验测得强电解质的离解度称为表观离解度。

由于离子间的互相牵制，致使离子的有效浓度表现比实际浓度要小，如 0.1 mol/L 的 KCl 溶液，K^+ 和 Cl^- 的浓度都应该是 0.1 mol/L，但根据表观离解度计算得到的离子有效浓度只有 0.086mol/L。通常把有效浓度称为活度（α）。活度（α）与实际浓度（c）的关系为：

$$\alpha = f \cdot c$$

式中 f 为活度系数。一般情况下，$\alpha < c$，故 f 常常小于 1。显然，溶液中离子浓度越大，离子相互牵制程度越大，f 越小。此外，离子所带的电荷数越大，离子间的相互作用也越大，同样会使 f 减少。而在弱电解质及难溶强电解质溶液中，由于离子浓度很小，离子间的距离较大，相互作用较弱。此时，活度系数 $f \to 1$，离子活度与浓度几乎相等，故在近似计算中用离子浓度代替活度，不会引起较大的误差。本书都采用离子浓度进行计算。

（二）弱酸弱碱的电离平衡

1. 一元弱酸弱碱的离解平衡

（1）离解常数　弱酸、弱碱是弱电解质，在溶液中部分离解，在已离解的离子和未离解的分子之间存在着离解平衡。用 HA 表示一元弱酸，离解平衡式为：

$$HA \rightleftharpoons H^+ + A^-$$

标准离解常数 $K_a^{\ominus}$：

$$K_a^{\ominus} = \frac{(c_{H^+}/c^{\ominus}) \cdot (c_{A^-}/c^{\ominus})}{c_{HA}/c^{\ominus}} = \frac{c'_{H^+} \cdot c'_{A^-}}{c'_{HA}}$$

用 BOH 表示一元弱碱，离解平衡式为：

$$BOH \rightleftharpoons B^+ + OH^-$$

标准离解常数 $K_b^{\ominus}$：

$$K_b^{\ominus} = \frac{(c_{B^+}/c^{\ominus})(c_{OH^-}/c^{\ominus})}{c_{BOH}/c^{\ominus}} = \frac{c'_{B^+} c'_{OH^-}}{c'_{BOH}}$$

$K_a^{\ominus}$、$K_b^{\ominus}$ 分别表示弱酸、弱碱的离解常数。对于具体的酸或碱的离解常数，则在 $K_a^{\ominus}$ 或 $K_b^{\ominus}$ 的后面注明酸或碱的分子式或化学式。例如 $K_{a,HAc}^{\ominus}$、$K_{b,NH_3 \cdot H_2O}^{\ominus}$分别表示醋酸和氨水的离解常数。从离解常数的表达式可以看出：$K^{\ominus}$值大，离子浓度必然大，表示该电解质容易离解；$K^{\ominus}$值小，离子浓度必然小，表示该电解质不易离解。所以离解常数的大小可以表明弱电解质的相对强弱。例如 25℃时 0.10mol/L，HAc 溶液的 $K_a^{\ominus}$ 值是 1.75×10^{-5}，而 0.10 mol/LHCN溶液的 $K_a^{\ominus}$ 值是 6.02×10^{-10}，所以氢氰酸是比醋酸更弱的酸。通常把 $K^{\ominus}$ 值在 $10^{-3}\sim10^{-2}$ 的称为中强电解质；$K^{\ominus}<10^{-4}$ 的为弱电解质；$K^{\ominus}<10^{-7}$ 为极弱电解质。

离解常数和其他平衡常数一样，不受浓度的影响，而随温度的变化而改变。例如 25℃时，0.10mol/L HAc 和 0.01mol/L HAc，它们的 $K_a^{\ominus}$（HAc）都是 1.75×10^{-5}。而在 0℃时，HAc 的 $K_a^{\ominus}$ 是 1.65×10^{-5}。但由于离解常数随温度的变化而改变的幅度不大，所以常温时可以不考虑温度对离解常数的影响。

（2）离解度　不同的弱电解质在水溶液里的离解程度是不相同的。有的离解程度大，有的离解程度小，弱电解质离解程度的大小，还可以用离解度（α）来表示。

$$\alpha=\frac{\text{已离解的弱电解质浓度}}{\text{弱电解质的起始浓度}}\times100\%$$

在温度、浓度相同的条件下，离解度大，表示该弱电解质相对较强。离解度与离解常数不同，它与溶液的浓度有关。故在表示离解度时必须指出酸或碱的浓度。

下面以一元弱酸 HA 为例来说明离解度与离解常数和浓度之间的关系。

设 HA 的浓度为 $c$mol/L，离解度为 α，则：

$$HA \rightleftharpoons H^+ + A^-$$

起始浓度　　c　　0　　0

平衡浓度　　$c(1-\alpha)$　　$c\alpha$　　$c\alpha$

代入离解常数表达式中：

$$K_a^{\ominus}=\frac{(c_{H^+}/c^{\ominus})\cdot(c_{A^-}/c^{\ominus})}{c_{HA}/c^{\ominus}}=\frac{c'_{H^+}\cdot c'_{A^-}}{c'_{HA}}$$

即：

$$c'\alpha^2+K_a^{\ominus}\alpha-K_a^{\ominus}=0$$

$$\alpha=\frac{-K_a^{\ominus}+\sqrt{(K_a^{\ominus})^2+4c'K_a^{\ominus}}}{2c'}$$

$$c_{H^+}=c\alpha=c\,\frac{-K_a^{\ominus}+\sqrt{(K_a^{\ominus})^2+4c'K_a^{\ominus}}}{2c'}$$

$$=\frac{-K_a^{\ominus}+\sqrt{(K_a^{\ominus})^2+4c'K_a^{\ominus}}}{2}c^{\ominus}$$

对弱电解质来说，离解度很小，可认为 $1-\alpha\approx1$，$\alpha<5\%$ 或 $c/K_a^{\ominus}>500$ 时，作近似计算，得以下简式：

$$K_a^{\ominus}=c'\alpha^2$$

$$\alpha=\sqrt{K_\alpha^{\ominus}/c'}$$

$$c'_{H^+}=\sqrt{K_a/c'}$$

同理，对于一元弱碱溶液，也得到类似的计算公式：

$$K_b^{\ominus}=c'\alpha^2$$

$$\alpha=\sqrt{K_b^{\ominus}/c'}$$

$$c'_{OH^-}=\sqrt{K_b/c'}$$

近似公式表明，在一定温度下，当溶液的浓度改变时，电离度 α 也随着改变，浓度越稀，离解度越大，离解度与浓度的平方根成反比，与离解常数的平方根成正比，该关系式称为稀释定律。但 c'_{H^+} 或 c'_{OH^-} 并不因浓度稀释、离解度增加而增大。

在弱酸或弱碱的溶液中，同时还存在着水的离解平衡，两个平衡互相联系，互相影响。但当 $K_a^{\ominus}$（或 $K_b^{\ominus}$）$\gg K_w^{\ominus}$，而弱酸（弱碱）又不是很稀时，溶液中 H^+ 或 OH^- 主要来源于弱酸或弱碱的离解，计算时可忽略水的离解。

(3) 一元弱酸、弱碱溶液中离子浓度及 pH 的计算

例题 3：计算 25℃时下列各溶液的 H^+ 浓度和溶液的 pH。

(1) 0.10 mol/L HAc 溶液。

(2) 0.01 mol/L HAc 溶液。

解：(1) HAc 是弱电解质，离解平衡式为：

	HAc ⇌	H^+ +	Ac^-
起始浓度 c_0/(mol/L)	0.10	0	0
平衡浓度 c/(mol/L)	$0.10-x$	x	x

查表知 25℃时 $K_a^{\ominus}=1.75\times10^{-5}$

$$K_a^{\ominus}=\frac{c'_{H^+}c'_{Ac^-}}{c'_{HAc}}=\frac{xx}{0.10-x}$$

$K_{aHAc}^{\ominus}$很小，或 $c/K_a^{\ominus}>500$ 时，可近似认为 $0.10-x\approx0.10$。

$$x=c'_{H^+}=\sqrt{K_a/c'}=1.3\times10^{-3}$$

$$pH=-\lg c'_{H^+}=-\lg 1.3\times10^{-3}=2.89$$

(2) 同理，0.01mol/L 的 HAc 的氢离子浓度为：

$$c'_{H^+}=4.2\times10^{-4}\ mol/L$$

$$pH=-\lg c'_{H^+}=-\lg 4.2\times10^{-4}=3.38$$

上例是弱酸中氢离子浓度及 pH 的求算，弱碱的与此类似。该例也说明，溶液浓度变小时，氢离子浓度也变小。

2. 多元弱酸的离解平衡

多元弱酸（弱碱）在水溶液中的离解是分步进行的，每一步电离出一个 H^+（OH^-），各步的离解度并不相等，具有相应的离解平衡常数。例如，碳酸是二元弱酸，分二步离解：

第一步离解　　$H_2CO_3 \rightleftharpoons H^+ + HCO_3^-$

$$K^{\ominus}_{a1,H_2CO_3}=\frac{c'_{H^+}\cdot c'_{HCO_3^-}}{c'_{H_2CO_3}}=4.4\times10^{-7}$$

第二步离解　　$HCO_3^- \rightleftharpoons H^+ + CO_3^{2-}$

$$K^{\ominus}_{a2,H_2CO_3}=\frac{c'_{H^+}\cdot c'_{CO_3^{2-}}}{c'_{HCO_3^-}}=4.7\times10^{-11}$$

上列数据表明，多元酸的离解常数逐级减小。因为第二步离解需从带有一个负电荷的离子中再离解出一个 H^+，显然比中性分子困难；此外，第一步离解出来的 H^+，抑制了第二步离解的进行；第三步离解比第二步更困难。溶液中 H^+ 的来源主要来自第一步离解。因此近似地计算多元弱酸溶液中的 H^+ 浓度时，可以只考虑其第一步的离解。多元弱酸的相对强弱，取决于 $K^{\ominus}_{a1}$ 的大小，$K^{\ominus}_{a1}$ 越大，多元酸的酸性越强。

多元弱碱的离解与多元弱酸的离解情况是相似的。

离解常数可以通过实验测定。常见的几种弱电解质的离解常数见表 4-3。

表 4-3　　常见的几种弱电解质的离解常数（25℃时）

电解质	离解常数 $K^{\ominus}_a(K^{\ominus}_b)$
醋酸 CH_3COOH	$K_{a1}{}^{\ominus}=1.75\times10^{-5}$
草酸 $H_2C_2O_4$	$K_{a1}{}^{\ominus}=5.4\times10^{-2}$；$K_{a2}{}^{\ominus}=5.4\times10^{-5}$
碳酸 H_2CO_3	$K_{a1}{}^{\ominus}=4.4\times10^{-7}$；$K_{a2}{}^{\ominus}=4.7\times10^{-11}$
氢氰酸 HCN	$K_{a1}{}^{\ominus}=6.02\times10^{-10}$
亚硝酸 HNO_2	$K_{a1}{}^{\ominus}=7.2\times10^{-4}$
磷酸 H_3PO_4	$K_{a1}{}^{\ominus}=7.1\times10^{-3}$；$K_{a2}{}^{\ominus}=6.3\times10^{-8}$；$K_{a3}{}^{\ominus}=4.2\times10^{-13}$
亚硫酸 H_2SO_3	$K_{a1}{}^{\ominus}=1.3\times10^{-2}$；$K_{a2}{}^{\ominus}=6.1\times10^{-3}$
氢硫酸 H_2S	$K_{a1}{}^{\ominus}=1.32\times10^{-7}$；$K_{a2}{}^{\ominus}=7.10\times10^{-15}$
次氯酸 HClO	$K_{a1}{}^{\ominus}=2.8\times10^{-8}$
氨水 $NH_3\cdot H_2O$	$K_{b1}{}^{\ominus}=1.8\times10^{-5}$
联氨 NH_2NH_2	$K_b{}^{\ominus}=9.8\times10^{-7}$
羟氨 NH_2OH	$K_b{}^{\ominus}=9.1\times10^{-9}$
苯胺 $C_6H_5N_2$	$K_b{}^{\ominus}=4\times10^{-10}$
吡啶 C_5H_5N	$K_b{}^{\ominus}=1.5\times10^{-9}$
六次甲基四胺$(CH_2)_6N_4$	$K_b{}^{\ominus}=1.4\times10^{-9}$

例题 4：计算 0.10 mol/L H_2S 水溶液中的 $[H^+]$ 和 $[S^{2-}]$，以及 H_2S 的电离度。

解：硫化氢的 K_{a1} 远远大于 K_{a2}，按一元弱酸处理

$$H_2S \rightleftharpoons H^+ + HS^-$$

平衡浓度：　　$0.10-x$　　x　　x

$$0.10-x\approx0.10$$

$$x=\sqrt{1.32\times10^{-7}\times0.10}=1.10\times10^{-4}$$

溶液中的 S^{2-} 来自于第二步离解，根据第二步离解

$$HS^- \rightleftharpoons H^+ + S^{2-}$$

$$K_{a2}=\frac{c'_{H^+}\cdot c'_{S^{2-}}}{c'_{HS^-}}$$

$$=7.1\times10^{-15}$$

因为 K_{a1} 远远大于 K_{a2}，认为 HS^- 和 H^+ 近似相等，所以：

$$c'_{S^{2-}}=K_{a2}(H_2S)=7.10\times10^{-15}$$

通过上例计算表明，二元弱酸溶液中酸根离子的浓度近似等于 $K_{a2}^{\ominus}$，与酸的原始浓度无关。在实际工作中，如果需用较高浓度的多元酸酸根离子时，不能用多元弱酸来配制，应使用酸根离子组成的可溶性盐类。

3. 水的离解平衡

(1) 水的离解　精确的实验证明，水是一种极弱的电解质，大部分以水分子的形式存在，仅能离解出少量的 H^+ 和 OH^-。

$$H_2O \rightleftharpoons H^+ + OH^-$$

$$K^{\ominus}=\frac{c'_{H^+}\cdot c'_{OH^-}}{c'_{H_2O}}$$

由于极大部分水以水分子的形式存在，因此 c'_{H_2O} 可以视为常数，合并入 $K^{\ominus}$ 项 $c'_{H^+}\cdot c'_{OH^-}=K^{\ominus}c_{H_2O}=K_w^{\ominus}$

$K_w^{\ominus}$ 称为水的离子积常数，简称水的离子积。25℃时，纯水中 $c_{H^+}=c_{OH^-}=10^{-7}$ mol/L，因此，$K_w^{\ominus}=10^{-14}$。

和所有平衡常数一样，温度对 $K_w^{\ominus}$ 有影响，随着温度的升高，$K_w^{\ominus}$ 显著增大。表 4-4 列出某些温度下的 $K_w^{\ominus}$。

表 4-4　　不同温度下水的离子积

T/℃	0	10	20	25	40	50	90	100
$K_w^{\ominus}/10^{-14}$	0.1138	0.2917	0.6808	1.009	2.917	5.470	38.02	54.95

从上表可见，在室温范围内，$K_w^{\ominus}$ 变化不大，一般采用 $K_w^{\ominus}=1.00\times10^{-14}$。

由于水的离解平衡的存在，H^+ 浓度或者 OH^- 浓度中若有一种增大，则另一种一定减小，达到新的平衡时，溶液中 $c'_{H^+}\cdot c'_{OH^-}=K_w^{\ominus}$ 这一关系式仍然存在。所以水的离子积常数不仅适用于纯水，对于任何酸性或碱性电解质的稀溶液同样适用。水的离子积常数 $K_w^{\ominus}$ 是计算水溶液中 c_{H^+} 和 c_{OH^-} 的重要依据。

(2) 溶液的酸碱性和 pH　常温下，纯水中 $c_{H^+}=c_{OH^-}=10^{-7}$ mol/L，所以纯水是中性的。如果向纯水中加入酸，H^+ 浓度增大，水的离解平衡向左移动，

OH^-浓度随之减少，达到新的平衡时，溶液中 $c_{H^+}>c_{OH^-}$，$c'_{H^+}\cdot c'_{OH^-}=K_w^{\ominus}$ 这一关系式仍然存在，即 $c_{H^+}>10^{-7}$ mol/L，$c_{OH^-}<10^{-7}$ mol/L，但 c_{OH^-} 不会等于零，溶液呈酸性。如果向纯水中加入碱，OH^- 浓度增大，也使水的离解平衡向左移动，溶液中 $c_{OH^-}>c_{H^+}$，$c'_{H^+}\cdot c'_{OH^-}=K_w^{\ominus}$ 这一关系式仍然存在，即 $c_{OH^-}>10^{-7}$ mol/L，$c_{H^+}<10^{-7}$ mol/L，但 c_{H^+} 不会等于零，溶液呈碱性。由此可见，溶液的酸碱性跟 H^+ 和 OH^- 浓度的关系可表示为：

中性溶液 $c_{H^+}=c_{OH^-}$　　$c_{H^+}=10^{-7}$ mol/L

酸性溶液 $c_{H^+}>c_{OH^-}$　　$c_{H^+}>10^{-7}$ mol/L

碱性溶液 $c_{H^+}<c_{OH^-}$　　$c_{H^+}<10^{-7}$ mol/L

H^+ 浓度越大，溶液的酸性越强；H^+ 浓度越小，溶液的酸性越弱。

溶液的酸碱性可用 H^+ 或 OH^- 浓度来表示，习惯上常用 c_{H^+} 表示。但当溶液里 c_{H^+} 很小时，用 c_{H^+} 表示溶液的酸碱性很不方便，1909 年索伦森（SÖrensen SPL）提出用 pH 来表示溶液的酸碱性。所谓 pH，就是溶液中氢离子浓度的负对数。

$$pH=-\lg c'_{H^+}$$

溶液的酸碱性与 pH 的关系为：

酸性溶液　　pH<7

中性溶液　　pH=7

碱性溶液　　pH>7

溶液的 pH 越小，酸性越强；溶液的 pH 越大，碱性越强。

pH 在生命科学中是极为重要的量值之一，例如各种植物只有在适宜的 pH 条件下才能得到较好的生长，维持人和动物生存的酶对 pH 的依赖程度也很大。表 4-5 所示为一些重要溶液的 pH。

表 4-5　　一些重要溶液的 pH

溶液	pH	溶液	pH
标准饮用水	6.5～8.5	柠檬汁	2.2～2.4
人的血液	7.35～7.45	橙汁	3.0～4.0
人的唾液	6.5～7.5	葡萄酒	2.8～3.8
人尿	4.8～8.4	啤酒	4.0～5.0
胃液	1.0～1.5	咖啡	5.0
胆液	7.8～8.6	食醋	3.0
牛奶	6.3～6.6	西红柿汁	4.0～4.4
鸡蛋清	7.6～8.0	苹果	2.9～3.3
乳酪	4.8～6.4	白菜	5.2～5.4
海水	7.0～7.5	马铃薯	5.6～6.0

c_{OH^-} 和 $K_w^{\ominus}$ 等数值都可用负对数表示：

$$pOH = -\lg c'_{OH^-} \qquad pK_w^{\ominus} = -\lg K_w^{\ominus}$$

常温时，水溶液中：

$$c'_{H^+} \cdot c'_{OH^-} = K_w^{\ominus}$$

在等式两边分别取负对数：

$$-\lg(c'_{H^+} \cdot c'_{OH^-}) = -\lg K_w^{\ominus}$$

$$-\lg c'_{H^+} - \lg c'_{OH^-} = -\lg K_w^{\ominus}$$

$$pH + pOH = pK_w^{\ominus}$$

因为 $K_w^{\ominus} = 10^{-14}$，所以 pH＋pOH＝14

一般而言，pH 的应用范围是 0～14，即溶液中 $c_{H^+} \leqslant 1mol/L$ 或 $c_{OH^-} \leqslant 1mol/L$ 的情况。当溶液中 c_{H^+} 或 c_{OH^-} 大于 1mol/L 时，用 pH 表示溶液的酸碱性并不简便，例如，$c_{H^+} = 2mol/L$ 的溶液，其 pH 为－0.3，$c_{H^+} = 6mol/L$ 的溶液，其 pH 为－0.78。因此当溶液的 c_{H^+} 或 c_{OH^-} 大于 1mol/L 时，采用物质的量浓度来表示溶液的酸碱性更为方便。

测定溶液 pH 的方法很多，常用的是酸碱指示剂和 pH 试纸。若需要确定准确的 pH 时，可使用酸度计（又称 pH 计）。详细内容将在相关部分讲述。

二、酸碱质子理论

（一）酸碱质子理论

在中学的学习中，我们熟悉了常见的酸碱。例如，硫酸是酸，氢氧化钠是碱。因为硫酸在水溶液中可以离解，给出的阳离子全部是酸；氢氧化钠在水中可以离解，给出的阴离子全部是氢氧根。这是阿累尼乌斯所给出的酸碱的概念。这一理论从定量的角度描写酸碱的性质和它们在化学反应中的作用，解释了酸碱的强弱。对水溶液来说，可以得到满意的结果，所以直到现在仍被普遍应用。

阿累尼乌斯酸碱理论也遇到一些难题，如不能说明 Ac^- 也是碱，因它在水溶液中并不电离出氢氧根离子；不能说明氨气与氯化氢的反应是酸碱反应，两种物质都未电离。解决这些难题的是丹麦的布朗斯特和英国的劳瑞，他们于 1923 年同时提出了酸碱质子理论，扩大了酸碱的范围，将酸碱概念从“水体系”推广到了“质子体系”。

1. 酸碱的概念

质子理论认为：凡能给出质子（H^+）的物质都是酸；凡能接受质子的物质都是碱。例如 HCl、NH_4^+、HSO_4^-、$H_2PO_4^-$ 都是酸，因为它们能给出质子；Cl^-、NH_3、HSO_4^-、SO_4^{2-}、NaOH 等都是碱，因为它们能接受质子。质子理论中，酸和碱不仅可以是分子，还可以是正、负离子。

根据酸碱质子理论，酸和碱不是孤立的，酸给出质子后生成碱，碱接受质子后就变成酸。

$$\underset{\text{酸}}{HCl} \xrightarrow{\text{给出 } H^+} \underset{\text{碱}}{Cl^-} + H^+$$

$$\underset{\text{碱}}{Ac^-} \xrightarrow{\text{接受 } H^+} \underset{\text{酸}}{HAc}$$

有酸一定有碱，有碱一定有酸，酸和碱是同时存在的，我们把这样一对同时存在的酸和碱称为共轭酸碱对。如 HCl 的电离，右边的碱是左边酸的共轭碱；左边酸又是右边的碱的共轭酸。

在酸碱质子理论中，把既能给出质子又能接受质子的物质称为两性物质。如，H_2O、NH_3（非水溶性）、$H_2PO_4^-$。两性物质是酸还是碱，决定于具体的反应。如，水给出质子时是酸；水接受质子生成 H_3O^+ 时是碱。

$$H_2O \longrightarrow H^+ + OH^-$$

$$H_2O + H^+ \longrightarrow H_3O^+$$

由酸碱质子理论可以看出：①酸和碱可以是分子，也可以是阳离子或阴离子；②有的离子在某个共轭酸碱对中是碱，但在另一个共轭酸碱对中却是酸，如 H_2O 等；③质子理论中没有盐的概念，酸碱电离理论中的盐，在质子理论中都是质子酸或质子碱；④一种物质是酸还是碱，是由它在酸碱反应中的作用而定。由此可见，酸和碱的概念具有相对性。

2. 酸碱反应

质子理论认为：酸碱反应实质是两个共轭酸碱对相互传递质子的反应。其表达式为：

$$\text{酸1} + \text{碱2} \rightleftharpoons \text{碱1} + \text{酸2}$$

$$\text{酸1} \rightleftharpoons H^+ + \text{碱1}$$

$$\text{酸2} \rightleftharpoons H^+ + \text{碱2}$$

两个共轭酸碱对传递质子发生化学反应，其中酸 1 把 H^+ 传递给碱 2，酸 1 变成了碱 1；碱 2 接受酸 1 传递的 H^+，碱 2 变成了酸 2。

如：

$$\underset{\text{酸1}}{HCl} + \underset{\text{碱2}}{NH_3} \rightleftharpoons \underset{\text{酸2}}{NH_4^+} + \underset{\text{碱1}}{Cl^-}$$

HCl 和 NH_3 的反应，HCl 是酸，放出质子给 NH_3，然后变为它的共轭碱 Cl^-；NH_3 是碱，接受质子后转变成它的共轭酸 $NH_4{}^+$。酸碱反应的方向总是从强酸强碱向弱酸弱碱方向进行。即强碱夺取强酸放出的质子，转化成较弱的共轭酸和共轭碱。

酸碱质子理论扩大了酸和碱的范围。电离作用、中和作用、水解作用、同离子效应在酸碱电离理论中分别是不同的反应类型，而在酸碱质子理论中全部包括在酸碱反应的范围内，它们都是质子传递的酸碱中和作用。

如 HAc 的电离作用：

$$\underset{酸1}{HAc}+\underset{碱2}{H_2O}\rightleftharpoons\underset{酸2}{H_3O^+}+\underset{碱1}{Ac^-}$$

HAc 和 NH_3 的中和作用：

$$\underset{酸1}{HAc}+\underset{碱2}{NH_3}\rightleftharpoons\underset{酸2}{NH_4^+}+\underset{碱1}{Ac^-}$$

NaAc 的水解作用：

$$\underset{酸1}{H_2O}+\underset{碱2}{Ac^-}\rightleftharpoons\underset{酸2}{HAc}+\underset{碱1}{OH^-}$$

HAc 中加 NaAc（同离子效应）：

$$\underset{酸1}{H_3O^+}+\underset{碱2}{Ac^-}\rightleftharpoons\underset{酸2}{HAc}+\underset{碱1}{H_2O}$$

由此可知：在水溶液中进行的各类离子反应全部都是质子传递的酸碱反应。

3. 溶液的酸碱性（酸碱的强度）

质子理论认为：酸的强度决定于它给出质子的能力和溶剂分子接受质子的能力；碱的强度决定于它夺取质子的能力和溶剂分子给出质子的能力。即是说：酸碱的强度与酸碱的性质和溶剂的性质有关。

对于 $$HA+B^-\rightleftharpoons HB+A^-$$

由化学平衡知识可知：在一定温度下，$K^{\ominus}$ 值一定。$K^{\ominus}$ 值越大，表示质子从 HA 中转移给 B 的能力越强。

如比较 $HClO_4$、H_2SO_4、HCl 和 HNO_3 的强弱，若在 H_2O 中进行，由于 H_2O 接受质子的能力所致，四者均完全电离，故比较不出强弱。若放到 HAc 中，由于 HAc 接受质子的能力比 H_2O 弱得多，所以尽管四者给出质子的能力没有变，但是在 HAc 中却是部分电离。于是根据 K_a 的大小，可以比较其酸性的强弱。

$$HClO_4+HAc\rightleftharpoons ClO_4^-+H_2Ac^+\quad pK_a=5.8$$

$$H_2SO_4+HAc\rightleftharpoons HSO_4^-+H_2Ac^+\quad pK_a=8.2$$

$$HCl+HAc\rightleftharpoons Cl^-+H_2Ac^+\quad pK_a=8.8$$

$$HNO_3+HAc\rightleftharpoons NO_3^-+H_2Ac^+\quad pK_a=9.4$$

所以四者从强到弱依次是 $HClO_4$、H_2SO_4、HCl、HNO_3。

如比较 HCl、HAc 和 H_2S 的强弱，在水溶液中，酸碱的强度决定于酸将质子给予水分子或碱从水分子中夺取质子的能力，通常用酸碱在水中的离解常数的大小来衡量。酸碱的离解常数越大酸碱性越强。

如：

$$HCl+H_2O = H_3O^+ + Cl^- \quad K_a = 10^3$$

$$HAc+H_2O \rightleftharpoons H_3O^+ + Ac^- \quad K_a = 1.8\times10^{-5}$$

$$H_2S+H_2O \rightleftharpoons H_3O^+ + HS^- \quad K_a = 5.7\times10^{-8}$$

三种酸的强弱顺序是：$HCl > HAc > H_2S$。

酸和碱在水中离解时，同时产生与其相应的共轭碱或共轭酸。某种酸本身的酸性越强（即电离平衡常数 K_a 值越大），其共轭碱的碱性越弱（即电离平衡常数 K_b 值越小）。同理，某种碱本身的碱性越强（即 K_b 值越大），其共轭酸的酸性越弱（即 K_a 值越小）。

三种共轭碱的强弱顺序：$Cl^- < Ac^- < HS^-$。

酸与碱是共轭的，其离解常数 K_a 与 K_b 之间必然有一定的关系：$K_a \cdot K_b = K_w$。知道了某酸的 K_a 值，就可求得 K_b 值。电离平衡常数表示酸碱传递质子能力的强弱。酸越强，它的共轭碱越弱；酸越弱，它的共轭碱越强。在同一溶液中，酸碱的相对强弱决定于各酸碱的本性；但同一酸碱在不同溶液中的相对强弱则由溶剂的性质决定。

（二）酸碱电子理论简介

1923 年美国 G. N. 路易斯指出，没有任何理由认为酸必须限定在含氢的化合物上，他的这种认识来源于氧化反应不一定非有氧参加。路易斯是共价键理论的创建者，所以他更倾向于用结构的观点为酸碱下定义：“碱是具有孤对电子的物质，这对电子可以用来使别的原子形成稳定的电子层结构。酸则是能接受电子对的物质，它利用碱所具有的孤对电子使其本身的原子达到稳定的电子层结构。”这一理论很好地解释了一些不能释放出质子的物质也是酸；一些没有接受质子的物质也是碱。这一理论的要点是：凡能提供电子对的物质称为碱，能从碱接受电子对的物质称为酸。

$$\text{酸}+\text{碱}: = A:B$$

例如，CaO 与 SO_3 的反应可解释如下：

CaO 具有孤对电子，这对电子可以用来使 SO_3 中的硫原子达到稳定的 8 电子层结构，所以 CaO 是碱。SO_3 的硫原子能够接受 CaO 中氧原子的孤对电子而达到稳定的 8 电子层结构，所以 SO_3 是一种酸。

路易斯酸碱理论解释了许多有机反应也是酸碱反应，例如 CH_3^+、$C_2H_5^+$、CH_3CO^+ 都是酸，分别与碱 H^+、OH^-、$C_2H_5O^-$ 结合成加合物 CH_4、C_2H_5OH、$CH_3COOC_2H_5$。

但是，路易斯酸碱理论也有一些缺点。比如，某些氧化还原反应（如 $NaH+HCl = NaCl+H_2$）也可以被称为是酸碱中和反应。

酸碱理论还有很多，如“氧负离子理论”和“硬软酸碱理论”等。

三、盐类水解

某些盐溶于水后会表现出相应的酸碱性。例如，碳酸钠的碱性是人们熟知的知识。用 pH 试纸测定 0.1mol/L NH_4Cl、NaAc 和 NaCl 水溶液的 pH，结果表明：NH_4Cl 水溶液显酸性；NaAc 水溶液显碱性；NaCl 水溶液显中性。为什么有些盐的溶液会呈现酸性或碱性呢？造成盐类水溶液具有酸碱性的原因是盐类的阴离子或阳离子和水离解出来的 H^+ 或 OH^- 结合生成了弱酸或弱碱，破坏了水的离解平衡并使之发生移动，导致溶液中 H^+ 或 OH^- 浓度不相等，而表现出酸碱性。这就是盐类的水解。

（一）盐类水解的类型

由于生成盐的酸和碱的强弱不同，盐类水解的情况也不同。下面分别讨论几种不同类型盐的水解。

1. 弱酸强碱盐的水解

以 NaAc 为例说明这类盐的水解。NaAc 可以看成是醋酸和氢氧化钠中和生成的盐，是强电解质，在水溶液中全部离解成 Na^+ 和 Ac^-；水是弱电解质，只能离解出极少量的 H^+ 和 OH^-。溶液中的 Na^+ 不与 OH^- 结合，而 H^+ 和 Ac^- 能结合生成弱电解质 HAc 分子。由于 H^+ 浓度的减少，破坏了水的离解平衡，使水的离解平衡向右移动：

$$NaAc = Na^+ + Ac^-$$
$$+$$
$$H_2O \rightleftharpoons OH^- + H^+$$
$$\Updownarrow$$
$$HAc$$

由于醋酸这种弱电解质的生成，消耗了 H^+，促使水的理解平衡向右移动，OH^- 随之增大直到溶液中 HAc 和 H_2O 同时建立起新的离解平衡时。此时，溶液中 $c_{OH^-} > c_{H^+}$，即 pH>7，因此溶液呈碱性。总的水解方程式如下：

$$Ac^- + H_2O \rightleftharpoons HAc + OH^-$$

由上式可以看出：醋酸钠的水解其实是醋酸根的水解，当达到平衡状态时，其水解程度也可以用平衡常数来表示，这就是水解常数，用 $K_h^\ominus$ 表示。

$$K_h^\ominus = \frac{c'_{HAc} \cdot c'_{OH^-}}{c'_{Ac}}$$

醋酸的水解可以看出是由两个反应组成的：

$$H_2O \rightleftharpoons OH^- + H^+ \quad (1)$$

$$K_1^\ominus = c'_{H^+} \cdot c'_{OH^-} = K_w^\ominus$$

$$Ac^- + H^+ \rightleftharpoons HAc \quad (2)$$

$$K_2 = c'_{Ac^-} \cdot c'_{H^+} = \frac{1}{K_a^{\ominus}}$$

(1)+(2) 得到总的水解方程式：$Ac^- + H_2O \rightleftharpoons HAc + OH^-$ 所以，其水解常数为 $K_h^{\ominus} = \frac{c'_{HAc} \cdot c'_{OH^-}}{c'_{Ac^-}} = \frac{c'_{HAc} \cdot K_w^{\ominus}}{c'_{Ac^-} \cdot c'_{H^+}} = \frac{K_w^{\ominus}}{K_a^{\ominus}}$

上式说明：组成盐的酸越弱（$K_a^{\ominus}$ 越小），它与强碱生成的盐的水解程度也越大。盐的水解程度也可以用水解度 h 来表示：

$$h = \frac{\text{已水解盐的浓度}}{\text{盐的起始浓度}} \times 100\%$$

水解度 h、水解常数 $K_h^{\ominus}$ 和盐浓度 c 之间有一定关系，仍以 NaAc 为例：

$$Ac^- + H_2O \rightleftharpoons HAc + OH^-$$

起始浓度	c	0	0
平衡浓度	$c(1-h)$	ch	ch

$$K_h^{\ominus} = \frac{c'_{HAc} \cdot c'_{OH^-}}{c'_{Ac^-}} = \frac{c'h \cdot c'h}{c'(1-h)}$$

若 $K_h^{\ominus}$ 较小，$1-h \approx 1$，则

$$K_h^{\ominus} = c \cdot h^2$$

$$h = \sqrt{K_k^{\ominus}/c'} = \sqrt{K_w^{\ominus}/(K_a^{\ominus} \cdot c')}$$

由此可知，水解度除了与组成盐的酸的强弱（$K_a^{\ominus}$）有关外，还与盐的浓度有关。同一种盐，浓度越小，其水解程度越大。

2. 强酸弱碱盐水解

以硝酸铵水解为例，可以看成是硝酸和氨水中和生成的盐。

$$NH_4NO_3 = NH_4^+ + NO_3^-$$
$$+$$
$$H_2O \rightleftharpoons OH^- + H^+$$
$$\Updownarrow$$
$$NH_3 \cdot H_2O$$

硝酸铵是强电解质，在水中全部离解成 NH_4^+ 和 NO_3^-。水能离解出少量的 H^+ 和 OH^-。NH_4^+ 和 OH^- 结合生成弱电解质氨水，使水的离解平衡向右移动。直到溶液中水和氨水同时建立起新的离解平衡时，溶液中 $c'_{H^+} > c'_{OH^-}$，即 pH<7，溶液呈酸性。

NH_4^+ 的水解方程式为：

$$NH_4^+ + H_2O \rightleftharpoons NH_3 \cdot H_2O + H^+$$

由此可知，强酸弱碱生成的盐的水解实质上是其阳离子发生水解。

同理，与弱酸强碱盐同样处理，也可推导出强酸弱碱盐的水解常数及水解度：

$$K_h^\ominus = K_w^\ominus / K_b^\ominus$$

$$h = \sqrt{K_w^\ominus / (K_b^\ominus \cdot c')}$$

由上式可以看出，组成强酸弱碱盐的碱越弱，即 $K_b^\ominus$ 越小，该盐的水解常数 $K_h^\ominus$、水解度 h 越大，水解程度就越大。同一种盐，浓度越小，水解度越大。

3. 弱酸弱碱盐水解

以醋酸铵为例。醋酸铵可以看成是醋酸和氨水中和生成的盐。

$$\begin{array}{l} NH_4Ac \longrightarrow NH_4^+ + Ac^- \\ \qquad\qquad\quad + \qquad + \\ \quad H_2O \rightleftharpoons OH^- + H^+ \\ \qquad\qquad\quad \rightleftharpoons \qquad \rightleftharpoons \\ \qquad\quad NH_3 \cdot H_2O \quad HAc \end{array}$$

NH_4Ac 完全离解产生的 NH_4^+ 和 Ac^-，分别与水离解出来的 OH^- 和 H^+ 结合成弱电解质 $NH_3 \cdot H_2O$ 和 HAc 分子，由于 OH^- 和 H^+ 都在减小，使水的离解平衡更加向右移动，可见弱酸弱碱形成的盐更容易水解。

NH_4Ac 的水解方程式为：

$$NH_4^+ + Ac^- + H_2O \rightleftharpoons NH_3 \cdot H_2O + HAc$$

与上面同样处理，可以得到弱酸弱碱盐的水解常数：

$$K_h^\ominus = K_w^\ominus / (K_a^\ominus K_b^\ominus)$$

弱酸弱碱盐水解后溶液究竟显示酸性、碱性还是中性，决定于生成弱酸、弱碱的相对强弱。如果弱酸与弱碱的离解常数 $K_a^\ominus$ 与 $K_b^\ominus$ 近似相等，则溶液显中性，如 NH_4Ac；如果 $K_a^\ominus > K_b^\ominus$，溶液呈酸性，如 $HCOONH_4$；如果 $K_a^\ominus < K_b^\ominus$，溶液呈碱性，如 NH_4CN。

4. 强酸强碱盐的水解

如氯化钠，可以看成是盐酸和氢氧化钠中和生成的盐。氯化钠离解生成的阳离子（Na^+）和阴离子（Cl^-）不能与水离解出的 OH^- 和 H^+ 结合成弱电解质，水的离解平衡未被破坏，故溶液呈中性，即强酸强碱所成的盐在溶液中不发生水解。这类盐包括大部分碱金属和部分碱土金属与盐酸、硝酸、硫酸、高氯酸等生成的盐，它们的水溶液基本上都显中性。

5. 多元弱酸盐和多元弱碱盐的水解

同多元弱酸和多元弱碱的分步离解一样，多元弱酸盐和多元弱碱盐也是分步水解的。例如二元弱酸盐 Na_2CO_3 的水解：

第一步水解 $\quad CO_3^{2-} + H_2O \rightleftharpoons HCO_3^- + OH^-$

$$K_{h1}^\ominus = K_w^\ominus / K_{a2}^\ominus$$

第二步水解 $\quad HCO_3^- + H_2O \rightleftharpoons H_2CO_3 + OH^-$

$$K_{h2}^\ominus = K_w^\ominus / K_{a1}^\ominus$$

$K_{a1}^{\ominus}$和$K_{a2}^{\ominus}$分别为二元弱酸 H_2CO_3 的分步离解常数。由于 $K_{a2}^{\ominus} \ll K_{a1}^{\ominus}$，所以 $K_{h1}^{\ominus} \gg K_{h2}^{\ominus}$。可见，多元弱酸盐的水解也是以第一步水解为主，在计算溶液酸碱性时，可按一元弱酸盐处理。

（二）盐类水解计算

例题 5：计算 0.10mol/L NH_4Cl 溶液的 pH。

解：NH_4Cl 为强酸弱碱盐，水解方程式：

$$NH_4^+ + H_2O \rightleftharpoons NH_3 \cdot H_2O + H^+$$

	NH_4^+	$NH_3 \cdot H_2O$	H^+
起始浓度 c_0/(mol/L)	0.10	0	0
平衡浓度 c/(mol/L)	$0.10-x$	x	x

$$K_h^{\ominus} = K_w^{\ominus}/K_{bNH_3}^{\ominus} = 1.0\times10^{-14}/1.8\times10^{-5} = 5.6\times10^{-10}$$

$$K_h^{\ominus} = \frac{c'_{NH_3 \cdot H_2O} \cdot c'_{H^+}}{c'_{NH_4^+}} = \frac{x^2}{0.10-x}$$

由于 $K_h^{\ominus}$ 很小，可作近似计算 $0.10-x \approx 0.10$

$$x = \sqrt{K_h^{\ominus} \times 0.10}$$

$$= 7.5\times10^{-6}$$

$$c'_{H^+} = 7.5\times10^{-6}\,\text{mol/L}$$

$$\text{pH} = -\lg c'_{H^+} = -\lg(7.5\times10^{-6}) = 5.12$$

求强碱弱酸盐水解的 pH 与上面例题类似。

这两种类型的计算，可按下列近似公式进行计算：

一元弱酸强碱盐 $c'_{OH^-} = \sqrt{K_h^{\ominus} c'_{盐}} = \sqrt{K_w^{\ominus}/K_a^{\ominus} \cdot c'_{盐}}$

一元弱碱强酸盐 $c'_{H^+} = \sqrt{K_h^{\ominus} \cdot c'_{盐}} = \sqrt{K_w^{\ominus}/K_b^{\ominus} c'_{盐}}$

弱酸弱碱盐水解 pH 的求算比较复杂，在此不做讨论，感兴趣的读者可自行推导其计算公式。

（三）影响盐类水解的因素

通过前面的学习，我们知道，盐类水解是中和反应的逆反应。它的实质是盐的弱酸根离子和氢离子结合生成了难离解的弱酸，或盐的阳离子和氢氧根离子结合生成了难离解的弱碱，因而使溶液显示酸性或碱性。

$$酸 + 碱 \underset{盐水解}{\overset{中和反应}{\rightleftharpoons}} 盐 + 水$$

影响盐类水解平衡的因素首先决定于内因，这就是盐本身的性质，其次，外因对盐类水解有重要的影响，这些包括盐的浓度、温度和溶液的酸碱度等。

1. 盐的本性

盐的本性指的是盐的离子与水离解的 H^+ 和 OH^- 结合时所生成的弱酸或弱碱的离解常数越小，水解程度越大。若生成产物为沉淀，则其溶解度越小，水解程度也越大。

2. 盐溶液的浓度

从水解度的通式 $h = \sqrt{K_w^{\ominus}/(K^{\ominus} c'_{盐})}$ 可以看出，对于同一种盐，温度一定时

水的离子积 $K_w^\ominus$ 和离解常数 $K^\ominus$ 均是常数，所以盐的浓度越小，水解度也越大。换句话说，将溶液进行稀释，会促进盐的水解。

3. 温度

因为盐的水解是酸碱中和反应的逆反应，酸碱中和是放热反应，而盐的水解则是吸热反应。根据平衡移动原理，升高温度平衡向吸热方向，即向水解度增大的方向移动，所以升高温度会促进盐的水解。

4. 酸碱度

盐类水解既然会使溶液的酸碱性改变，那么根据平衡移动的原理，调节溶液的酸碱度能促进或抑制盐的水解。

（四）盐类水解的应用

1. 应用于化合物的制备

许多金属的盐类如 $SnCl_2$、$SbCl_3$、$Bi(NO_3)_3$、$TiCl_4$ 等，水解后会产生大量的沉淀，在生产上常采用升高温度使水解完全来制备有关的化合物。例如，TiO_2 的制备反应如下：

$$\underset{\text{无色液体}}{TiCl_4} + H_2O(\text{过量}) \rightleftharpoons \underset{\text{黄绿色}}{TiOCl_2} + 2HCl$$

$$TiOCl_2 + (x+1)H_2O(\text{过量}) \rightleftharpoons TiO_2 \cdot xH_2O + 2HCl$$

操作时加入大量的水（增加反应物），同时进行蒸发（减少生成物），促使水解平衡完全向右移动，得到水合二氧化钛，再经焙烧即得无水 TiO_2。

2. 应用于锅炉除垢

锅炉污垢是一种极为普遍的现象，它广泛存在于各种传热过程中。根据调查表明，90%以上的换热器都存在不同程度的污垢问题，结垢造成的浪费和损失很严重。特别是在 NaCl、KCl、NaOH 等盐、碱溶液的蒸发器和制糖、食品、造纸、海水淡化、废水处理等蒸发设备，以及石油、化工精馏塔中的再沸器，由于料液中被溶解的固体物质的析出，结垢更为严重。所以防垢技术的研究是涉及国民经济众多产业和部门的一个急需解决的问题。目前，工业上所用的防垢方法可分为化学法和物理法。

锅炉水垢的主要成分为 $CaCO_3$、$CaSO_4$、$Mg(OH)_2$，在处理水垢时，通常先加入饱和 Na_2CO_3 溶液浸泡，然后再向处理后的水垢中加入 NH_4Cl 溶液。加入碳酸钠的目的是使难以除去的强酸强碱盐硫酸钙转化成碳酸钙沉淀；加入氯化铵的目的是利用氯化铵水解显酸性除去碳酸钙、氢氧化镁等沉淀，同时，中和碳酸钠。

3. 应用于某些试剂的配制

实验室配制 $SnCl_2$ 或 $SbCl_3$ 溶液时，实际上是用一定浓度的 HCl 来配制的，否则，因水解析出难溶的水解产物后，即使再加酸，也很难得到清澈的溶液。

$$SnCl_2 + H_2O \rightleftharpoons Sn(OH)Cl\downarrow + HCl$$

$$SbCl_3 + H_2O \rightleftharpoons SbOCl\downarrow + 2HCl$$

又如 Fe^{3+}、Al^{3+}、Bi^{3+}、Zn^{2+}、Cu^{2+} 等易水解的盐类，在制备过程中，也需加入一定浓度的相应酸，保持溶液有足够的酸度，以免水解产物混入，而使产品不纯。

四、同离子效应和缓冲溶液

弱电解质的离解平衡同其他化学平衡一样，都是暂时的，有条件的。如果改变了平衡条件，原有的平衡就被破坏而发生移动，直到在新的条件下建立新的平衡为止。在弱酸或弱碱的电解质溶液中，加入与其具有共同离子的强电解质使电离平衡向左移，从而降低了弱电解质的电离度，这种影响称为同离子效应。

（一）同离子效应

在弱电解质溶液达到离解平衡时，溶液中的分子和离子都保持着一定的浓度。如果向溶液中加入一种和该弱电解质具有相同离子的强电解质，则弱电解质的电离度就会降低。例如，在一定温度时，弱酸 HAc 在溶液中存在以下离解平衡：

$$HAc \rightleftharpoons H^+ + Ac^-$$

$$NaAc \rightleftharpoons Na^+ + Ac^-$$

若在此平衡溶液中加入少量 NaAc，由于 NaAc 是强电解质，在溶液中完全离解，于是溶液中 Ac^- 浓度增加，使 HAc 的离解平衡向左移动，结果 H^+ 减小，HAc 的离解度降低。同理，在弱碱氨水溶液中加入少量固体氯化铵，即增加 NH_4^+ 的浓度，离解平衡向生成氨水分子的方向移动，从而使氨水的离解度也降低。

$$NH_3 + H_2O \rightleftharpoons OH^- + NH_4^+$$

$$NH_4Cl \longrightarrow Cl^- + NH_4^+$$

（二）缓冲溶液

1. 缓冲作用和缓冲溶液

我们知道，在纯水中加入少量酸或碱，水的性质将随之而变成酸性或碱性。但在某些混合溶液中加入少量酸或碱出现的结果却是不同的（表 4-6）。

表 4-6　在混合溶液中加入酸和碱的结果

序号	溶液	加入 1.0mL 1.0 mol/L 的 HCl 溶液	加入 1.0mL 1.0 mol/L 的 NaOH 溶液
1	1.0L 纯水	pH 从 7.0 变为 3.0，改变 4 个单位	pH 从 7.0 变为 11，改变 4 个单位
2	1.0L 溶液中含有 0.10mol HAc 和 0.10mol NaAc	pH 从 4.76 变为 4.75，改变 0.01 个单位	pH 从 4.76 变为 4.77，改变 0.01 个单位
3	1.0L 溶液中含有 0.10mol $NH_3 \cdot H_2O$ 和 0.10mol NH_4Cl	pH 从 9.26 变为 9.25，改变 0.01 个单位	pH 从 9.26 变为 9.27，改变 0.01 个单位

结果表明，与在纯水中加入少量的酸或碱不同的是，在 HAc 和 NaAc 或者 $NH_3 \cdot H_2O$ 和 NH_4Cl 组成的混合液中加入少量的纯水、酸或碱时，其溶液的 pH 几乎不变，这说明 HAc 和 NaAc 或者 $NH_3 \cdot H_2O$ 和 NH_4Cl 组成的混合液具有抵抗外加少量酸和碱的能力。

像这样能抵抗少量强酸、强碱和水的稀释而保持体系的 pH 基本不变的溶液称为缓冲溶液。

2. 缓冲溶液的组成

溶液要具有缓冲作用，其组成中必须具有抗酸成分和抗碱成分，且两种成分之间必须存在化学平衡，通常把这两种成分称为缓冲对或缓冲系。实验得知：凡是弱酸及其弱酸盐、弱碱及其弱碱盐，以及多元酸的酸式盐和其对应的次级盐，都可作为缓冲对。根据缓冲对组成的不同，一般有以下几类：

(1) 弱酸及其弱酸盐　如碳酸与碳酸氢钠、醋酸与醋酸钠。

(2) 弱碱及其弱碱盐　如氨水与氯化铵。

(3) 多元酸的酸式盐及其对应的次级盐　如碳酸氢钠与碳酸钠、磷酸二氢钠与磷酸氢二钠。

3. 缓冲作用的原理

为什么缓冲溶液具有缓冲作用，可以抵抗外来的少量酸和碱及少量水的稀释呢？这是因为溶液中含有抗酸成分和抗碱成分，能保持溶液的 pH 几乎不变。现在以 HAc-NaAc 缓冲对为例来说明缓冲作用的原理。在 HAc-NaAc 的混合溶液中存在着以下离解过程：

$$HAc \rightleftharpoons H^+ + Ac^-$$

$$NaAc = Na^+ + Ac^-$$

由于 NaAc 是强电解质，在溶液中全部离解，所以溶液中存在着大量的 Ac^-。HAc 是弱酸，只有少部分离解，由于同离子效应，大量的 Ac^- 会抑制 HAc 的离解，使 HAc 的离解度变小，其结果是溶液中存在着大量的 Ac^- 和 HAc 分子。这种在溶液中同时存在大量弱酸分子及该弱酸根离子（或者大量的弱碱分子及该弱碱的阳离子），是弱酸及其弱酸盐（或弱碱及其弱碱盐）组成的缓冲溶液的特点。

当向此溶液中加入少量酸时，Ac^- 与 H^+ 结合生成难离解的 HAc 分子，消耗掉外来的 H^+，使溶液中的 H^+ 浓度几乎没有增大，故溶液的 pH 几乎不变。在这里 Ac^-（即 NaAc）成为缓冲溶液的抗酸成分。

当向此溶液中加入少量碱时，由于溶液中的 H^+ 与 OH^- 结合生成难离解的 H_2O，使 HAc 的电离平衡向右移动，继续解离出的 H^+ 仍可与 OH^- 结合，消耗掉外来的 OH^-，使溶液中的 OH^- 浓度没有明显升高，溶液的 pH 几乎不变，因而 HAc 分子是缓冲溶液的抗碱成分。

当用水稀释混合溶液时，其他离子浓度也相对降低，减少了离子间相互碰撞而结合成分子的机会，促使HAc的电离平衡向右移动，于是大量的HAc分子不断离解出 H^+ 给以补充，使溶液中 H^+ 浓度没有明显变化。因此 HAc 不但是缓冲溶液的抗碱成分，也是抗稀释成分。

由此可见，缓冲溶液同时具有抵抗外来少量酸或碱的作用，其抗酸、抗碱作用是由缓冲对的不同部分来担负的。

其他两种类型缓冲溶液的作用原理，与上述作用原理基本相同。但必须指出：缓冲溶液的缓冲作用或者能力是有一定限度的。只有外加酸、碱的量比较小时，溶液才有缓冲作用。否则，当外加酸、碱的量过多时，溶液中的抗酸成分或抗碱成分被消耗尽时，缓冲溶液受到破坏并失去缓冲能力，溶液的 pH 必然变化很大。

弱碱和弱碱的盐、多元弱酸及其次级盐组成的缓冲对，其缓冲作用与上述情况是类似的。

4. 缓冲溶液 pH 的计算

缓冲溶液 pH 的计算公式推导如下：

设缓冲溶液由一元弱酸 HA 和相应的盐 MA 组成，一元弱酸的浓度为 $c_{酸}$，盐的浓度为 $c_{盐}$，由 HA 离解的 $c_{H^+}=x$ mol/L，在溶液中存在着下列离解平衡：

$$MA \xlongequal{} M^+ + A^-$$

$$c_0 \quad c'_{盐} \quad c'_{盐}$$

$$HA \rightleftharpoons H^+ + A^-$$

平衡时 $c/(mol/L)$　　$c'_{酸}-x \quad x \quad c'_{盐}+x$

$$K_a^\ominus=\frac{c'_{H^+}\cdot c'_{A^-}}{c'_{HA}}=\frac{x(c'_{盐}+x)}{c'_{酸}-x}$$

$$x=K_a^\ominus\frac{c'_{酸}-x}{c'_{盐}+x}$$

由于 $K_a^\ominus$ 值很小，且存在同离子效应，此时 x 也很小，因而 $c'_{酸}-x\approx c'_{酸}$，$c'_{盐}+x\approx c'_{盐}$，代入上式得：

$$c'_{H^+}=x=K_a^\ominus c'_{酸}/c'_{盐}=K_a^\ominus c_{酸}/c_{盐}$$

$$pH=-\lg c'_{H^+}=-\lg K_a^\ominus-\lg(c_{酸}/c_{盐})$$

$$=pK_a^\ominus-\lg(c_{酸}/c_{盐})$$

这就是计算一元弱酸及其盐组成的缓冲溶液 H^+ 及 pH 的通式。式中 $c_{酸}$ 为弱酸的原始浓度；$c_{盐}$ 为盐的浓度。

同理，也可以推导出一元弱碱及其盐组成的缓冲溶液 pH 的通式：

$$c'_{OH^-}=K_b^\ominus c'_{碱}/c'_{盐}=K_b^\ominus c_{碱}/c_{盐}$$

$$pOH=-\lg c'_{OH^-}=-\lg K_b^\ominus-\lg(c_{碱}/c_{盐})$$

$$=pK_b^\ominus-\lg(c_{碱}/c_{盐})$$

$$pH=14-pK_b^\ominus+\lg(c_{碱}/c_{盐})$$

式中 $c_{碱}$——碱的原始浓度

$c_{盐}$——盐的浓度

公式表明：

(1) 缓冲溶液的 pH 主要取决于弱酸或弱碱的离解常数 $K_a^{\ominus}$ 或 $K_b^{\ominus}$，其次和组分浓度比值有关。在配制缓冲溶液时，为了使缓冲溶液具有较大的缓冲能力，必须依据对缓冲溶液 pH 的要求来选择合适缓冲对，使 $pK_a^{\ominus}$（或 $pK_b^{\ominus}$）尽量接近欲配制缓冲溶液的 pH（或 pOH）。

(2) 缓冲溶液的缓冲能力主要与弱酸（或弱碱）及其盐的浓度有关。弱酸（或弱碱）及其盐的浓度越大，外加酸、碱后，$c_{酸}/c_{盐}$（或 $c_{碱}/c_{盐}$）改变越小，pH 变化越小。此外，缓冲能力还与 $c_{酸}/c_{盐}$（或 $c_{碱}/c_{盐}$）的比值有关。一般而言，$c_{酸}/c_{盐}$（或 $c_{碱}/c_{盐}$）＝1 时，缓冲溶液的缓冲能力最大。$c_{酸}/c_{盐}$（或 $c_{碱}/c_{盐}$）的比值在 0.1～10 时，有较好的缓冲作用。比值过大或过小，都大大降低缓冲能力。对于任何一个缓冲体系都有一个有效的缓冲范围：

弱酸及弱酸盐体系　$pH=pK_a^{\ominus}\pm1$

弱碱及弱碱盐体系　$pOH=pK_b^{\ominus}\pm1$

当缓冲溶液 $c_{酸}/c_{盐}$（或 $c_{碱}/c_{盐}$）为 1 时，$pH=pK_a^{\ominus}$；$pOH=pK_b^{\ominus}$，故在选择缓冲溶液时，应注意其缓冲范围。一旦溶液中抗酸（或抗碱）成分消耗完，它就失去缓冲作用。

(3) 缓冲溶液稀释时，由于两组分浓度以相同倍数缩小，$c_{酸}/c_{盐}$（或 $c_{碱}/c_{盐}$）比值不变，故溶液的 pH 也不变，这就是缓冲溶液能抗稀释的原因。

5. 缓冲溶液的配制

使用缓冲溶液时可以通过计算也可以通过工具书查到有关数据进行配制。几种缓冲溶液的配制数据见表 4-7 至表 4-9：

表 4-7　　醋酸一醋酸钠缓冲液（0.2 mol/L）

pH(18℃)	0.2mol/L NaAc 体积/mL	0.3mol/L HAc 体积/mL	pH(18℃)	0.2mol/L NaAc 体积/mL	0.3mol/L HAc 体积/mL
2.6	0.75	9.25	4.8	5.90	4.10
3.8	1.20	8.80	5.0	7.00	3.00
4.0	1.80	8.20	5.2	7.90	2.10
4.2	2.65	7.35	5.4	8.60	1.40
4.4	3.70	6.30	5.6	9.10	0.90
4.6	4.90	5.10	5.8	9.40	0.60

注：$NaAc\cdot3H_2O$ 相对分子质量＝136.09，0.2mol/L 溶液为 27.22g/L。

表 4-8　　磷酸氢二钠-磷酸二氢钠缓冲液（0.2mol/L）

pH	0.2mol/L Na_2HPO_4 体积/mL	0.3mol/L NaH_2PO_4 体积/mL	pH	0.2mol/L Na_2HPO_4 体积/mL	0.3mol/L NaH_2PO_4 体积/mL
5.8	8.0	92.0	6.2	18.5	81.5
5.9	10.0	90.0	6.3	22.5	77.5
6.0	12.3	87.7	6.4	26.5	73.5
6.1	15.0	85.0	6.5	31.5	68.5

续表

pH	0.2mol/L Na_2HPO_4 体积/mL	0.3mol/L NaH_2PO_4 体积/mL	pH	0.2mol/L Na_2HPO_4 体积/mL	0.3mol/L NaH_2PO_4 体积/mL
6.6	37.5	62.5	7.4	81.0	19.0
6.7	43.5	56.5	7.5	84.0	16.0
6.8	49.5	51.0	7.6	87.0	13.0
6.9	55.0	45.0	7.7	89.5	10.5
7.0	61.0	39.0	7.8	91.5	8.5
7.1	67.0	33.0	7.9	93.0	7.0
7.2	72.0	28.0	8.0	94.7	5.3
7.3	77.0	23.0			

注：(1) $Na_2HPO_4 \cdot 2H_2O$ 相对分子质量=178.05，0.2 mol/L 溶液为 85.61g/L。

(2) $Na_2HPO_4 \cdot 12H_2O$ 相对分子质量=358.22，0.2 mol/L 溶液为 71.64g/L。

(3) $Na_2HPO_4 \cdot 2H_2O$ 相对分子质量=156.03，0.2 mol/L 溶液为 31.21g/L。

表 4-9 碳酸钠-碳酸氢钠缓冲液（0.1 mol/L）

pH		0.1mol/L Na_2CO_3 体积/mL	0.1mol/L $NaHCO_3$ 体积/mL
20℃	37℃		
9.16	8.77	1	9
9.40	9.12	2	8
9.51	9.40	3	7
9.78	9.50	4	6
9.90	9.72	5	5
10.14	9.90	6	4
10.28	10.08	7	3
10.53	10.28	8	2
10.83	10.57	9	1

注：(1) $Na_2CO_3 \cdot 10H_2O$ 相对分子质量=286.2，0.1mol/L 溶液为 28.62g/L。

(2) Ca^{2+}、Mg^{2+} 存在时不使用此缓冲液。

模块三 酸碱滴定

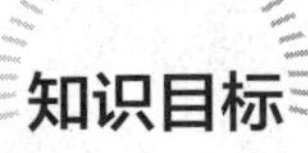

1. 了解酸碱指示剂的变色原理。
2. 学会计算强酸和强碱滴定过程中 pH 的计算。

1. 能正确选择一个滴定的指示剂。
2. 会准确配制标准溶液。
3. 熟练准确地进行酸碱滴定的实验数据的处理。

一、酸碱指示剂

（一）认识酸碱指示剂

酸碱指示剂是一类结构较复杂的有机弱酸或有机弱碱，它们在溶液中能部分电离成指示剂的离子和氢离子（或氢氧根离子）。由于结构上的变化，它们的分子和离子具有不同的颜色，因而在 pH 不同的溶液中呈现不同的颜色。常见的酸碱指示剂有酚酞、甲基红、甲基橙、中性红等。

（二）酸碱指示剂的变色原理

1. 酸碱指示剂的变色原理及变色范围

能够利用本身颜色的改变来指示溶液 pH 变化的指示剂，称为酸碱指示剂。

酸碱指示剂多是弱的有机酸或有机碱，其共轭酸碱对具有不同的结构，且颜色不同。现以 HIn 表示指示剂酸式型态，以 In^- 代表指示剂碱式型态，则有如下的转化：

$$HIn \rightleftharpoons H^+ + In^-$$

增大溶液的 $[H^+]$，则平衡向左移动，指示剂主要以酸式型态存在，溶液呈酸式色，减少溶液的 $[H^+]$，指示剂主要以碱式型态存在，溶液呈碱式色。

例如甲基橙在水溶液中有如下解离平衡和颜色变化：

$$(CH_3)_2N-C_6H_4-N{=}N-C_6H_4-SO_3^- \underset{OH^-}{\overset{H^+}{\rightleftharpoons}} (CH_3)_2\overset{+}{N}{=}C_6H_4{=}N-\overset{H}{N}-C_6H_4-SO_3^-$$

碱式型态（黄色）　　　　酸式型态（红色）

可以看出，增大溶液的 c_{H^+}，则平衡向右移动，甲基橙主要以酸式型态存在，溶液呈红色；减少溶液的 c_{H^+}，甲基橙主要以碱式型态存在，溶液呈黄色。

指示剂颜色的改变，是由于溶液的 pH 的变化引起指示剂分子结构的改变，因而显示出不同的颜色，但是并不是溶液的 pH 稍有变化或任意改变都能引起指示剂颜色的变化，指示剂的变色是在一定 pH 范围内进行的。

在 $HIn \rightleftharpoons H^+ + In^-$ 中，如果以 K_{HIn} 表示指示剂的离解常数，则有：

$$K_{HIn} = \frac{c'_{H^+} c'_{In^-}}{c'_{HIn}}$$

$$\frac{K_{HIn}}{c_{H^+}} = \frac{c'_{In^-}}{c'_{HIn}}$$

当 $c_{H^+} = K_{HIn}$，$\frac{c_{In^-}}{c_{HIn}} = 1$，两者浓度相等，溶液表现出酸式色和碱式色的中间色，此时 $pH = pK_{HIn}$，称为指示剂的理论变色点。

一般说来，如果 $\frac{c_{In^-}}{c_{HIn}} \geqslant 10$，观察到的是碱式（$In^-$）颜色，当 $\frac{c_{In^-}}{c_{HIn}} = 10$ 时，可在 In^- 的颜色中稍稍看到 HIn 的颜色，此时 $pH = pK_{HIn} + 1$；当 $\frac{c_{In^-}}{c_{HIn}} \leqslant \frac{1}{10}$ 时，观察到的是（酸式）HIn 颜色，当 $\frac{c_{In^-}}{c_{HIn}} = \frac{1}{10}$ 时，可在 HIn 的颜色中稍稍看到 In^- 的颜色，此时 $pH = pK_{HIn} - 1$。

由上述讨论可知，指示剂的理论变色范围为 $pH=pK_{HIn}\pm1$，指示剂的理论变色范围应为 2 个 pH 单位。但实际观察到的大多数指示剂的变色范围不是 2 个 pH 单位，上下略有变化，且指示剂的理论变色点不是变色范围的中间点。这是由于人眼对不同颜色的敏感程度不同，再加上两种颜色互相掩盖而导致的。常见酸碱指示剂如表 4-10 所示。

表 4-10　常见酸碱指示剂

指示剂	变色范围	颜色变化	pK_{HIn}	浓　度	用量 /（滴/10mL 试液）
百里酚蓝	1.2～2.8	红～黄	1.65	0.1%的 20%酒精溶液	1～2
甲基橙	3.1～4.4	红～黄	3.4	0.1%或 0.05%水溶液	1
溴酚蓝	3.0～4.6	黄～紫	4.1	0.1%的 20%酒精溶液或其钠盐水溶液	1
甲基红	4.4～6.2	红～黄	5.0	0.1%的 60%酒精溶液或其钠盐水溶液	1
中性红	6.8～8.0	红～黄橙	7.4	0.1%的 60%酒精溶液	1
酚酞	8.0～10.0	无～红	9.1	1%的 90%酒精溶液	1～3
溴百里酚蓝	6.2～7.6	黄～蓝	7.3	0.1%的 20%酒精溶液或其钠盐水溶液	1
百里酚酞	9.4～10.6	无～蓝	10.0	0.1%的 90%酒精溶液	1～2

2. 影响指示剂变色的因素

(1) 指示剂的用量　有些指示剂如甲基橙，溶液颜色决定于$\frac{c_{In^-}}{c_{HIn}}$的比值，与指示剂的用量无关。但因指示剂本身也要消耗滴定剂，当指示剂浓度大时将致使终点颜色变化不敏锐。而有些指示剂如酚酞，指示剂的用量有较大的影响，例如，在 50～100mL 溶液中加入 0.1%酚酞指示剂 2～3 滴，pH=9 时出现红色；在同样条件下加入 10～15 滴，则在 pH=8 时出现红色。因此，用单色指示剂指示滴定终点时，要严格控制指示剂的用量。

(2) 温度　温度改变时指示剂常数 K_{HIn} 和水的离子积 K_w 都有改变，因此指示剂的变色范围也随之发生改变。例如，甲基橙在室温下的变色范围是 3.1～4.4，在 100℃时为 2.5～3.7。因此滴定宜在室温下进行；如必须加热，应该将溶液冷却后再进行滴定。

(3) 离子强度及其他　溶液中中性电解质的存在增加了溶液的离子强度，使指示剂的表观离解常数改变，将影响指示剂的变色范围。某些盐类具有吸收不同波长光波的性质，也会改变指示剂颜色的深度和色调。所以在滴定溶液中不宜有大量盐类存在。

另外，影响指示剂变色范围的其他因素还有溶剂和滴定程序等。

3. 混合指示剂

在某些酸碱滴定中，使用单一指示剂难以判断终点，此时可采用混合指示剂。混合指示剂利用颜色的互补原理使终点颜色变化敏锐，变色范围窄。混合指示剂可分为两类：一类是在某种指示剂中加入一种惰性染料，如由甲基橙和靛蓝组成的混合指示剂，靛蓝颜色不随 pH 改变而变化，只作甲基橙的颜色背景，此类指示剂能使颜色变化敏锐，但变色范围不变；另一类是由两种或两种以上的指示剂混合而成，如溴甲酚绿和甲基红组成的混合指示剂，此类指示剂能使颜色变化敏锐，变色范围窄。常用混合指示剂如表 4-11 所示。

表 4-11　　常见混合指示剂

指示剂溶液的组成	变色时 pH	颜色变化(酸色～碱色)	备注
一份 0.1 %甲基橙水溶液 一份 0.25 %靛蓝二磺酸钠水溶液	4.1	紫～黄绿	
一份 0.1 %甲基黄酒精溶液 一份 0.1 %次甲基蓝酒精溶液	3.25	蓝紫～绿	pH 3.4 绿色， pH 3.2 蓝紫色
二份 0.1 %百里酚酞酒精溶液 一份 0.1 %茜素黄酒精溶液	10.2	黄～紫	
三份 0.1 %溴甲酚绿酒精溶液 一份 0.2 %甲基红酒精溶液	5.1	酒红～绿	
一份 0.1 %中性红酒精溶液 一份 0.1 %次甲基蓝酒精溶液	7.0	蓝紫～绿	pH 7.0 紫蓝
一份 0.1 %百里酚蓝酒精溶液 三份 0.1 %酚酞酒精溶液	9.0	黄～紫	从黄到绿再到紫
一份 0.1 %溴甲酚绿钠盐水溶液 一份 0.1 %氯酚红钠盐水溶液	6.1	黄绿～蓝紫	pH5.4 蓝紫色，pH5.8 蓝色，pH6.0 蓝带紫，pH6.2 蓝紫
一份 0.1 %甲酚红钠盐水溶液 三份 0.1 %百里酚蓝钠盐水溶液	8.3	黄～紫	pH 8.2 玫瑰色， pH8.4 清晰的紫色

二、酸碱滴定曲线与指示剂的选择

酸碱指示剂选择恰当与否会直接影响滴定结果的准确度。选择了合适的指示剂，就能减小酸碱滴定过程中的终点误差。而指示剂的变色与溶液的 pH 有关，因此有必要研究滴定过程中溶液 pH 的变化，特别是化学计量点附近溶液 pH 的改变，从而选择一个刚好能在化学计量点附近变色的指示剂。以酸碱加入的体积（或被滴定的百分数）为横坐标，溶液的 pH 为纵坐标，描绘滴定过程中溶液 pH 变化情况的曲线，称为酸碱滴定曲线。

1. 一元强酸强碱的相互滴定

以 0.1000mol/L NaOH 溶液滴定 20.00mL 0.1000mol/L 的 HCl 溶液为例，绘制滴定曲线，其反应式为：

$$NaOH+HCl \longrightarrow NaCl+H_2O$$

滴定过程分为四个阶段：

(1) 滴定前　溶液的 pH 由 HCl 酸度决定。$c_{H^+}=c_{HCl}=0.1000mol/L$，pH=1.00。

(2) 滴定开始至化学计量点前 0.1%处　溶液的 pH 由剩余的 HCl 酸度决定：
$c_{H^+}=c_{HCl(剩余)}=\frac{c_{HCl}V_{HCl(剩余)}}{V_{总}}$，由于 $c_{HCl}=c_{NaOH}$，所以$c_{H^+}=\frac{c(V_{HCl}-V_{NaOH})}{V_{HCl}+V_{NaOH}}$。

当加入 NaOH 溶液 19.98mL（−0.1 %相对误差）时，

$c_{H^+}=(20.00\times0.1000-19.98\times0.1000)/(20.00+19.98)=5.0\times10^{-5}$ mol/L，pH=4.30。

由滴定开始至化学计量点前 0.1%处其他各点的 pH 用同样的方法计算。

(3) 化学计量点时　溶液的 pH 由生成的中和产物 NaCl 和 H_2O 决定。此时溶液呈中性，溶液中的 $c_{H^+}=c_{OH^-}=10^{-7}$mol/L，pH=7.00。

(4) 化学计量点后　溶液的 pH 由过量的 NaOH 决定，$c_{OH^-}=\frac{c_{NaOH}V_{NaOH}-c_{HCl}V_{HCl}}{V_{NaOH}+V_{NaOH}}$，由于 $c_{HCl}=c_{NaOH}$，所以，$c_{OH^-}=\frac{c(V_{NaOH}-V_{HCl})}{V_{NaOH}+V_{NaOH}}$

计算 20.02mL NaOH 溶液（+0.1%相对误差）时的 pH，$c_{OH^-}=(20.02\times0.1000-20.00\times0.1000)/(20.02+20.00)=5.0\times10^{-5}$ mol/L，pOH=4.30，则 pH=9.70。

以同样的方法再计算其他各点的 pH。将数据列于表 4-12 中。

表 4-12　0.1000mol/L 的 NaOH 滴定 20.00mL、0.1000mol/L 的 HCl 溶液的 pH 变化

加入 NaOH 的体积/mL	HCl 被滴定百分数	c_{H^+}	pH	备注
10.00		1.00×10^{-1}	1.00	
18.00	90.00	5.26×10^{-3}	2.28	
19.80	99.00	5.02×10^{-4}	3.30	
19.98	99.90	5.00×10^{-5}	4.30	相对误差为−0.1%
20.00	100.00	1.00×10^{-7}	7.00	化学计量点
20.02	100.1	2.00×10^{-10}	9.70	相对误差为+0.1%
20.20	101.0	2.01×10^{-11}	10.70	
22.00	110.0	2.10×10^{-12}	11.68	
40.00	200.0	3.00×10^{-13}	12.52	

以 HCl 溶液被滴定的百分数为横坐标，其对应的 pH 为纵坐标，绘制滴定曲线。如图 4-3 所示实线。可以看出：在滴定过程中的不同阶段，加入单位体积的滴定剂，溶液 pH 变化的快慢是不相同的。滴定开始时，曲线比较平坦，随着 NaOH 不断滴入，pH 逐渐增大，当 NaOH 的加入量从 19.98mL（相对误差为−0.1%）到 20.02mL（相对误差为+0.1%），仅 0.04mL（约一滴溶液），溶液的 pH 由 4.30 急剧升高到 9.70，改变了 5.4 个单位。人们把化学计量点前后相对误差为±0.1%范围溶液 pH 的变化范围，称为酸碱滴定的突跃范围。在滴定分析中，滴定突跃范围是选择指示剂的依据：凡指示剂的变色范围全部或部分落在滴定突跃范围之内的，均可作为该滴定的指示剂。对 0.1000 mol/L NaOH 滴定 0.1000mol/L 的 HCl 溶液来说，酚酞（8.0～10.0），甲基橙（3.1～4.4），甲基红（4.4～6.2），均可作

为该滴定的指示剂。如果使用0.1000mol/L的HCl滴定等浓度的NaOH，如图4-3虚线所示，滴定曲线与前者方向相反，呈对称。

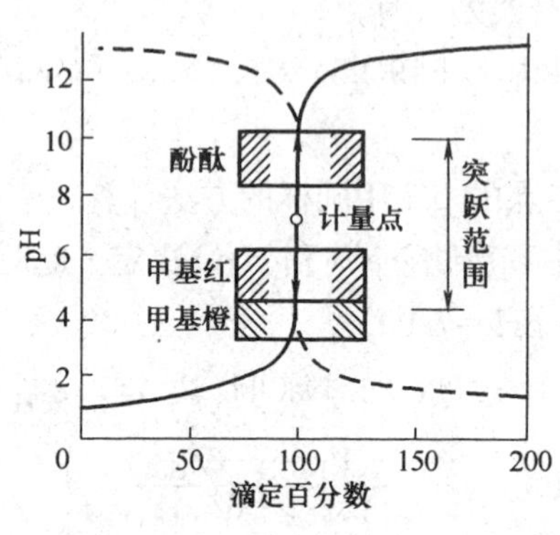

图4-3 NaOH与HCl滴定曲线

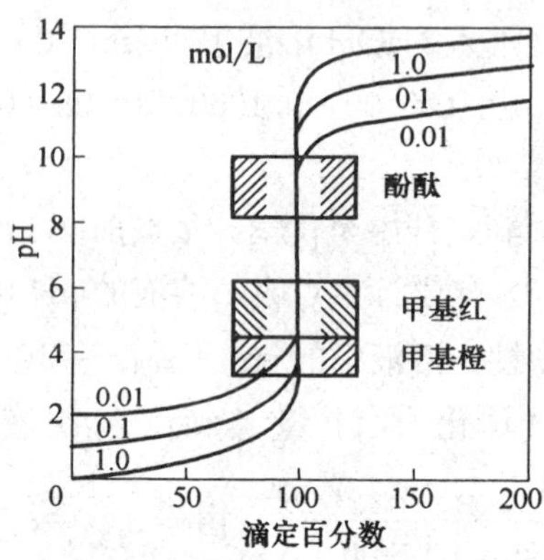

图4-4 浓度对强酸强碱滴定突跃范围的影响

滴定突跃范围的大小与滴定剂和被滴定溶液的浓度有关，如图4-4所示。酸碱溶液浓度愈大，突跃范围也愈大，可供选择的指示剂愈多。但浓度太大，在化学计量点附近少加或多加半滴酸（碱）产生的误差较大，并且标准溶液及样品实际的消耗量也较大，造成不必要的浪费；反之，酸碱浓度愈稀，突跃范围愈小，难以找到合适的指示剂，通常把标准溶液的浓度控制在0.01～1.00mol/L。

2. 强碱（酸）滴定一元弱酸（碱）

强碱（酸）滴定一元弱酸（碱）也可把滴定过程分为滴定前、化学计量点前、化学计量点时和化学计量点后四个阶段进行讨论。以0.1000mol/L NaOH溶液滴定20.00mL 0.1000mol/L的HAc（$K_a=1.8\times10^{-5}$）溶液为例，将滴定过程中各点的pH列于表4-13中。滴定曲线见图4-5。

表4-13 NaOH溶液滴定HAc溶液pH的变化

加NaOH体积/mL	HAc被滴定的百分数	溶液组成	pH	备注
0.00		HAc	2.88	
18.00	90.00	$HAc+Ac^-$	5.71	
19.98	99.90	Ac^-	7.76	相对误差为−0.1%
20.00	100.0	OH^-+Ac^-	8.73	化学计量点
20.02	100.1		9.70	相对误差为+0.1%
20.20	101.0		10.70	
22.00	110.0		11.68	
40.00	200.0		12.52	

比较强碱滴定一元强酸和强碱滴定一元弱酸的滴定曲线可以看出：

(1) 滴定前，pH比强酸高，这是由于HAc电离出的H^+比同浓度的HCl少。

(2) 滴定开始至化学计量点前0.1%处，曲线变化较复杂。其间溶液组成为

HAc 和 Ac^-，属于缓冲体系。但曲线两端的缓冲比值或者很大（>10∶1），或者很小（<1∶10），所以缓冲能力小，随着 NaOH 的加入，pH 变化明显；而曲线中段，缓冲比接近于 1∶1，缓冲能力大，曲线变化幅度不大。

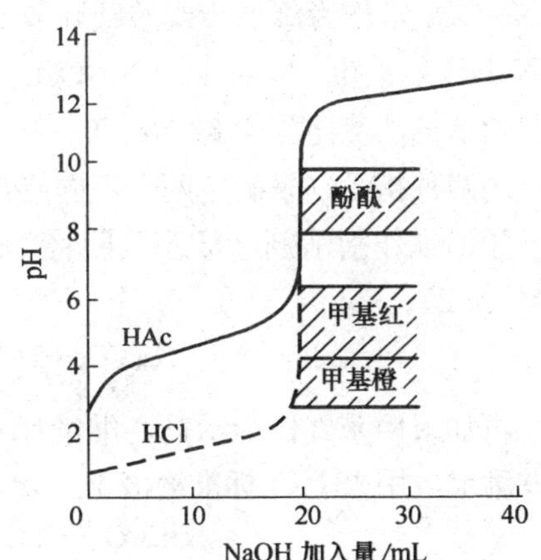

图 4-5　NaOH 与 HAc 滴定曲线

（3）化学计量点时，因滴定产物 NaAc 的水解，溶液呈碱性，理论终点的 pH 不为 7.00，而是 8.73，被滴定的酸越弱，化学计量点的 pH 越大。

（4）化学计量点附近，溶液 pH 发生突跃，滴定突跃范围为 7.76～9.70。仅改变了不到 2 个 pH 单位，突跃范围减小，且突跃范围处于碱性范围内，只能选择酚酞、百里酚酞等在弱碱性范围内变色的指示剂，甲基红已不能使用。

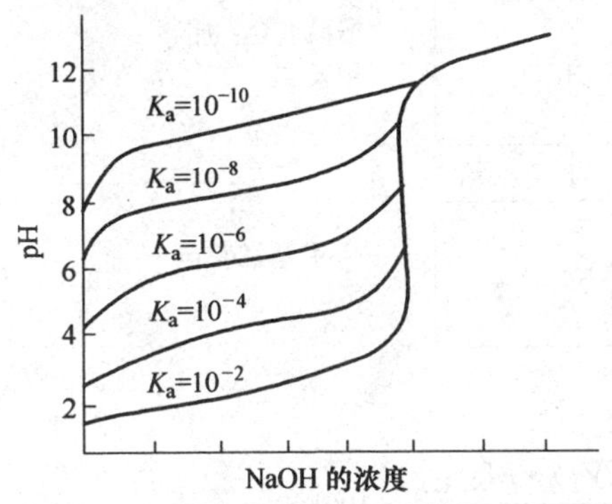

图 4-6　NaOH 与不同 K_a 一元弱酸滴定曲线

与强酸强碱相互间的滴定类似，用强碱滴定弱酸的滴定也与溶液的浓度有关。浓度越大，滴定突跃范围大，浓度小滴定突跃范围也（越）小。除此之外，还与弱酸的电离常数 K_a 有关，如图 4-6 所示。当弱酸浓度一定时，弱酸的 K_a 值越小，滴定突跃范围越小，甚至不能用合适的指示剂确定终点。因此强碱滴定弱酸是有条件的，当 $c \cdot K_a \geqslant 10^{-8}$ 时，滴定曲线才能有较明显的突跃，此可作为弱酸能否被强碱溶液准确滴定的条件。

强酸滴定一元弱碱的情况与强碱滴定一元弱酸的情况相似。在滴定过程中溶液 pH 的变化方向及滴定曲线的形状正好相反。强酸滴定弱碱的突跃范围也较小，化学计量点落在弱酸性区域，应选用在弱酸性范围内变色的指示剂，通常也以 $c \cdot K_b \geqslant 10^{-8}$ 作为判断弱碱能否直接被准确滴定的依据。

3. 混合酸碱的滴定

由于多元弱酸（碱）存在分步离解，其滴定较为复杂。在多元酸碱中能实现分级滴定的极少；有些多元酸碱可以滴总量。在混合酸碱中能进行分别滴定的也不多，其中最有实际意义而又能达到一定准确程度的是混合碱的测定。

烧碱 NaOH 在生产和贮藏时，能吸收空气中的 CO_2，而产生 Na_2CO_3；食用纯

碱 Na_2CO_3 常作为添加剂或酸碱调节剂应用于食品工业，在制造和存放中常有副产品 $NaHCO_3$ 产生，NaOH 和 Na_2CO_3，Na_2CO_3 和 $NaHCO_3$ 均称为混合碱。下面介绍双指示剂法测定混合碱 Na_2CO_3 和 $NaHCO_3$ 的含量。所谓双指示剂法是指在滴定中用两种指示剂来确定两个不同终点的方法。

用酚酞作指示剂，HCl 只能将 Na_2CO_3 滴定为 $NaHCO_3$，用去 HCl 标准溶液为 V_1(mL)。

$$Na_2CO_3 + HCl \longrightarrow NaCl + NaHCO_3$$

再加入甲基红作指示剂，继续用 HCl 溶液滴定至终点，溶液中所有 $NaHCO_3$ 都被滴定，用去 HCl 标准溶液 V_2(mL)。

$$NaHCO_3 + HCl \longrightarrow NaCl + H_2O + CO_2\uparrow$$

过程如下：

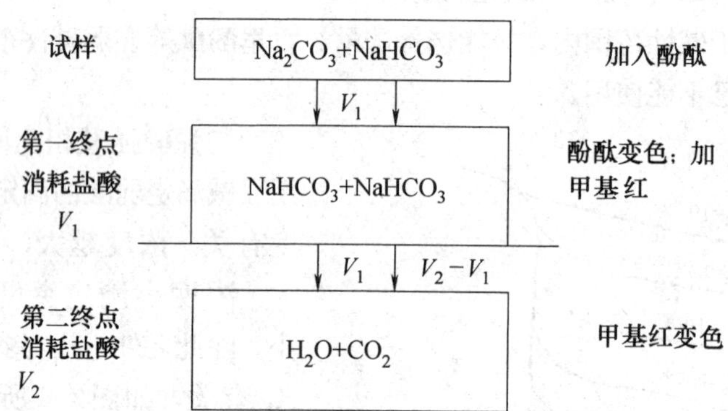

则
$$Na_2CO_3含量=\frac{c_{HCl}\cdot(2V_1)\cdot M_{Na_2CO_3}}{m_{试样}\cdot 2\times 1000}\times 100\%$$

$$NaHCO_3含量=\frac{c_{HCl}\cdot(V_2-V_1)\cdot M_{NaHCO_3}}{m_{试样}\cdot 1000}\times 100\%$$

双指示剂法不仅用于混合碱的定量分析，还可以用于未知试样（碱）的定性分析，设第一种指示剂、第二种指示剂变色时，标准溶液所用的体积分别为 V_1 和 V_2，如表 4-14 所示。

表 4-14　　双指示剂法标准溶液所用的体积与试样组成的关系

V_1 和 V_2 的变化	试样的组成(以离子表示)
$V_1\neq 0$, $V_2=0$	OH^-
$V_1=0$, $V_2\neq 0$	HCO_3^-
$V_1=V_2\neq 0$	CO_3^{2-}
$V_1>V_2>0$	$OH^-+CO_3^{2-}$
$V_2>V_1>0$	$HCO_3^-+CO_3^{2-}$

思考练习题

1. 什么是化学计量点？什么是滴定终点？

2. 选择指示剂的原则是什么？

3. 用 0.1000mol/L HCl 标准溶液滴定相同浓度的 NaOH 溶液时，分别采用甲基橙和酚酞作指示剂，比较两种方法的滴定误差。

4. 下列酸或碱能否准确进行酸碱滴定？能否分别或分步滴定？说明理由。

① 0.1mol/L HF（$K_a=3.53\times10^{-4}$）

② 0.1mol/L H_3BO_3（$K_a=7.3\times10^{-10}$）

5. 什么是滴定分析法？

6. 简述作为滴定分析的反应应具备的条件。

7. 按滴定方式不同，滴定分析法主要分为哪几种方法？

8. 作为基准物质应具备哪些条件？

9. 常用来标定酸的基准物质有哪些？标定碱的基准物质有哪些？

10. $T_{NaOH/HCl}=0.001597$g/mL 表示什么含义？

11. 什么是同离子效应？

12. 对于醋酸溶液，能引起同离子效应的离子有哪些？它们如何改变溶液的酸碱性？

13. 影响缓冲溶液 pH 的因素有哪些？

14. 缓冲溶液为什么有缓冲作用？举例说明。

15. 什么是稀释定律？

16. 水的离子积常数的意义是什么？

17. 多元弱酸弱碱的离解有什么特点？

18. 酸碱质子理论是如何解释酸碱反应的？

19. 盐类水解的实质是什么？

20. 影响盐类水解的因素有哪些？

21. 醋酸铵水溶液显中性，氯化钠水溶液也显中性，原因是否相同？

22. 醋酸钠水解是哪种离子的水解？写出水解方程式。

23. 为什么热的纯碱溶液比冷的去污能力强？

24. 在实验室中，如何正确配制氯化铁溶液和氯化亚锡溶液？写出相应反应式。

25. 计算 0.1mol/L 的 HCN 和 $NH_3\cdot H_2O$ 的 pH。

26. 计算下列溶液的 pH

(1) 0.1mol/L 的醋酸和 0.1mol/L 氢氧化钠等体积混合

(2) 0.01mol/L 的氨水和 0.1mol/L 的盐酸等体积混合

(3) 0.1mol/L 醋酸和 0.1mol/L 醋酸钠等体积混合

27. 用酸碱质子理论判断下列微粒的酸碱性

S^{2-}，HS^-，$CO_3{}^{2-}$，Cl^-，H_2O，$HCO_3{}^-$，$NH_4{}^+$

28. 选择题

(1) 下列盐的水溶液显酸性的是（　　）

(A) $(NH_4)_2SO_4$　(B) $NaNO_3$　(C) K_2CO_3　(D) $NaHCO_3$

(2) 物质的量相同的下列物质的水溶液其 pH 最高的是（　　）

(A) NaCl　(B) NH_4Cl　(C) NH_4Ac　(D) Na_2CO_3

(3) 0.1mol/L 的下列溶液均用纯水稀释 10 倍，pH 变化最小的是（　　）

(A) 盐酸　(B) 氨水　(C) 醋酸　(D) 醋酸-醋酸钠

(4) 在 1mol/L 的 HAc 溶液中，欲使 c_{H^+} 增大，可采取哪些措施？（　　）

(A) 加水　(B) 加 NaAc　(C) 加 NaOH　(D) 加 HAc

(5) 用盐酸滴定氨水时，化学计量点的 pH 是（　　）

(A) 等于 7　(B) 大于 7　(C) 小于 7　(D) 等于 0

(6) $H_2PO_4^-$ 的共轭碱是（　　）

(A) H_3PO_4　(B) HPO_4^{2-}　(C) PO_4^{3-}　(D) OH^-

(7) NH_3 的共轭酸是（　　）

(A) NH_3　(B) $NH_4{}^+$　(C) NH_2OH　(D) N_2H_4

(8) 按照酸碱质子理论，下列物质具有两性的是（　　）

(A) HCO_3^-　(B) CO_3^{2-}　(C) NO_3^-　(D) HS^-

29. 判断下列各题正误

(1) 某盐的水溶液显中性，该盐不水解。（　　）

(2) 在水溶液中电离度大的物质溶解度也大。（　　）

(3) 纯水的 H^+、OH^- 浓度相等。（　　）

(4) $NaHCO_3$ 中含有 H^+，所以，其水溶液显酸性。（　　）

(5) 物质的量浓度相等的一元酸和一元碱反应后，溶液显中性。（　　）

(6) c_{H^+} 大于 c_{OH^-} 时，溶液显酸性。（　　）

30. 用 0.2036g 无水 Na_2CO_3 作基准物质，以甲基橙为指示剂，标定 HCl 溶液浓度时，用去 HCl 溶液 36.06mL，计算该 HCl 溶液的浓度。(Na_2CO_3 的相对分子质量是 106.00)

31. 将 0.2846g CaO 试样溶于 25.00mL 浓度为 0.2015mol/L 的 HCl 溶液中，剩余盐酸用浓度为 0.2541mol/L NaOH 标准溶液返滴定，消耗 12.50mL，求试样中 CaO 的质量分数。

32. 称取草酸（$H_2C_2O_4 \cdot 2H_2O$）0.3802g，溶于水后用氢氧化钠标准溶液滴定，终点消耗 NaOH 24.12mL，求 NaOH 的物质的量浓度。

33. 称取 0.8105g 邻苯二甲酸氢钾，溶于水后用 0.2000mol/L 标准溶液滴定，需消耗 NaOH 多少毫升？

34. 用硼砂（$Na_2B_4O_7 \cdot 10H_2O$）0.4761g 标定盐酸，滴定至化学计量点时，消耗盐酸 26.20mL，求盐酸的浓度。

35. 称取硫酸铵 1.6160g，溶解后转移至 250mL 容量瓶中并稀释至刻度，摇匀。吸取 25.00mL 于蒸馏装置中，加入过量 NaOH 溶液进行蒸馏，蒸出的氨用 50.00mL 浓度为 0.05100mol/L 硫酸溶液吸收，剩余的硫酸以 0.09600mol/L NaOH 标准溶液返滴定，消耗 NaOH 溶液 27.90mL，计算试样中硫酸铵及氮的含量。$M_N = 14.01g/mol$，$M_{(NH_4)_2SO_4} = 132.12g/mol$。

技能训练六　盐酸标准溶液的配制与标定

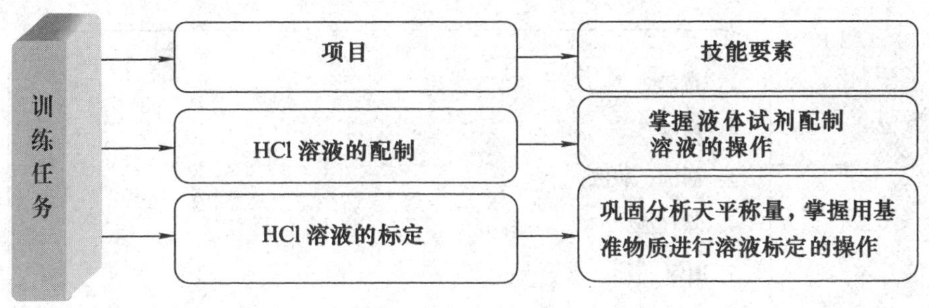

仪器药品

仪器：酸式滴定管、锥形瓶、分析天平、量筒

药品：浓盐酸、甲基橙、无水碳酸钠基准试剂

实训内容

【知识点】

标定盐酸浓度的计量关系：$c_{HCl} = \dfrac{2m_{Na_2CO_3}}{V_{HCl}M_{Na_2CO_3}}$

反应原理：$2HCl + Na_2CO_3 \xlongequal{} 2NaCl + CO_2 + H_2O$

【能力点】

1. 巩固分析天平差减法称量
2. 学习 HCl 标准溶液的配制与标定方法
3. 掌握酸式滴定管的使用
4. 掌握滴加一滴、只加一滴和半滴加入的操作

工作过程

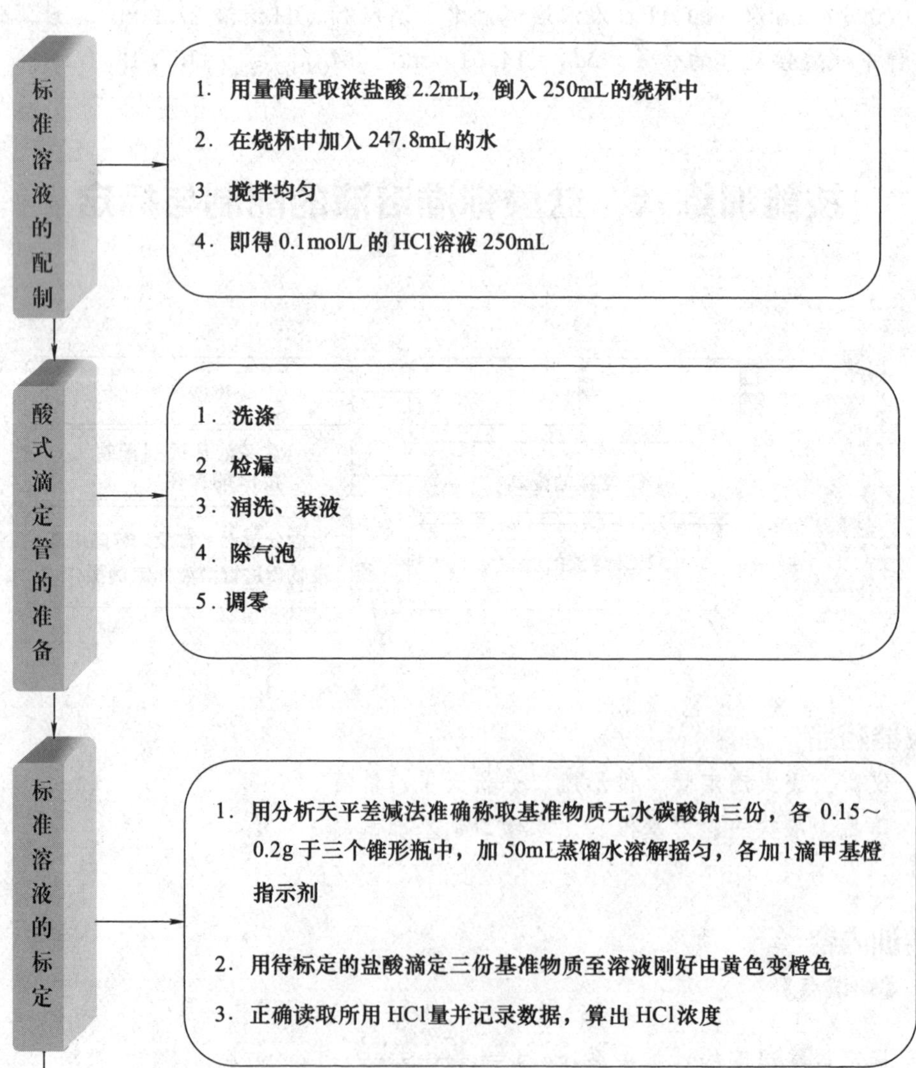

数据记录与结果处理

滴定号码 记录项目	1	2	3
无水Na_2CO_3＋称量瓶质量/g			
称量瓶＋剩余无水Na_2CO_3质量/g			
无水Na_2CO_3 质量/g			
HCl滴定初始读数 /mL			
HCl终点读数 /mL			
V/mL			
平均 V/mL			
HCl浓度/(mol/L)			

思考题

1. 滴定管没有用标准溶液润洗，对测定结果会有什么影响？
2. 滴定前为什么要将溶液液面调节在零刻度附近？
3. 为什么近终点时，要充分摇动？

技能训练七　氢氧化钠标准溶液的配制与标定

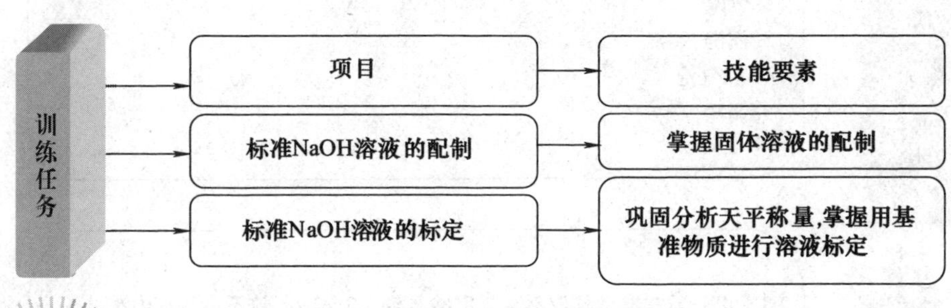

仪器药品

仪器：碱式滴定管、移液管、容量瓶、锥形瓶、分析天平、托盘天平、玻璃棒

药品：NaOH、酚酞、邻苯二甲酸氢钾

实训内容

【知识点】

NaOH 浓度的计量关系：$c_{NaOH}=\frac{m_{KHC_8H_4O_4}}{M_{KHC_8H_4O_4}V_{NaOH}}\times\frac{25.00}{100.00}$

反应原理：　$NaOH+KHC_8H_4O_4 = KNaC_8H_4O_4+H_2O$

【能力点】

1. 巩固分析天平差减法称量
2. 学习 NaOH 标准溶液的配制与标定方法
3. 掌握碱式滴定管的正确使用
4. 掌握滴定终点判断及半滴加入操作

工作过程

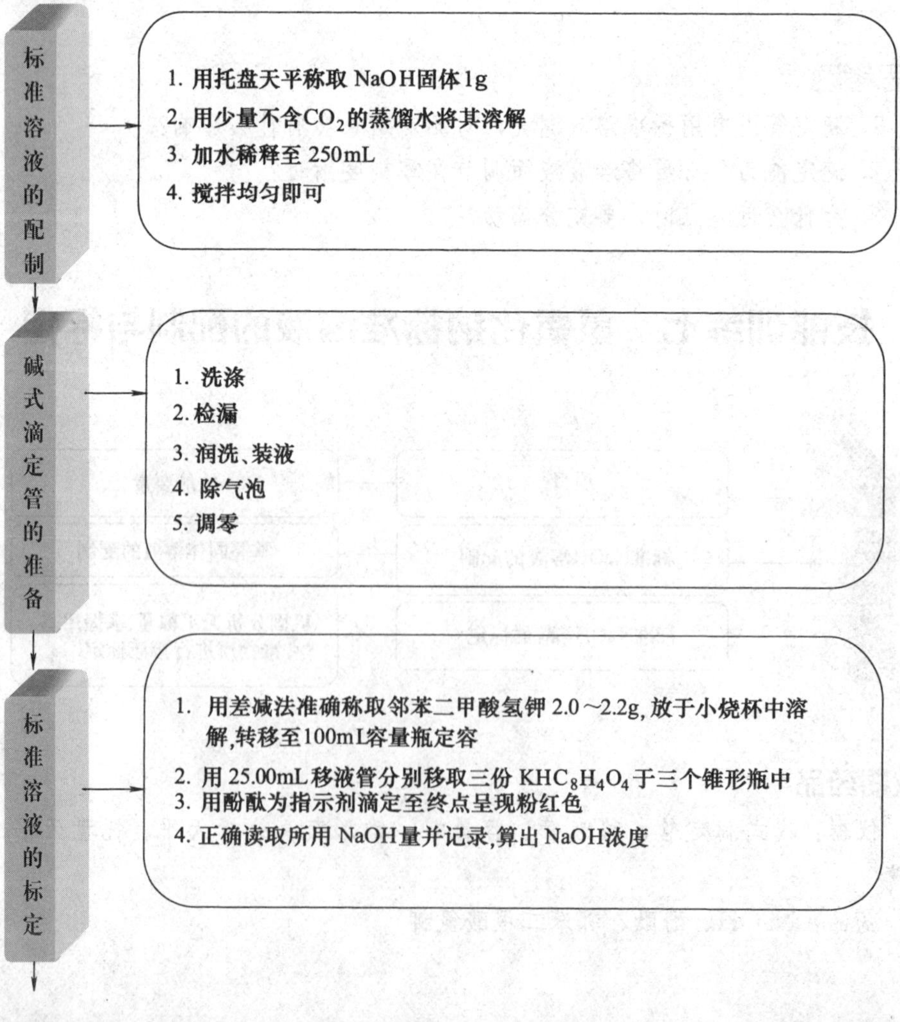

标准溶液的配制 →

1. 用托盘天平称取 NaOH固体1g
2. 用少量不含CO_2的蒸馏水将其溶解
3. 加水稀释至 250mL
4. 搅拌均匀即可

↓

碱式滴定管的准备 →

1. 洗涤
2. 检漏
3. 润洗、装液
4. 除气泡
5. 调零

↓

标准溶液的标定 →

1. 用差减法准确称取邻苯二甲酸氢钾 2.0～2.2g，放于小烧杯中溶解，转移至100mL容量瓶定容
2. 用 25.00mL 移液管分别移取三份 $KHC_8H_4O_4$ 于三个锥形瓶中
3. 用酚酞为指示剂滴定至终点呈现粉红色
4. 正确读取所用 NaOH量并记录，算出 NaOH浓度

↓

数据记录与结果处理

滴定号码 记录项目	1	2	3
$KHC_8H_4O_4$+称量瓶质量/g			
瓶+剩余$KHC_8H_4O_4$质量/g			
$KHC_8H_4O_4$质量/g			
滴定初始读数/mL			
终点读数/mL			
V/mL			
平均V/mL			
NaOH浓度/(mol/L)			

思考题

1. 为什么使用酚酞作指示剂？
2. 为什么使用甲基红作指示剂，消耗的NaOH标准溶液的体积偏小？
3. 以酚酞为指示剂标定氢氧化钠溶液时，终点为微红色，0.5min不褪色，如果经过较长的时间后微红色慢慢褪去，为什么？
4. 草酸（$H_2C_2O_4 \cdot 2H_2O$）能否用来标定氢氧化钠？
5. 计算标定0.1mol/L的氢氧化钠溶液所需要的邻苯二甲酸氢钾的质量。
6. 滴定中酚酞的用量对实验结果是否有影响？
7. 如果NaOH标准溶液在放置的过程中吸收了CO_2，测定结果是否偏低？
8. 选用甲基红作指示剂，测定结果是否偏低？
9. 用酚酞作指示剂时，加入过多的指示剂是否使测定结果偏高？

技能训练八　食醋中总酸度的测定

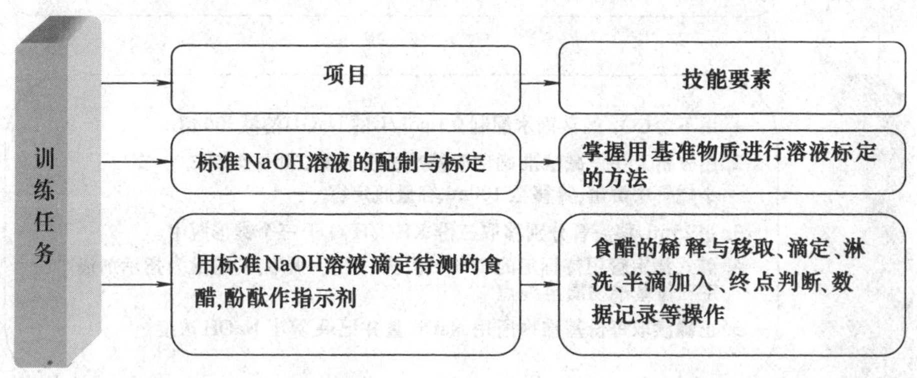

仪器药品

仪器：碱式滴定管、移液管、容量瓶、锥形瓶、分析天平、台秤

药品：NaOH、食醋、酚酞指示剂、基准邻苯二甲酸氢钾（$KHC_8H_4O_4$）

实训内容

【知识点】

1. 强碱滴定弱酸反应原量：$HAc+NaOH \xlongequal{} NaAc+H_2O$

2. NaOH标准溶液标定的计量关系：$c_{NaOH}=\dfrac{m_{KHC_8H_4O_4}}{M_{KHC_8H_4O_4}V_{NaOH}}\times\dfrac{25.00}{100.00}$

3. NaOH测定食醋的计量关系：$\rho_{HAc}=\dfrac{c_{NaOH}V_{NaOH}M_{HAc}}{25.00\times\dfrac{25.00}{250.00}}$

【能力点】

1. 巩固分析天平差减法称量
2. 巩固NaOH标准溶液的配制与标定方法
3. 掌握碱式滴定管的正确使用
4. 掌握滴定终点判断及半滴加入操作

工作过程

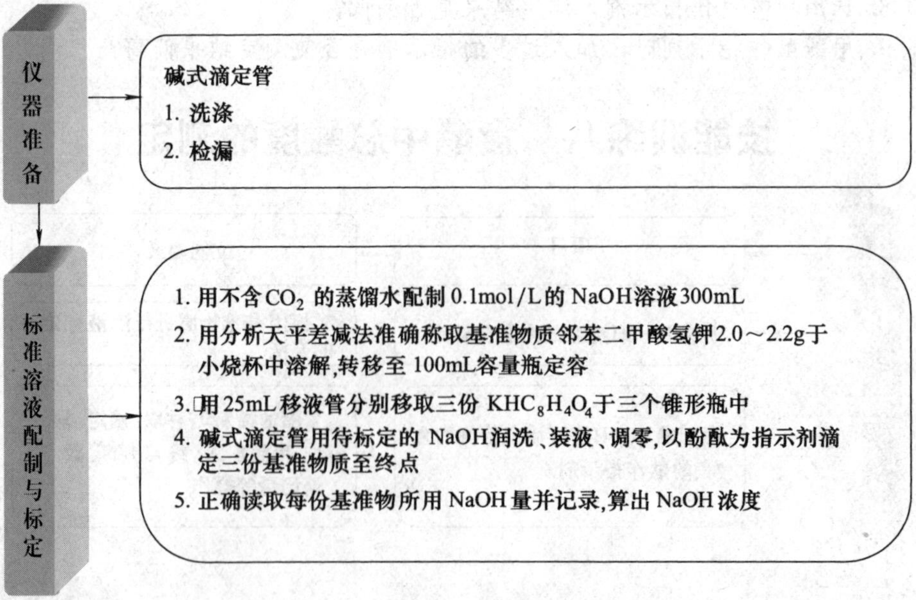

仪器准备 →

碱式滴定管
1. 洗涤
2. 检漏

↓

标准溶液配制与标定 →

1. 用不含CO_2的蒸馏水配制0.1mol/L的NaOH溶液300mL
2. 用分析天平差减法准确称取基准物质邻苯二甲酸氢钾2.0～2.2g于小烧杯中溶解，转移至100mL容量瓶定容
3. 用25mL移液管分别移取三份$KHC_8H_4O_4$于三个锥形瓶中
4. 碱式滴定管用待标定的NaOH润洗、装液、调零，以酚酞为指示剂滴定三份基准物质至终点
5. 正确读取每份基准物所用NaOH量并记录，算出NaOH浓度

食醋总酸度测定

1. 碱式滴定管装入标准 NaOH 溶液，调至零点
2. 用移液管移取 25mL 食醋于 250mL 容量瓶中，用不含 CO_2 的蒸馏水稀释至刻度
3. 用 25mL 移液管，分别移取三份稀释后的食醋于三个锥形瓶中，加入酚酞指示剂并加水 20mL，用标准 NaOH 溶液滴定至终点
4. 记录所用 NaOH 用量，算出食醋总酸度

数据记录与结果处理

项目、标号		1	2	3
$KHC_8H_4O_4$+称量瓶的质量/g				
称量瓶+剩余 $KHC_8H_4O_4$ 的质量/g				
$KHC_8H_4O_4$ 的质量/g				
NaOH体积/mL	终读数			
	初读数			
	V_{NaOH}			
c_{NaOH}/(mol/L)				
平均浓度				
相对平均偏差				
V_{HAc}/mL		25.00	25.00	25.00
NaOH体积/mL	终读数			
	初读数			
	V_{NaOH}			
g/L				

思考题

1. 加入 20mL 蒸馏水的作用是什么？
2. 为什么使用酚酞作指示剂？如使用甲基橙作指示剂结果会怎样？

技能训练九　混合碱中 NaOH、Na_2CO_3 含量的测定

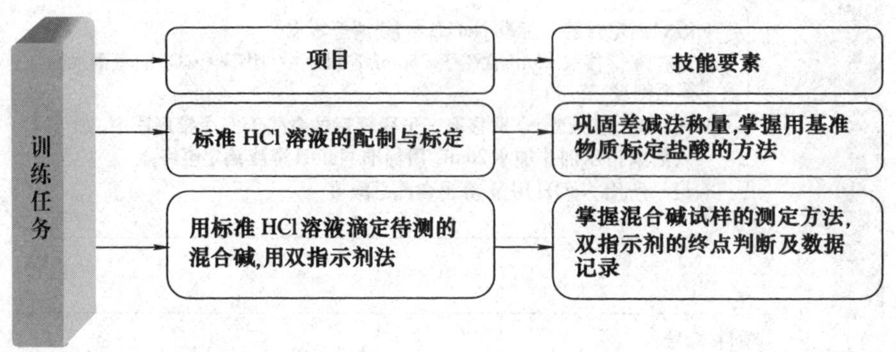

仪器药品

仪器：酸式滴定管、移液管、容量瓶、锥形瓶、分析天平、量筒

药品：浓盐酸、混合碱、酚酞、甲基橙、无水碳酸钠

实训内容

【知识点】

1. 标定盐酸浓度的计量关系：$c_{HCl}=\dfrac{2m_{Na_2CO_3}}{V_{HCl}M_{Na_2CO_3}}$

2. 混合碱测定反应原理：

$$HCl+NaOH \longrightarrow NaCl+H_2O$$

$$HCl+Na_2CO_3 \longrightarrow NaHCO_3+NaCl$$

$$HCl+NaHCO_3 \longrightarrow NaCl+CO_2+H_2O$$

3. 测定混合碱的计量关系：$w_{Na_2CO_3}=\dfrac{c_{HCl}\times 2V_2\times \frac{1}{2}M_{Na_2CO_3}}{m}$

$$w_{NaOH}=\frac{c_{HCl}\times(V_1-V_2)\times M_{NaOH}}{m}$$

【能力点】

1. 巩固分析天平差减法称量
2. 巩固 HCl 标准溶液的配制与标定方法
3. 掌握酸式滴定管的正确使用
4. 掌握双指示剂法运用与滴定终点判断

工作过程

仪器的准备

1. 洗涤
2. 检漏

标准溶液配制与标定

1. 用量筒量取浓盐酸 3.0mL 配制 0.1mol/L的HCl溶液300mL
2. 用差减法准确称取基准物质无水碳酸钠三份，各 0.15～0.2g于三个锥形瓶中，加 50mL蒸馏水溶解摇匀，各加 1滴甲基橙指示剂
3. 酸式滴定管装液与调零，滴定基准物质至溶液刚好由黄色变橙色
4. 正确读取每份基准物所用 HCl量并记录，算出HCl浓度

混合碱各组分含量测定

1. 酸式滴定管装入标准 HCl溶液，调至零点
2. 用差减法准确称取混合碱试样 1.3～1.5g 于烧杯中，加少量无 CO_2的蒸馏水溶解，转移至 250mL容量瓶中定容
3. 用25mL移液管移取上述试液三份，分别于三个锥形瓶中，加50mL无CO_2的蒸馏水，加2 滴酚酞指示剂滴至红色变为无色，记下V_1。再加2滴甲基橙滴至黄色变橙色，记下V_2

数据记录与结果处理

滴定号码 记录项目	1	2	3
无水Na_2CO_3+称量瓶质量/g			
称量瓶+剩余Na_2CO_3质量/g			
无水Na_2CO_3质量/g			
HCl标准溶液体积/mL			
HCl标准溶液浓度/(mol/L)			
HCl标准溶液平均浓度/(mol/L)			
混合碱质量/g			
混合碱体积/mL	25.00	25.00	25.00
滴定初始读数/mL			
第一终点读数/mL			
第二终点读数/mL			
V_1/mL			
V_2/mL			
平均V_1/mL			
平均V_2/mL			
ω_{NaOH}			

思考题

1. 用双指示剂法测定混合碱组成的方法原理是什么？

2. 采用双指示剂法测定混合碱，判断下列五种情况下，混合碱的组成。

(1) $V_1=0$，$V_2>0$；(2) $V_1>0$，$V_2=0$；(3) $V_1>V_2$；(4) $V_1<V_2$；(5) $V_1=V_2$

3. 什么叫混合碱？Na_2CO_3 和 $NaHCO_3$ 的混合物能不能采用“双指示剂法”测定其含量？测定结果的计算公式如何表示？

技能要点

1. 混合碱系 NaOH 和 Na_2CO_3 组成时，酚酞指示剂可适当多加几滴，否则常因滴不完全使 NaOH 的测定结果偏低，Na_2CO_3 的测定结果偏高。

2. 最好用 $NaHCO_3$ 的酚酞溶液（浓度相当）作对照。

3. 到近终点时，一定要充分摇动，以防形成 CO_2 的过饱和溶液而使终点提前到达。

技能训练十　pH 计测自来水的 pH

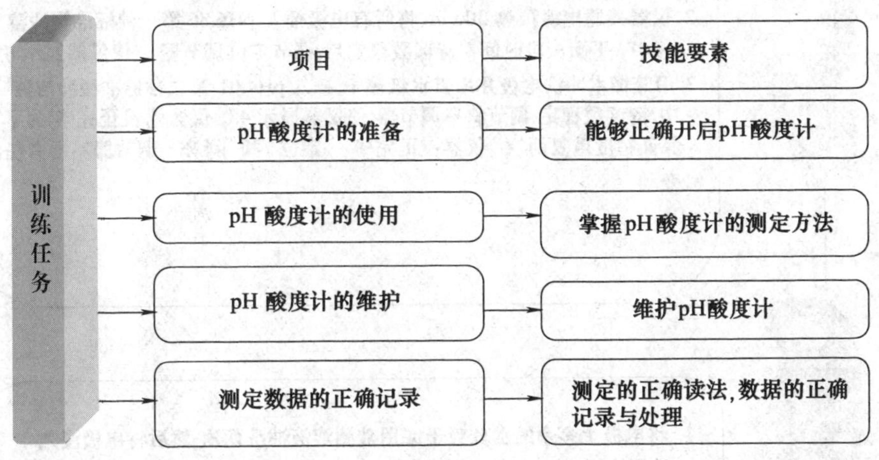

仪器药品

仪器：pH 酸度计

药品：pH 为 6.86、4.00、9.18 的标准溶液，待测的 HCl-KCl 溶液、HAc-NaAc 溶液、NH_3-NH_4^+ 溶液

实训内容

【知识点】

pH 计由三个部件构成，简单的说就是电极和电计组成的：①一个参比电极；②一个玻璃电极，其电位取决于周围溶液的 pH；③一个电流计，该电流计能在电阻极大的电路中测量出微小的电位差，为了使用上的需要，pH 电流表的表盘刻有相应的 pH 数值；而数字式 pH 计则直接以数字显出 pH

【能力点】

1. 掌握玻璃电极测定溶液 pH 的基本方法
2. 了解 pH 酸度计的整个操作过程
3. 了解玻璃电极的构造和使用方法
4. 掌握准确测定溶液的 pH 的技能

工作过程

pH酸度计的校准

1. 在测定溶液 pH时,将 pH 电极、参比电极和电源分别插入相应的插孔中。将功能开关拨至 pH位置
2. 仪器接通电源预热 30min,将所有电极插入 pH6.86 第一种标准缓冲溶液中，平衡一段时间，待读数稳定后 调节定位调节器， 使仪器显示 6.86
3. 用蒸馏水冲洗电极并用吸水纸擦干,插入 pH4.01 第二种标准缓冲溶液中,待读数稳定,调节斜率调节器,使仪器显示 4.0,仪器就校正完毕 为了保证精度重复两次，仪器校正完毕，“定位”和“斜率” 调节器不得有任何变动

pH酸度计测水的pH

1. 将电极上多余的水珠吸干或用被测溶液冲洗两次,然后将电极浸入被测溶液中,并轻轻转动或摇动小烧杯,使溶液均匀接触电极
2. 校整零位,按下读数开关,指针所指的数值即是水的pH
3. 关闭电源,冲洗电极 ,将电极浸泡

数据记录与结果处理

	1	2	3
水的pH			
pH的平均值			
相对平均偏差			

思考题

1. pH 玻璃电极如何贮存？
2. pH 玻璃电极如何清洗？

技能要点

1. 防止仪器与潮湿气体接触。潮气的侵入会降低仪器的绝缘性，使其灵敏度、精确度、稳定性都降低。

2. 玻璃电极小球的玻璃膜极薄，容易破损，切忌与硬物接触。

3. 玻璃电极的玻璃膜不要沾上油污，如不慎沾有油污可先用四氯化碳或乙醚冲洗，再用酒精冲洗，最后用蒸馏水洗净。

4. 甘汞电极的氯化钾溶液中不允许有气泡存在，其中有极少结晶，以保持饱和状态。如结晶过多，毛细孔堵塞，最好重新灌入新的饱和氯化钾溶液。

5. 如酸度计指针抖动严重，应更换玻璃电极。

项目五
氧化还原滴定技术

模块一　氧化还原反应和氧化还原平衡

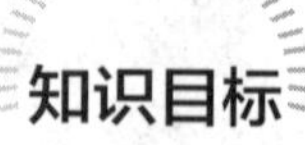
知识目标

1. 掌握氧化还原反应的基本概念，能用离子-电子法配平氧化还原反应方程式。
2. 理解电极电势的概念，能用能斯特方程进行有关计算。
3. 掌握电极电势在有关方面的应用。

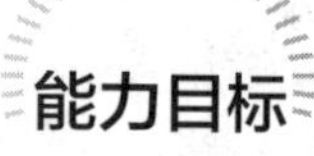
能力目标

1. 能判断氧化还原反应中的氧化剂、还原剂。
2. 能按要求配平氧化还原反应方程式。
3. 能根据给定条件计算电极电位。
4. 能判断氧化还原反应进行的方向。

氧化还原反应是一类在反应过程中，反应物之间发生了电子转移（或电子偏移）的反应。此类反应对于制备新物质、获取化学能和电能都有重要的意义。本模块首先讨论有关氧化还原反应的基本知识，在此基础上，判断氧化还原反应进行的方向与程度，并应用于滴定分析。

一、氧化还原反应

（一）基本概念

1. 氧化还原反应

无机化学反应一般分为两大类，一类是在反应过程中，反应物之间没有电子的转移或得失，如酸碱反应、沉淀反应，它们只是离子或原子间的相互交换；另一类则是在反应过程中，反应物之间发生了电子的得失或偏移，这类反应被称为氧化还原反应。

氧化还原反应的实质是电子的得失或偏移，元素氧化值的变化是电子得失的结果。元素氧化值的改变也是定义氧化剂、还原剂和配平氧化还原反应方程式的依据。

2. 氧化值

为了便于讨论氧化还原反应，引入元素的氧化值（又称氧化数）的概念。1970 年国际纯粹和应用化学联合会（IUPAC）较严格地定义了氧化值的概念：氧化值是指某元素一个原子的表观电荷数，这个电荷数的确定，是假设把每一个化学键中的电子指定给电负性更大的原子而求得。

确定氧化值的一般规则如下：

(1) 在单质中（如 Fe、O_3 等），元素的氧化值为零。

(2) 在中性分子中各元素的氧化值之和为零。在多原子离子中各元素的氧化值之和等于离子的电荷。

(3) 在共价化合物中，共用电子对偏向于电负性大的元素的原子，原子的“形式电荷数”即为它们的氧化值，如 HCl 中 H 的氧化值为＋1，Cl 为－1。

(4) 氧在化合物中的氧化值一般为－2；在过氧化物（如 H_2O_2、Na_2O_2 等）中为－1；在超氧化合物（如 KO_2）中为－1/2；在 OF_2 中为＋2。

(5) 氢在化合物中的氧化值一般为＋1，仅在与活泼金属生成的离子型氢化物（如 NaH、CaH_2）中为－1。

(6) 所有卤化合物中卤素的氧化值均为－1。

(7) 碱金属、碱土金属在化合物中的氧化值分别为＋1、＋2。

例题 1：求 $Cr_2O_7^{2-}$ 中 Cr 的氧化值。

解：已知 O 的氧化值为－2，设 Cr 的氧化值为 x，则：

$$2x+7\times(-2)=-2$$

$$x=+6$$

所以 Cr 的氧化值为＋6。

例题 2：求 $Na_2S_4O_6$ 中 S 的氧化值。

解：已知 Na 的氧化值为＋1，O 的氧化值为－2，设 S 的氧化值为 x，则

$$4x+2\times(+1)+6\times(-2)=0$$

$$x=+2.5$$

所以 S 的氧化值为＋2.5。

由此可知，氧化值可以是整数，也可以是分数或小数。

必须指出，在共价化合物中，判断元素的氧化值时，不要与共价数（某元素原子形成的共价键的数目）相混淆。例如，在 CH_4、CH_3Cl、CH_2Cl_2、$CHCl_3$ 和 CCl_4 中，碳的共价数均为 4，但其氧化值则分别为－4、－2、0、＋2 和＋4。

（二）氧化与还原反应方程式的配平

根据氧化值的概念，反应前后元素的氧化值发生变化的一类反应称为氧化还

原反应。氧化值升高的过程称为氧化，氧化值降低的过程称为还原。反应中氧化值升高的物质是还原剂，氧化值降低的物质是氧化剂。

氧化还原反应往往比较复杂，反应方程式也较难配平。配平这类反应方程式最常用的有氧化值法、半反应法（也称离子-电子法）等，这里只介绍半反应法。

任何氧化还原反应都由氧化半反应和还原半反应组成。例如锌与氧气所直接化合生成 ZnO 的反应的两个半反应为：

氧化半反应 $Zn \longrightarrow Zn^{2+} + 2e^-$

还原半反应 $O_2 + 4e^- \longrightarrow 2O^{2-}$

半反应法是根据对应的氧化剂或还原剂的半反应方程式，再按以下配平原则进行配平。

（1）反应过程中氧化剂得到的电子数必须等于还原剂失去的电子数。

（2）根据质量守恒定律，反应前后各元素的原子总数相等。

现以铜和稀硝酸作用，生成硝酸铜和一氧化氮为例说明配平步骤。

第一步，找出氧化剂、还原剂及相应的还原产物与氧化产物并写成离子反应方程式：

$$Cu + NO_3^- \longrightarrow Cu^{2+} + NO$$

第二步，再将上述反应分解为两个半反应，并分别加以配平，使每一个半反应的原子数和电荷数相等。

$Cu \longrightarrow Cu^{2+} + 2e^-$ 氧化半反应

$NO_3^- + e^- \longrightarrow NO$ 还原半反应

对于 NO_3^- 被还原为 NO 来说，需要去掉 2 个 O 原子，为此可在反应式的左边加上 4 个 H^+（因为反应在酸性介质中进行），使 2 个 H 与 1 个 O 结合生成 H_2O：

$$NO_3^- + 4H^+ \longrightarrow NO + 2H_2O$$

然后再根据离子电荷数可确定所得到的电子数为 3。则得：

$$NO_3^- + 4H^+ + 3e^- \rightleftharpoons NO + 2H_2O$$

推而广之，在半反应方程式中，如果反应物和生成物内所含的氧原子数目不同，可以根据介质的酸碱性，分别在半反应方程式中加 H^+、OH^- 或 H_2O，并利用水的离解平衡使反应式两边的氧原子数目相等。

第三步，据氧化剂得到的电子数和还原剂失去的电子数必须相等的原则，以适当系数乘以氧化半反应和还原半反应。在此反应中要分别乘上 2 和 3，使得失电子数相同。然后将两个半反应相加，消去相同部分，就得到一个配平了的离子反应方程式。

$$\begin{array}{rl} & 2NO_3^- + 8H^+ + 6e^- \rightleftharpoons 2NO + 4H_2O \\ + & 3Cu \rightleftharpoons 3Cu^{2+} + 6e^- \\ \hline & 3Cu + 2NO_3^- + 8H^+ \rightleftharpoons 3Cu^{2+} + 2NO + 4H_2O \end{array}$$

（三）原电池

如果把一块锌放入 $CuSO_4$ 溶液中，则锌开始溶解，而铜从溶液中析出。其离子反应方程式为：

$$Zn(s)+Cu^{2+}(aq) \rightleftharpoons Zn^{2+}(aq)+Cu(s)$$

这是一个可自发进行的氧化还原反应，由于氧化剂与还原剂直接接触，电子直接从还原剂转移到氧化剂，无法产生电流。要将氧化还原反应的化学能转化为电能，必须使氧化剂和还原剂之间的电子转移通过一定的外电路，做定向运动，这就要求反应过程中氧化剂和还原剂不能直接接触，因此需要一种特殊的装置来实现上述过程。

如果在两个烧杯中分别放入 $ZnSO_4$ 和 $CuSO_4$ 溶液，在盛有 $ZnSO_4$ 溶液的烧杯中放入 Zn 片，在盛有 $CuSO_4$ 溶液的烧杯中放入 Cu 片，将两个烧杯的溶液用一个充满电解质溶液（一般用饱和 KCl 溶液，为使溶液不致流出，常用琼脂与 KCl 饱和溶液制成胶冻。胶冻的组成大部分是水，离子可在其中自由移动）的倒置 U 形管作桥梁（称为盐桥），以联通两杯溶液，如图 5-1 所示。这时如果用一个灵敏电流计（A）将两金属片连接起来，我们可以观察到：

（1）电流表指针发生偏移，说明有电流发生。

（2）在铜片上有金属铜沉积上去，而锌片被溶解。

（3）取出盐桥，电流表指针回至零点；放入盐桥时，电流表指针又发生偏移，说明盐桥起着使整个装置构成通路的作用。

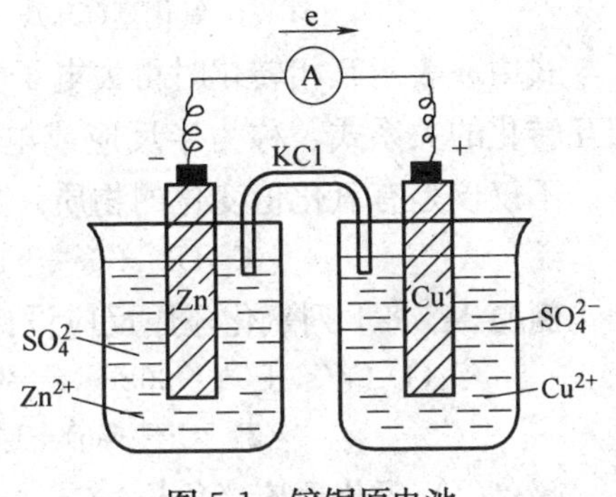

图 5-1　锌铜原电池

这种借助于氧化还原反应使化学能转化为电能的装置，称为原电池。

在原电池中，组成原电池的导体（如铜片和锌片）称为电极，同时规定电子流出的电极称为负极，负极上发生氧化反应；电子进入的电极称为正极，正极上发生还原反应。例如，在 Cu-Zn 原电池中：

负极(Zn)：$Zn(s) \longrightarrow Zn^{2+}(aq)+2e^-$ 发生氧化反应

正极(Cu)：$Cu^{2+}(aq)+2e^- \longrightarrow Cu(s)$ 发生还原反应

Cu-Zn 原电池的电池反应为：

$$Zn(s)+Cu^{2+}(aq) \longrightarrow Zn^{2+}(aq)+Cu(s)$$

在 Cu-Zn 原电池中的电池反应和 Zn 置换 Cu^{2+} 的化学反应是一样的。只是在原电池装置中，氧化剂和还原剂不直接接触，氧化、还原反应分别在两个不同的区域内同时进行，电子不是直接从还原剂转移给氧化剂，而是经外电路传递，这正是原电池利用氧化还原反应能产生电流的原因所在。

上述原电池可以用下列电池符号表示：

$$(-)Zn \mid ZnSO_4(c_1) \parallel CuSO_4(c_2) \mid Cu(+)$$

习惯上把负极（－）写在左边，正极（＋）写在右边。其中“|”表示金属和溶液两相之间的相接触界面，“‖”表示盐桥，c 表示溶液的浓度，当溶液浓度为 1mol/L 时，可省略。每一个“半电池”都由同一种元素不同氧化值的两种物质所构成。一种是处于低氧化值的可作为还原剂的物质（称为还原型物质），例如锌半电池中的 Zn、铜半电池中的 Cu；另一种是处于高氧化值的可作氧化剂的物质（称为氧化型物质），例如锌半电池中的 Zn^{2+}、铜半电池中的 Cu^{2+}。

这种同一种元素的氧化型物质和其对应的还原型物质的构成，称为氧化还原电对。氧化还原电对习惯上常用符号［氧化型］/［还原型］来表示，如氧化还原电对可写成 Cu^{2+}/Cu、Zn^{2+}/Zn 和 $Cr_2O_7^{2-}/Cr^{3+}$，非金属单质及其相应的离子，也可以构成氧化还原电对，例如 H^+/H_2 和 O_2/OH^-。在用 Fe^{3+}/Fe^{2+}、Cl_2/Cl^-、O_2/OH^- 等电对作为半电池时，可用金属铂或其他惰性导体作电极。以氢电极为例，可表示为 $H^+(c) \mid H_2 \mid Pt$。

氧化型物质和还原型物质在一定条件下，可以互相转化；

$$\text{氧化型(Ox)} + ne^- \rightleftharpoons \text{还原型(Red)}$$

式中 n 表示互相转化时得失电子数。这种表示氧化型物质和还原型物质之间相互转化的关系式，称为半反应或电极反应。电极反应包括参加反应的所有物质，不仅仅是有氧化值变化的物质。如电对 $Cr_2O_7^{2-}/Cr^{3+}$，对应的电极反应为：

$$Cr_2O_7^{2-} + 6e^- + 14H^+ \rightleftharpoons 2Cr^{3+} + 7H_2O$$

例题 3：将下列氧化还原反应设计成原电池，并写出它的原电池符号。

$$(1)\ Co(s) + Cl_2(100kPa) \rightleftharpoons Co^{2+}(1.0mol/L) + 2Cl^-(1.0mol/L)$$

$$(2)\ 2Cr^{2+}(aq) + I_2 \rightleftharpoons 2Cr^{3+}(aq) + 2I^-(aq)$$

解：(1) 氧化反应（负极）$Co \longrightarrow Co^{2+} + 2e^-$

还原反应（正极）$Cl_2 + 2e^- \longrightarrow 2Cl^-$

电池符号：$(-)Co \mid Co^{2+}(1.0mol/L) \parallel Cl^-(1.0mol/L) \mid Cl_2(100kPa) \mid Pt(+)$

(2) 氧化反应（负极） $2Cr^{2+} \longrightarrow 2Cr^{3+} + 2e^-$

还原反应（正极） $I_2 + 2e^- \longrightarrow 2I^-$

电池符号：$(-)Pt \mid Cr^{2+}(c_1) \mid Cr^{3+}(c_2) \parallel I^-(c_3) \mid I_2 \mid Pt(+)$

二、电极电势

电极电势又称电极电位，在 Cu-Zn 原电池中，把两个电极用导线连接后就有电流产生，可见两个电极之间存在一定的电势差，即构成原电池的两个电极的电势是不相等的。那么电极的电势是怎样产生的呢？

早在 1889 年，德国化学家能斯特（Nernst H. W.）提出了双电层理论，可以用来说明金属和其盐溶液之间的电势差，以及原电池产生电流的机理。按照能斯特的理论，由于金属晶体由金属原子、金属离子和自由电子所组成，因此，如果把金属放在其盐溶液中，与电解质在水中的溶解过程相似，在金属与其盐溶液的接触界面上就会发生两个不同的过程：一个是金属表面的阳离子受极性水分子的吸引而进入溶液的过程；另一个是溶液中的水合金属离子在金属表面受到自由电子的吸引而重新沉积在金属表面的过程。当这两种方向相反的过程进行的速率相等时，即达到动态平衡：

$$M(s) \rightleftharpoons M^{n+}(aq) + ne^-$$

不难理解，如果金属越活泼或溶液中金属离子浓度越小，金属溶解的趋势就越大于溶液中金属离子沉积到金属表面的趋势，达到平衡时金属表面因聚集了金属溶解时留下的自由电子而带负电荷，溶液则因金属离子的进入而带正电荷，这样，由于正、负电荷相互吸引，在金属与其盐溶液的接触界面处就建立起由带负电荷的电子和带正电荷的金属离子所构成的双电层［图 5-2（1）］。相反，如果金属越不活泼或溶液中金属离子浓度越大，金属溶解趋势就越小于金属离子沉淀的趋势，达到平衡时金属表面因聚集了金属离子而带正电荷，而溶液则由于金属离子沉淀带负电荷，这样，也构成了相应的双电层［图 5-2（2）］。这种双电层之间就存在一定的电势差。

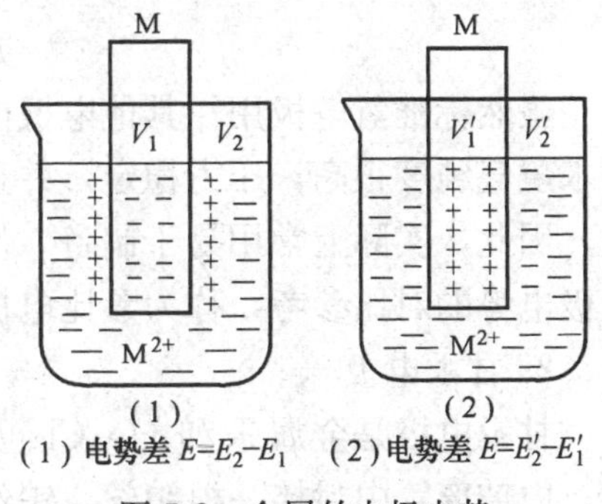

（1）电势差 $E=E_2-E_1$　（2）电势差 $E=E_2'-E_1'$

图 5-2　金属的电极电势

金属与其盐溶液接触界面之间的电势差，实际上就是该金属与其溶液中相应金属离子所组成的氧化还原电对的电极电势，简称为该金属的电极电势。可以预料，氧化还原电对不同，对应的电解质溶液的浓度不同，它们的电极电势也就不同。因此，若将两种不同电极电势的氧化还原电对以原电池的方式连接起来，则在两极之间就有一定的电势差，因而产生电流。

（一）标准电极电势

1. 标准氢电极

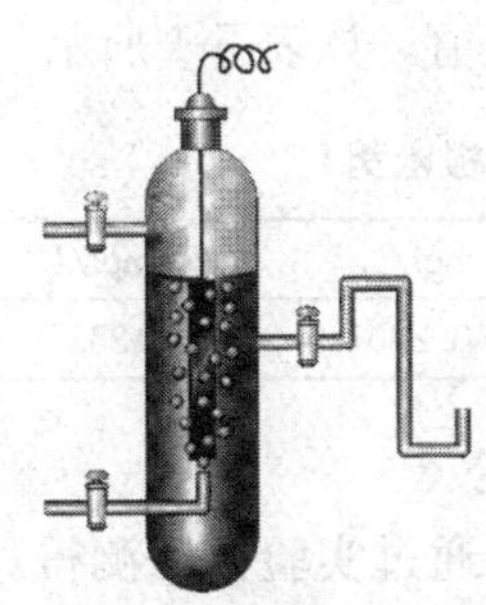

图 5-3　标准氢电极

事实上，电极电势的绝对值还无法测定，只能选定某一电对的电极电势作为参比标准，将其他电对的电极电势与它比较而求出各电对平衡电势的相对值，犹如海拔高度是把海平面的高度作为比较标准一样。通常选作标准的是标准氢电极，如图 5-3 所示。其电极可表示为：

$$Pt \mid H_2(100kPa) \mid H^+(1mol/L)$$

标准氢电极是将铂片镀上一层蓬松的铂（称铂黑），并把它浸入 H^+ 浓度为 1mol/L 的稀硫酸溶液中，在

并把它浸入 H^+ 浓度为 1mol/L 的稀硫酸溶液中，在 298.15K 时不断通入压力为 100kPa 的纯氢气流，这时氢被铂黑所吸收，此时被氢饱和了的铂片就像由氢气构成的电极一样。铂片在标准氢电极中只是作为电子的导体和氢气的载体，并未参加反应。H_2 电极与溶液中的 H^+ 建立了如下平衡：

$$H_2(g) \rightleftharpoons 2H^+(aq) + 2e^-$$

标准氢电极的电极电势规定为零，即 $E^{\ominus}_{H^+/H_2} = 0.0000V$。用标准氢电极与其他的电极组成原电池，测得该原电池的电动势就可以计算各种电极的电极电势。如果参加电极反应的物质均处在标准态，这时的电极称为标准电极，对应的电极电势称标准电极电势，用 $E^{\ominus}$ 表示。所谓的标准态是指组成电极的离子浓度都为 1mol/L，气体的分压为 100kPa，液体和固体都是纯净物质。温度可以任意指定，但通常为 298.15K。如果组成原电池的两个电极均为标准电极，这时的电池称为标准电池，对应的电动势为标准电动势，用 $E^{\ominus}$ 表示。

$$E^{\ominus} = E^{\ominus}(+) - E^{\ominus}(-)$$

虽然标准氢电极用作其他电极的电极电势的相对比较标准，但是标准氢电极要求氢气纯度很高，压力稳定，并且铂在溶液中易吸附其他组分而中毒，失去活性。因此，实际上常用易于制备、使用方便而且电极电势稳定的甘汞电极等作为电极电势的对比参考，称为参比电极。

2. 甘汞电极

甘汞电极是金属汞和 Hg_2Cl_2 及 KCl 溶液组成的电极，其构造如图 5-4 所示。内玻璃管中封接一根铂丝，铂丝插入纯汞中（厚度为 0.5～1cm），下置一层甘汞（Hg_2Cl_2）和汞的糊状物，外玻璃管中装入 KCl 溶液，即构成甘汞电极。电极下端与待测溶液接触部分是熔结陶瓷芯或玻璃砂芯等多孔物质或是一毛细管通道。

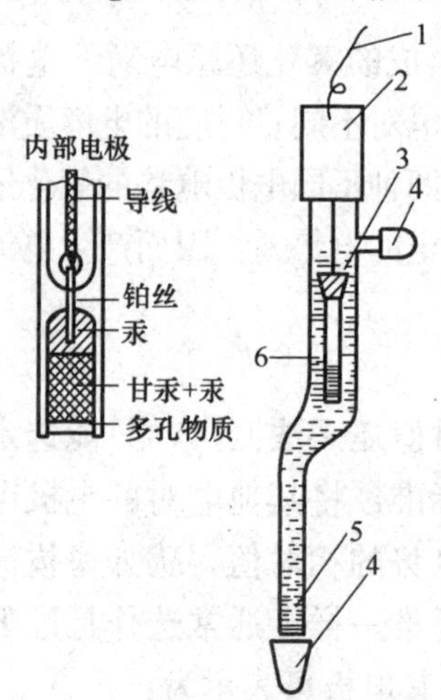

图 5-4 甘汞电极

1—导线 2—绝缘体 3—内部电极 4—橡皮帽 5—多孔物质 6—饱和 KCl 溶液

甘汞电极可以写成 $Hg|Hg_2Cl_2(s)|KCl$。

电极反应为：

$$Hg_2Cl_2(s) + 2e^- \rightleftharpoons 2Hg(l) + 2Cl^-(aq)$$

当温度一定时，不同浓度的 KCl 溶液使甘汞电极的电势具有不同的恒定值。如表 5-1 所示。

表 5-1 甘汞电极的电极电势

KCl 浓度	饱和	1mol/L	0.1mol/L
电极电势 $E^{\ominus}$/V	+0.2412	+0.2801	+0.3337

3. 标准电极电势的测定

电极的标准电极电势可通过实验方法测得。例如，欲测定铜电极的标准电极电势，则应组成下列电池：

$$(-)Pt \mid H_2(100kPa) \mid H^+(1mol/L) \| Cu^{2+}(1mol/L) \mid Cu(+)$$

测定时，根据电势计指针偏转方向，可知电流是由铜电极通过导线流向氢电极（电子由氢电极流向铜电极）。所以氢电极是负极，铜电极为正极。测得此电池的电动势（$E^\ominus$）为 0.337V。则

$$E^\ominus = E^\ominus(+) - E^\ominus(-) = E^\ominus_{Cu^{2+}/Cu} - E^\ominus_{H^+/H_2} = 0.337V$$

因为　　$E^\ominus_{H^+/H_2} = 0.0000V$

所以　　$E^\ominus_{Cu^{2+}/Cu} = 0.337V$

用类似的方法可以测得一系列电对的标准电极电势。

根据物质的氧化还原能力，对照标准电极电势表，可以看出电极电势代数值越小，电对所对应的还原型物质还原能力越强，氧化型物质氧化能力越弱；电极电势代数值越大，电对所对应的还原型物质还原能力越弱，氧化型物质氧化能力越强。因此，电极电势是表示氧化还原电对所对应的氧化型物质或还原型物质得失电子能力（即氧化还原能力）相对大小的一个物理量。

使用标准电极电势表时应注意以下几点：

(1) 电极电势是强度性质物理量，没有加合性。即不论半电池反应式的系数乘或除以任何实数，$E^\ominus$值仍然不改变。

(2) $E^\ominus$是水溶液系统的标准电极电势，对于非标准态、非水溶液，不能用$E^\ominus$比较物质氧化还原能力。

（二）电极电势的应用

1. 影响电极电势的因素——能斯特方程式

电极电势的高低，不仅取决于电对本性，还与反应温度、氧化型物质和还原型物质的浓度、压力等有关。离子浓度对电极电势的影响可从热力学推导而得出。

对于一个任意给定的电极，其电极反应的通式为：

$$a\,\text{氧化型} + ne^- \rightleftharpoons b\,\text{还原型}$$

$$E = E^\ominus + \frac{RT}{nF}\lg\frac{(c_{\text{氧化型}})^a}{(c_{\text{还原型}})^b} \tag{5-1}$$

式中　R——气体常数，$R=8.314J/(mol \cdot K)$

F——法拉第常数，($F=96487C/mol$)

T——热力学温度

n——电极反应得失的电子数

在温度为 298.15K 时，将各常数值代入上式，其相应的浓度对电极电势的影响的通式为：

$$E = E^\ominus + \frac{0.059V}{n}\lg\frac{(c_{\text{氧化型}})^a}{(c_{\text{还原型}})^b} \tag{5-2}$$

此方程式称为电极电势的能斯特方程式，简称能斯特方程式。

应用能斯特方程式时，应注意以下问题。

（1）如果组成电对的物质为固体或纯液体，则它们的浓度不列入方程式中。如果是气体，则气体物质用相对分压力 $p/p^{\ominus}$ 表示。

例如：

$$Zn^{2+}(aq)+2e^- \rightleftharpoons Zn$$

$$E=E^{\ominus}_{Zn^{2+}/Zn}+\frac{0.059V}{2}\lg c'_{Zn^{2+}}$$

$$Br_2(l)+2e^- \rightleftharpoons 2Br^-(aq)$$

$$E=E^{\ominus}_{Br_2/Br^-}+\frac{0.059V}{2}\lg\frac{1}{c'^2_{Br^-}}$$

$$2H^+ +2e^- \rightleftharpoons H_2(g)$$

$$E_{H^+/H_2}=E^{\ominus}_{H^+/H_2}+\frac{0.059V}{2}\lg\frac{c'^2_{H^+}}{p_{H_2}/p^{\ominus}}$$

（2）如果在电极反应中，除氧化型、还原型物质外，还有参加电极反应的其他物质如 H^+、OH^- 存在，则应把这些物质的浓度也表示在能斯特方程式中。

例题 4：当 Br^- 浓度为 0.150mol/L，$p_{Br_2}=313.9$kPa 时，计算组成电对的电极电势。

解：

$$Br_2(g)+2e^- \rightleftharpoons 2Br^-(aq)$$

由附录查得：

$$E^{\ominus}_{Br_2/Br^-}=1.065V$$

$$E_{Br_2/Br^-}=E^{\ominus}_{Br_2/Br^-}+\frac{0.059V}{2}\lg\frac{p_{Br_2}/p^{\ominus}}{c'^2_{Br^-}}$$

$$=1.065+\frac{0.059V}{2}\lg\frac{313.9/100}{0.150^2}=1.13V$$

例题 5：已知电极反应

$$O_2+2H_2O+4e^-=4OH^- \qquad E^{\ominus}_{O_2/OH^-}=0.401V$$

求 $c_{H^+}=1.0$mol/L，$p_{O_2}=100$kPa 时的 E_{O_2/OH^-}。

解：

$$E_{O_2/OH^-}=E^{\ominus}_{O_2/OH^-}+\frac{0.059V}{4}\lg\frac{p_{O_2}/p^{\ominus}}{(c_{OH^-}/c^{\ominus})}$$

$$=0.401V+\frac{0.059V}{4}\lg\frac{100/100}{(10^{-14})^4}=1.23V$$

由上例可见，O_2 的氧化能力随酸度的降低而降低。所以在酸性介质中 O_2 氧化能力很强，而碱性介质中氧化能力很弱。

例题 6：298K 时，在 Fe^{3+}、Fe^{2+} 的混合溶液中加入 NaOH 时，有 $Fe(OH)_3$、$Fe(OH)_2$沉淀生成（假设无其他反应发生）。当沉淀反应达到平衡，并保持 $c_{OH^-}=1.0$mol/L 时。求 $E_{Fe^{3+}/Fe^{2+}}$。

解：

$$Fe^{3+}(aq)+e^- \rightleftharpoons Fe^{2+}(aq)$$

加 NaOH 发生如下反应：

$$Fe^{3+}(aq)+3OH^-(aq) \rightleftharpoons Fe(OH)_3(s) \qquad (1)$$

$$K_1^{\ominus}=\frac{1}{K_{sp,Fe(OH)_3}^{\ominus}}=\frac{1}{c'_{Fe^{3+}} \cdot c'^3_{OH^-}}$$

$$Fe^{2+}(aq)+2OH^-(aq) \rightleftharpoons Fe(OH)_2(s) \tag{2}$$

$$K_2^{\ominus}=\frac{1}{K_{sp,Fe(OH)_2}^{\ominus}}=\frac{1}{c'_{Fe^{2+}} \cdot c'^2_{OH^-}}$$

平衡时，　$c_{OH^-}=1.0mol/L$

则
$$c'_{Fe^{3+}}=\frac{K_{sp,Fe(OH)_3}^{\ominus}}{c^3_{OH^-}}=K_{sp,Fe(OH)_3}^{\ominus}$$

$$c'_{Fe^{2+}}=\frac{K_{sp,Fe(OH)_2}^{\ominus}}{c^2_{OH^-}}=K_{sp,Fe(OH)_2}^{\ominus}$$

$$E_{Fe^{3+}/Fe^{2+}}=E_{Fe^{3+}/Fe^{2+}}^{\ominus}+0.059V\lg\frac{c'_{Fe^{3+}}}{c'_{Fe^{2+}}}$$

$$=E_{Fe^{3+}/Fe^{2+}}^{\ominus}+0.059V\lg\frac{K_{sp,Fe(OH)_3}^{\ominus}}{K_{sp,Fe(OH)_2}^{\ominus}}$$

$$=0.771V+0.059V\lg\frac{4.0\times10^{-38}}{8.0\times10^{-16}}=-0.54V$$

根据标准电极电势的定义，$c_{OH^-}=1.0mol/L$ 时，$E_{Fe^{3+}/Fe^{2+}}$ 就是电极反应 $Fe(OH)_3+e^- \rightleftharpoons Fe(OH)_2+OH^-$ 的标准电极电势 $E_{Fe(OH)_3/Fe(OH)_2}^{\ominus}$。即

$$E_{Fe(OH)_3/Fe(OH)_2}^{\ominus}=E_{Fe^{3+}/Fe^{2+}}^{\ominus}+0.059V\lg\frac{K_{sp,Fe(OH)_3}^{\ominus}}{K_{sp,Fe(OH)_2}^{\ominus}}$$

从以上例子可知，氧化型和还原型物质浓度的改变对电极电势有影响。如果电对的氧化型生成沉淀，则电极电势变小，如果还原型生成沉淀，则电极电势变大。若二者同时生成沉淀时，$K_{sp}^{\ominus}$（氧化型）$<K_{sp}^{\ominus}$（还原型），则电极电势变小；反之，则变大。另外，介质的酸碱性对含氧酸盐氧化性的影响较大，一般说，含氧酸盐在酸性介质中表现出较强的氧化性。

2. 原电池的电动势 E 计算

在组成原电池的两个半电池中，电极电势高的半电池是原电池的正极，低的半电池是原电池的负极。原电池的电动势等于正极的电极电势减去负极的电极电势：

$$E=E_{(+)}-E_{(-)}$$

例题 7：计算下列原电池的电动势，并指出正、负极。

$$Pt \mid H_2(100kPa) \mid H^+(2.00mol/L) \| Cl^-(1.00mol/L) \mid AgCl \mid Ag$$

解：先计算电极电势

$$E_{H^+/H_2}=E_{H^+/H_2}^{\ominus}+\frac{0.059V}{2}\lg\frac{c^2_{H^+}/c^{\ominus}}{p_{H_2}/p^{\ominus}}$$

$$=0+\frac{0.059V}{2}\lg\frac{2.00^2}{100/100}=0.018V\text{（负极）}$$

因 AgCl/Ag 电极处于标准态，故 $E_{AgCl/Ag}^{\ominus}=0.222V$（正极）

则原电池的电动势为：

$$E=E_{(+)}-E_{(-)}=(0.222-0.018)\text{V}=0.204\text{V}$$

3. 判断氧化还原反应发生的方向

恒温恒压下，氧化还原反应进行的方向可由 E 来判断；如果是在标准状态下，则可用 $E^{\ominus}$ 进行判断。

所以，在氧化还原反应中，反应物中的氧化剂电对作正极，还原剂电对作负极，比较两电对电极电势值的相对大小即可判断氧化还原反应的方向。例如：

$$2Fe^{3+}(aq)+Sn^{2+}(aq) \rightleftharpoons 2Fe^{2+}(aq)+Sn^{4+}(aq)$$

在标准状态下，反应是从左向右进行还是从右向左进行？可查标准电极电势数据：

$$E^{\ominus}_{Sn^{4+}/Sn^{2+}}=0.151\text{V},\ E^{\ominus}_{Fe^{3+}/Fe^{2+}}=0.771\text{V}$$

反应中 $E^{\ominus}_{Fe^{3+}/Fe^{2+}}>E^{\ominus}_{Sn^{4+}/Sn^{2+}}$，$Fe^{3+}/Fe^{2+}$ 电对是正极，Sn^{4+}/Sn^{2+} 电对是负极，电动势 $E^{\ominus}>0$，所以反应自左向右自发进行。

由于电极电势 E 的大小不仅与 $E^{\ominus}$ 有关，还与参与电极反应的物质的浓度、分压、酸度等因素有关，因此，如果有关物质的浓度不是 1mol/L 时，则须按能斯特方程分别算出氧化剂和还原剂的电势，然后再根据计算出的电势，判断反应进行的方向。但大多数情况下，可以直接用 $E^{\ominus}$ 值来判断，因为一般情况下，$E^{\ominus}$ 值在 E 中占主要部分，当 $E^{\ominus}>0.2\text{V}$ 时，一般不会因浓度变化而使 $E^{\ominus}$ 值改变符号。而 $E^{\ominus}<0.2\text{V}$ 时，氧化还原反应的方向常因参加反应的物质的浓度、分压和酸度的变化而有可能产生逆转。

例题 8：判断下列反应能否自发进行

$$Pb^{2+}(aq)(0.10\text{mol/L})+Sn(s) \rightleftharpoons Pb(s)+Sn^{2+}(aq)(1.0\text{mol/L})$$

解：先计算 $E^{\ominus}$

由附录三得 $Pb^{2+}+2e^{-} \rightleftharpoons Pb \qquad E^{\ominus}_{Pb^{2+}/Pb}=-0.126\text{V}$

$$Sn^{2+}+2e^{-} \rightleftharpoons Sn \qquad E^{\ominus}_{Sn^{2+}/Sn}=-0.136\text{V}$$

在标准状态时，Pb^{2+} 为较强氧化剂，Sn 为较强还原剂，因此：

$$E^{\ominus}=E^{\ominus}_{Pb^{2+}/Pb}-E^{\ominus}_{Sn^{2+}/Sn}=-0.126-(-0.136)=0.010\text{V}$$

从标准电动势 $E^{\ominus}$ 来看，虽大于零，但数值很小，$E^{\ominus}<0.2\text{V}$，所以浓度改变很可能改变 E 值符号，在这种情况下，必须计算 E 值，才能判别反应进行的方向。

$$E=\left(E^{\ominus}_{Pb^{2+}/Pb}+\frac{0.059}{2}\lg c'_{Pb^{2+}}\right)-\left(E^{\ominus}_{Sn^{2+}/Sn}+\frac{0.059}{2}\lg c'_{Sn^{2+}}\right)$$

$$=E^{\ominus}+\frac{0.059}{2}\lg\frac{c'_{Pb^{2+}}}{c'_{Sn^{2+}}}=0.010+\frac{0.059}{2}\lg\frac{0.10}{1.0}$$

$$=0.010-0.030=-0.20\text{V}(<0)$$

所以，此时反应逆向进行。

生产实践中，有时要对一个复杂反应系统中的某一（或某些）组分进行选择性地氧化或还原处理，而要求系统中其他组分不发生氧化还原反应，这就要对各组分有关电对的电极电势进行考查和比较，从而选择合适的氧化剂或还原剂。

4. 判断氧化还原反应发生的限度（标准平衡常数的计算）

从理论上讲，任何氧化还原反应都可以构成原电池，在一定条件下，当电池的电动势或者说两电极电势的差等于零时，电池反应达到平衡。

$$E=E_{(+)}-E_{(-)}=0$$

例如：Cu-Zn 原电池的电池反应为：

$$Zn(s)+Cu^{2+}(aq)\rightleftharpoons Zn^{2+}(aq)+Cu(s)$$

平衡常数 $$K^{\ominus}=\frac{c'_{Zn^{2+}}}{c'_{Cu^{2+}}}$$

这个反应能自发进行。随着反应的进行，Cu^{2+}浓度不断地减小，而Zn^{2+}浓度不断地增大。因而$E_{Cu^{2+}/Cu}$不断减小，$E_{Zn^{2+}/Zn}$不断增大。当两个电对的电极电势相等时，反应进行到了极限，建立了动态平衡。

平衡时，$E_{Zn^{2+}/Zn}=E_{Cu^{2+}/Cu}$即

$$E^{\ominus}_{Zn^{2+}/Zn}+\frac{0.059}{2}\lg c'_{Zn^{2+}}=E^{\ominus}_{Cu^{2+}/Cu}+\frac{0.059}{2}\lg c'_{Cu^{2+}}$$

$$\frac{0.059}{2}\lg\frac{c_{Zn^{2+}}}{c_{Cu^{2+}}}=E^{\ominus}_{Cu^{2+}/Cu}-E^{\ominus}_{Zn^{2+}/Zn}$$

$$\lg\frac{c'_{Zn^{2+}}}{c'_{Cu^{2+}}}=\frac{2}{0.059}\left(E^{\ominus}_{Cu^{2+}/Cu}-E^{\ominus}_{Zn^{2+}/Zn}\right)$$

即：
$$\lg K^{\ominus}=\frac{2}{0.059}\left(E^{\ominus}_{Cu^{2+}/Cu}-E^{\ominus}_{Zn^{2+}/Zn}\right)$$

$$=\frac{2}{0.059}[0.337-(-0.763)]=37.3$$

$$K^{\ominus}=2.9\times10^{37}$$

平衡常数2.9×10^{37}很大，说明这个反应进行得非常完全。

氧化还原反应平衡常数的大小，与$E^{\ominus}_{(+)}-E^{\ominus}_{(-)}$的差值有关，差值越大，$K^{\ominus}$值越大，反应进行得越完全。

例题 9：计算下列反应的平衡常数：

$$Ni(s)+Pb^{2+}(aq)\rightleftharpoons Ni^{2+}(aq)+Pb(s)$$

解：
$$E^{\ominus}_{(+)}=E^{\ominus}_{Pb^{2+}/Pb}=-0.126V$$

$$E^{\ominus}_{(-)}=E^{\ominus}_{Ni^{2+}/Ni}=-0.257V$$

$$\lg K^{\ominus}=\frac{[E^{\ominus}_{(+)}-E^{\ominus}_{(-)}]\times2}{0.059}=\frac{[-0.126-(-0.257)]\times2}{0.059}=4.44$$

$$K^{\ominus}=2.75\times10^{4}$$

通过上述讨论，可以看出由电极电势的相对大小，能够判断氧化还原反应自发进行的方向和程度。

当把氧化还原反应应用于滴定分析时，要求反应完全程度达到99.9%以上，$E^{\ominus'}_{(+)}$和$E^{\ominus'}_{(-)}$应相差多大呢？

对任一滴定反应：

$$n_2\text{氧化剂}_1 + n_1\text{还原剂}_2 \rightleftharpoons n_2\text{还原剂}_1 + n_1\text{氧化剂}_2$$

此时$\left(\frac{c_{\text{还原剂}_1}}{c_{\text{氧化剂}_1}}\right)^{n_2} \geqslant \left(\frac{99.9}{0.1}\right)^{n_2} \approx 10^{3n_2}$，同理$\left(\frac{c_{\text{氧化剂}_2}}{c_{\text{还原剂}_2}}\right)^{n_1} \geqslant 10^{3n_1}$

若 $n=n_1=n_2=1$，得

$$\lg K^{\ominus'} = \lg \frac{c_{\text{氧化剂}_2}}{c_{\text{还原剂}_2}} \frac{c_{\text{还原剂}_1}}{c_{\text{氧化剂}_1}} \geqslant \lg(10^3 \times 10^3) = \lg 10^6 = \frac{n[E^{\ominus'}_{(+)} - E^{\ominus'}_{(-)}]}{0.059\text{V}}$$

所以

$$E^{\ominus'}_{(+)} - E^{\ominus'}_{(-)} = \frac{0.059}{n} \lg K' \geqslant \frac{0.059}{1} \times 6 \approx 0.4\text{V}$$

当两个电对的条件电极电势之差大于 0.4V 时，这样的反应才能用于滴定分析。

模块二　氧化还原滴定

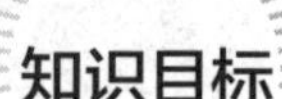

知识目标

1. 掌握高锰酸钾滴定分析方法的原理和应用。
2. 掌握重铬酸钾滴定分析方法的原理和应用。
3. 掌握碘量法的原理和应用。

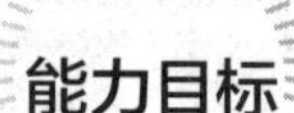

能力目标

1. 能准确配制和标定高锰酸钾标准溶液。
2. 能利用高锰酸钾标准溶液进行双氧水含量的分析。
3. 能准确配制重铬酸钾标准溶液并用于实践。
4. 能准确配制碘量法所用标准溶液并用于实践。

氧化还原滴定法是利用氧化还原反应为基础的滴定分析法。它的应用很广泛，不仅可以用来直接测定氧化剂和还原剂，也可用来间接测定一些能和氧化剂或还原剂定量反应的物质。由于氧化还原反应机理复杂，许多反应的历程也不够清楚，还有许多反应速度慢，而且副反应又多，不能满足滴定分析的要求。能够用于氧化还原滴定分析的化学反应必须具备如下条件：

(1) 滴定剂和被滴定物质对应的电对的条件电极电位差大于 0.40V，反应可以定量进行。

(2) 有适当的方法或指示剂指示反应的终点。

(3) 有足够快的反应速率。

一、基础知识

氧化还原滴定可以用电势分析法确定终点，但经常用的还是利用指示剂在化学计量点附近时颜色的改变来指示终点。常用的指示剂有以下几类。

1. 氧化还原指示剂

氧化还原指示剂本身是具有氧化还原性质的有机化合物，它的氧化型和还原型具有不同的颜色。在滴定至计量点附近，指示剂被氧化或还原，伴随着颜色的变化，从而指示滴定终点。例如常用的氧化还原指示剂二苯胺磺酸钠，它的氧化型呈红紫色，还原型呈无色。当用 $K_2Cr_2O_7$ 溶液滴定 Fe^{2+} 到化学计量点时，稍过量的 $K_2Cr_2O_7$ 即将二苯胺磺酸钠由无色的还原型氧化为红紫色的氧化型，指示终点的到达。

如果用 In_{Ox} 和 In_{Red} 分别表示指示剂的氧化态和还原态；氧化还原指示剂的半反应可用下式表示：

$$In_{Ox}+ne^- \rightleftharpoons In_{Red}$$

$$E=E_{In}^{\ominus}+\frac{0.059V}{n}\lg\frac{c_{In_{Ox}}}{c_{In_{Red}}}$$

式中 $E_{In}^{\ominus}$ 为指示剂的标准电极电势。当溶液中氧化还原电对的电势改变时，指示剂的氧化型和还原型的浓度比也会发生改变，因而使溶液的颜色发生变化。

与酸碱指示剂的变化情况相似，当 $c_{In_{Ox}}/c_{In_{Red}} \geqslant 10$ 时，溶液呈现氧化型的颜色，此时

$$E \geqslant E_{In}^{\ominus}+\frac{0.059V}{n}\lg 10=E_{In}^{\ominus}+\frac{0.059V}{n}$$

当 $c_{In_{Ox}}/c_{In_{Red}} \leqslant 1/10$ 时，溶液呈现还原型的颜色，此时，

$$E \leqslant E_{In}^{\ominus}+\frac{0.059V}{n}\lg\frac{1}{10}=E_{In}^{\ominus}-\frac{0.059V}{n}$$

故指示剂变色的电势范围为：

$$E_{In}^{\ominus}\pm\frac{0.059}{n}V$$

实际工作中，若有条件电极电势，得到指示剂变色的电势范围为：

$$E_{In}^{\ominus'}\pm\frac{0.059}{n}V$$

当 $n=1$ 时，指示剂变色的电势范围为 $E_{In}^{\ominus'}\pm 0.059V$；$n=2$ 时，为 $E_{In}^{\ominus'}\pm 0.030V$。由于此范围甚小，一般就可用指示剂的条件电极电势来估量指示剂变色的电势范围。

表 5-2 所示为一些重要的氧化还原指示剂的条件电极电势及颜色变化。

表 5-2 一些氧化还原指示剂的条件电极电势及颜色变化

指示剂	$E_{In}^{\ominus'}$/V $c_{H^+}=1mol/L$	颜色变化		指示剂	$E_{In}^{\ominus'}$/V $c_{H^+}=1mol/L$	颜色变化	
		氧化态	还原态			氧化态	还原态
次甲基蓝	0.52	蓝	无色	邻苯氨基苯甲酸	0.89	红紫	无色
二苯胺	0.76	紫	无色	磷二氮菲亚铁	1.06	浅蓝	无色
二苯胺磺酸钠	0.84	红紫	无色				

2. 自身指示剂

有些标准溶液或被滴定物质本身具有很深的颜色，而滴定产物无色或颜色很淡。在滴定时，该种试剂稍一过量就很容易察觉，该试剂本身起着指示剂的作用，称为自身指示剂。例如 $KMnO_4$ 本身显紫红色，而其还原产物 Mn^{2+} 则几乎无色，所以用 $KMnO_4$ 来滴定无色或浅色还原剂时，一般不必另加指示剂，化学计量点后，MnO_4^- 过量 2×10^{-6}mol/L 即使溶液呈粉红色。

3. 特殊指示剂

有些物质本身并不具有氧化还原性，但它能与滴定剂或被测物产生特殊的颜色，因而可指示滴定终点。例如，可溶性淀粉与 I_2 生成深蓝色吸附配合物，反应特效而灵敏，蓝色的出现与消失可指示终点。又如以 Fe^{3+} 滴定 Sn^{2+} 时，可用 KSCN 作为指示剂，当溶液出现红色，即生成 Fe（Ⅱ）的硫氰酸配合物时，即为终点。

二、常用的氧化还原滴定方法

氧化还原反应很多，但能用来作为氧化还原滴定的还是有限的，常见的主要有重铬酸钾法、高锰酸钾法、碘量法、铈量法、溴酸钾法等，下面重点介绍三种最常见的氧化还原滴定方法。

（一）高锰酸钾法

1. 概述

高锰酸钾是强氧化剂。在强酸性溶液中，$KMnO_4$ 还原为 Mn^{2+}：

$$MnO_4^- + 8H^+ + 5e^- \rightleftharpoons Mn^{2+} + 4H_2O \qquad E^{\ominus} = 1.51V$$

在中性或碱性溶液中，还原为 MnO_2：

$$MnO_4^- + 2H_2O + 3e^- \rightleftharpoons MnO_2\downarrow + 4OH^- \qquad E^{\ominus} = 1.23V$$

反应后生成棕褐色 MnO_2 沉淀，妨碍滴定终点的观察，这个反应在定量分析中很少应用。所以高锰酸钾法一般都在强酸性条件下使用。但 $KMnO_4$ 氧化有机物在强碱性条件下反应速率比在酸性条件下更快，所以用 $KMnO_4$ 法测定甘油、甲醇、甲酸、葡萄糖、酒石酸等有机物一般适宜在碱性条件下进行。在 NaOH 浓度大于 2mol/L 的碱性溶液中，很多有机物与 $KMnO_4$ 反应。此时 MnO_4^- 被还原为 MnO_4^{2-}：

$$MnO_4^- + e^- \rightleftharpoons MnO_4^{2-} \qquad E^{\ominus} = 0.558V$$

用 $KMnO_4$ 作氧化剂，可直接滴定许多还原性物质，如 Fe（Ⅱ）、H_2O_2、草酸盐等。

一些氧化性物质如 MnO_2、PbO_2、Pb_3O_4、$K_2Cr_2O_7$、H_3VO_4 等，可用间接法测定。测定 MnO_2，可以在其 H_2SO_4 溶液中加入一定量的过量 $Na_2C_2O_4$ 或 $FeSO_4$ 等，用 $KMnO_4$ 标准溶液返滴定。

某些物质（如 Ca^{2+}）虽没有氧化还原性，但能与另一还原剂或氧化剂定量反应，也可以用间接法测定。例如将 Ca^{2+} 沉淀为 CaC_2O_4，然后用稀 H_2SO_4 将所得沉淀溶解，用 $KMnO_4$ 标准溶液滴定溶液中的 $C_2O_4^{2-}$，间接求得 Ca^{2+} 含量。显然，凡是能与 $C_2O_4^{2-}$ 定量沉淀的金属离子（如 Sr^{2+}、Ba^{2+}、Ni^{2+}、Cd^{2+}、Zn^{2+}、Cu^{2+}、Pb^{2+}、Hg^{2+}、Ag^{+}、Bi^{3+}、Ce^{3+}、La^{3+} 等）都能用该法测定。

高锰酸钾法利用化学计量点后稍微过量的 MnO_4^- 本身的粉红色来指示终点的到达。

高锰酸钾法的优点是 $KMnO_4$ 氧化能力强，应用广泛。但也因此而可以和很多还原性物质发生作用，故干扰比较严重，反应历程比较复杂，易发生副反应，因此滴定时要严格控制条件。$KMnO_4$ 试剂常含少量杂质，其标准溶液不够稳定。已标定的 $KMnO_4$ 溶液放置一段时间后，应重新标定。

$KMnO_4$ 溶液可用还原剂作基准物来标定，$H_2C_2O_4 \cdot 2H_2O$、$Na_2C_2O_4$、$FeSO_4(NH_4)_2SO_4 \cdot 6H_2O$ 等都可用作基准物质。其中 $Na_2C_2O_4$ 不含结晶水，容易提纯，是最常用的基准物质。

在 H_2SO_4 溶液中，MnO_4^- 与 $C_2O_4^{2-}$ 的反应为：

$$2MnO_4^- + 5C_2O_4^{2-} + 16H^+ \rightleftharpoons 2Mn^{2+} + 10CO_2\uparrow + 8H_2O$$

为了使此反应能定量地、较迅速地进行，应注意下述滴定条件：

(1) 温度　在室温下此反应的速率缓慢，须将溶液加热至 75～85℃，但温度不宜过高，否则在酸性溶液中会使部分 $H_2C_2O_4$ 发生分解：

$$H_2C_2O_4 \rightleftharpoons CO_2\uparrow + CO\uparrow + H_2O$$

(2) 酸度　一般滴定开始时的最适宜酸度约为 $c_{H^+} = 1mol/L$。若酸度过低，MnO_4^- 会部分被还原为 MnO_2 沉淀；酸度过高，又会促使 $H_2C_2O_4$ 分解。为了防止诱导氧化 Cl^- 的反应发生，应当在 H_2SO_4 介质中进行。

(3) 滴定速度　由于 MnO_4^- 与 $C_2O_4^{2-}$ 的反应是自催化反应，滴定开始时，加入的第一滴 $KMnO_4$ 溶液褪色很慢，所以开始滴定时速度要慢些，在 $KMnO_4$ 红色未褪去之前，不要加入第二滴。当溶液中产生 Mn^{2+} 后，滴定速度才能逐渐加快。即使这样，也要等前面滴入的 $KMnO_4$ 溶液褪色之后再滴加，否则部分加入的 $KMnO_4$ 溶液来不及与 $C_2O_4^{2-}$ 反应，此时在热的酸性溶液中会发生分解，导致标定结果偏低。

$$4MnO_4^- + 12H^+ \rightleftharpoons 4Mn^{2+} + 5O_2\uparrow + 6H_2O$$

终点后稍微过量的 MnO_4^- 使溶液呈现粉红色而指示终点的到达。该终点不太稳定，这是由于空气中的还原性气体及尘埃等落入溶液中能使 $KMnO_4$ 缓慢分解，而使粉红色消失，所以经过半分钟不褪色即可认为终点已到。

2. 应用示例

(1) H_2O_2 的测定　在酸性溶液中，H_2O_2 定量地被 MnO_4^- 氧化，其反应为：

$$2MnO_4^- + 5H_2O_2 + 6H^+ \rightleftharpoons 2Mn^{2+} + 5O_2\uparrow + 8H_2O$$

反应在室温下进行。反应开始速度较慢，但因 H_2O_2 不稳定，不能加热，随着反应进行，生成的 Mn^{2+} 催化了反应，使反应速度加快。

H_2O_2 不稳定，工业用 H_2O_2 中常加入某些有机化合物（如乙酰苯胺等）作为稳定剂，这些有机化合物大多能与 MnO_4^- 反应而干扰测定，此时最好采用碘量法测定 H_2O_2。生物化学中，过氧化氢酶能使 H_2O_2 分解，故可用过量的、已知量的 H_2O_2 与过氧化氢酶作用，剩余的 H_2O_2 在酸性条件下用 $KMnO_4$ 标准溶液回滴，以此间接测定过氧化氢酶的含量。

（2）Ca^{2+} 的测定　一些金属离子能与 $C_2O_4^{2-}$ 生成难溶的草酸盐沉淀，如果将生成的草酸盐沉淀溶于酸中，再用 $KMnO_4$ 标准溶液来滴定 $H_2C_2O_4$，就可间接测定这些金属离子。钙离子就用此法测定。

在沉淀 Ca^{2+} 时，如果将沉淀剂 $(NH_4)_2C_2O_4$ 加到中性或氨性的 Ca^{2+} 溶液中，此时生成的 CaC_2O_4 沉淀颗粒很小，难于过滤，而且含有碱式草酸钙和氢氧化钙，所以，必须选择沉淀 Ca^{2+} 的合适条件。

正确沉淀 CaC_2O_4 的方法是将 Ca^{2+} 试液先用盐酸酸化，然后加入 $(NH_4)_2C_2O_4$。由于 $C_2O_4^{2-}$ 在酸性溶液中大部分以 $HC_2O_4^-$ 存在，$C_2O_4^{2-}$ 的浓度很小，此时即使 Ca^{2+} 浓度相当大，也不会生成 CaC_2O_4 沉淀。如果在加入 $(NH_4)_2C_2O_4$ 后把溶液加热至 70～80℃，滴入稀氨水，由于 H^+ 逐渐被中和，$C_2O_4^{2-}$ 浓度缓缓增加，结果可以生成粗颗粒结晶的 CaC_2O_4 沉淀。最后应控制溶液的 pH 在 3.5～4.5（甲基橙呈黄色）并继续保温约 30min 使沉淀陈化。这样不仅可避免其他不溶性钙盐的生成，而且所得 CaC_2O_4 沉淀又便于过滤和洗涤。放置冷却后，过滤，洗涤，将 CaC_2O_4 溶于稀硫酸中，即可用 $KMnO_4$ 标准溶液滴定热溶液中由 CaC_2O_4 定量转化而成的 $H_2C_2O_4$。

（3）铁的测定　将试样溶解后（通常使用盐酸作为溶剂），生成的 Fe^{3+}（实际上是 $FeCl_4^-$、$FeCl_6^{3-}$ 等配离子）应先用还原剂还原为 Fe^{2+}，然后用 $KMnO_4$ 标准溶液滴定。在滴定前还应加入硫酸锰、硫酸及磷酸的混合液，其作用是：①避免对 Cl^- 的受诱反应的发生；②使 Fe^{3+} 生成无色的 $Fe(PO_4)_2^{3-}$ 配离子，就可使终点易于观察。

（二）重铬酸钾法

1. 概述

在酸性条件下 $K_2Cr_2O_7$ 是一常用的氧化剂。酸性溶液中与还原剂作用，$Cr_2O_7^{2-}$ 被还原成 Cr^{3+}：

$$Cr_2O_7^{2-} + 14H^+ + 6e^- \rightleftharpoons 2Cr^{3+} + 7H_2O \quad E^{\ominus} = 1.33V$$

实际上，$Cr_2O_7^{2-}/Cr^{3+}$ 电对的条件电极电势比标准电极电势小得多。例如在 $c_{HClO_4} = 1.0mol/L$ 的高氯酸溶液中，$E^{\ominus'}_{Cr_2O_7^{2-}/Cr^{3+}} = 1.025V$；在 $c_{HCl} = 1.0mol/L$

的盐酸溶液中，$E^{\ominus'}_{Cr_2O_7^{2-}/Cr^{3+}}=1.00V$，因此重铬酸钾法需在强酸条件下使用，能用于测定许多无机物和有机物。此法具有以下一系列优点：①$K_2Cr_2O_7$ 易于提纯，可用直接法配制滴定液；②$K_2Cr_2O_7$ 溶液相当稳定，只要保存在密闭容器中，浓度可长期保持不变；③不受 Cl^- 还原作用的影响，可在盐酸溶液中进行滴定。

重铬酸钾法有直接法和间接法之分。对一些有机试样，在硫酸溶液中常加入过量 $K_2Cr_2O_7$ 标准溶液，加热至一定温度，冷却后稀释，再用硫酸亚铁铵标准溶液返滴定。这种间接方法还可以用于腐植酸肥料中腐植酸的分析、电镀液中有机物的测定。

应用 $K_2Cr_2O_7$ 标准溶液进行滴定时，常用氧化还原指示剂，例如二苯胺磺酸钠或邻苯氨基苯甲酸等。使用 $K_2Cr_2O_7$ 时应注意废液处理，以免污染环境。

2. 应用示例

铁的测定　重铬酸钾法测定铁利用下列反应：

$$6Fe^{2+}+Cr_2O_7^{2-}+14H^+ \rightleftharpoons 6Fe^{3+}+2Cr^{3+}+7H_2O$$

试样（铁矿石等）一般用 HCl 溶液加热分解后，用还原剂 $SnCl_2$ 将 Fe^{3+} 还原为 Fe^{2+}，其反应方程式为：

$$2Fe^{3+}+Sn^{2+} \rightleftharpoons 2Fe^{2+}+Sn^{4+}$$

过量 $SnCl_2$ 用 $HgCl_2$ 除去：

$$SnCl_2+2HgCl_2 \rightleftharpoons SnCl_4+Hg_2Cl_2$$

适当稀释后用 $K_2Cr_2O_7$ 标准溶液滴定（为了避免汞的污染现常用无汞测铁法）。

滴定时需要采用氧化还原指示剂，如二苯胺磺酸钠作指示剂。终点时溶液由绿色（Cr^{3+} 颜色）突变为紫色或紫蓝色。已知二苯胺磺酸钠的 $E^{\ominus'}=0.84V$，$E^{\ominus'}_{Fe^{3+}/Fe^{2+}}=0.68V$，则滴定至 99.9%时的电极电势为：

$$E_{Fe^{3+}/Fe^{2+}}=E^{\ominus'}_{Fe^{3+}/Fe^{2+}}+0.059V\lg\frac{c_{Fe^{3+}}}{c_{Fe^{2+}}}$$

$$=0.68V+0.059V\lg\frac{99.9}{0.1}=0.86V$$

可见，当滴定进行至 99.9%时，电极电势已超过指示剂变色的电势（>0.84V），如此滴定终点将提前到达。为了减小终点误差，可在试液中加入 H_3PO_4，使 Fe^{3+} 生成无色而稳定的 $Fe(PO_4)_2^{3-}$ 配离子，降低 Fe^{3+}/Fe^{2+} 电对的电势。例如在 1mol/L HCl 与 0.25mol/L H_3PO_4 溶液中 $E^{\ominus}_{Fe^{3+}/Fe^{2+}}=0.51V$，从而避免了过早氧化指示剂。

（三）碘量法

1. 概述

碘量法是利用 I_2 的氧化性和 I^- 的还原性来进行滴定的分析方法。由于固体

I_2 在水中的溶解度很小（0.00133mol/L），实际应用时通常将 I_2 溶解在 KI 溶液中，此时 I_2 在溶液中以 I_3^- 形式存在：

$$I_2 + I^- \rightleftharpoons I_3^-$$

半反应为：

$$I_3^- + 2e^- \rightleftharpoons 3I^- \qquad E^{\ominus'}_{I_2/I^-} = 0.536V$$

这一电对的标准电极电势处在电极电势表中间，可见 I_2 是一较弱的氧化剂，即凡是电极电势小于 $E^{\ominus}_{I_2/I^-}$ 的还原性物质都能被 I_2 氧化，都有可能用 I_2 标准溶液进行滴定。这种方法称为直接碘法，也称碘滴定法。例如钢铁中硫的测定，将试样在 1300℃的燃烧管中通 O_2 燃烧，使硫转化为 SO_2 后，再用 I_2 标准溶液滴定：

$$I_2 + SO_2 + 2H_2O \rightleftharpoons 2I^- + SO_4^{2-} + 4H^+$$

直接碘法还可以测定如 Sn(Ⅱ)、Sb(Ⅲ)、As_2O_3、S^{2-}、SO_3^{2-}、维生素 C 等。由于 I_2 的氧化能力不强，所以能被 I_2 氧化的物质有限。而且直接碘法的应用受溶液中 H^+ 浓度的影响较大，例如在较强的碱性溶液中就不能用 I_2 溶液滴定，因为当 pH 较高时，会发生如下副反应：

$$3I_2 + 6OH^- \rightleftharpoons IO_3^- + 5I^- + 3H_2O$$

这样就会给测定带来误差。在酸性溶液中，只有少数还原能力强、不受 H^+ 浓度影响的物质才能发生定量反应。所以直接碘法的应用受到一定的限制。

另一方面 I^- 为一中等强度的还原剂，能被氧化剂（如 $K_2Cr_2O_7$、$KMnO_4$、H_2O_2、KIO_3 等）定量氧化而析出 I_2，例如：

$$2MnO_4^- + 10I^- + 16H^+ \rightleftharpoons 2Mn^{2+} + 5I_2 + 8H_2O$$

析出的 I_2 用还原剂 $Na_2S_2O_3$ 标准溶液滴定：

$$I_2 + 2S_2O_3^{2-} \rightleftharpoons 2I^- + S_4O_6^{2-}$$

因而可间接测定氧化性物质，这种方法称为间接碘法。

凡能与 KI 作用定量析出 I_2 的氧化性物质及能与过量 I_2 在碱性介质中作用的有机物质，都可用间接碘法测定。

间接碘法的基本反应为：

$$2I^- - 2e^- \rightleftharpoons I_2$$

$$I_2 + 2S_2O_3{}^{2-} \rightleftharpoons 2I^- + S_4O_6^{2-}$$

碘量法可能产生误差的来源有：①I_2 具有挥发性，容易挥发损失；②I^- 在酸性溶液中易为空气中氧所氧化：

$$4I^- + 4H^+ + O_2 \rightleftharpoons 2I_2 + 2H_2O$$

此反应在中性溶液中进行极慢，但随着溶液中 H^+ 浓度增加而加快，若受阳光照射，反应速率增加更快。所以碘量法一般在中性或弱酸性溶液中及低温（<25℃）下进行。I_2 溶液应保存于棕色密闭的试剂瓶中。在间接碘法中，氧化

所析出的 I_2 必须在反应完毕后立即进行滴定，滴定最好在碘量瓶中进行。为了减少 I^- 与空气的接触，滴定时不应过度振荡。

碘量法的终点常用淀粉指示剂来确定。在有少量 I^- 存在下，I_2 与淀粉反应形成蓝色吸附配合物，根据蓝色的出现或消失来指示终点。

淀粉溶液应新鲜配制，若放置过久，则与 I_2 形成的配合物不呈蓝色而呈紫或红色。这种红紫色吸附配合物在用 $Na_2S_2O_3$ 滴定时褪色慢，终点不敏锐。

此外，碘量法也可利用 I_2 溶液的黄色作自身指示剂，但灵敏度较差。

2. I_2 与硫代硫酸钠的反应

I_2 和 $Na_2S_2O_3$ 的反应是碘量法中最重要的反应，如果酸度和滴定速度控制不当，会由于发生副反应而生成误差。I_2 和 $Na_2S_2O_3$ 的反应须在中性或弱酸性溶液中进行。因为在碱性溶液中，会同时发生如下反应：

$$Na_2S_2O_3+4I_2+10NaOH \rightleftharpoons 2Na_2SO_4+8NaI+5H_2O$$

而使氧化还原过程复杂化。因此在用 $Na_2S_2O_3$ 溶液滴定 I_2 之前，溶液应先中和成中性或弱酸性。

如果需要在弱碱性溶液中滴定 I_2，应用 $NaAsO_2$ 代替 $Na_2S_2O_3$。

标定 $Na_2S_2O_3$ 溶液的基准物质有：纯碘、KIO_3、$KBrO_3$、$K_2Cr_2O_7$、$K_3[Fe(CN)_6]$、纯铜等。这些物质除纯碘外，都能与 KI 反应析出 I_2：

$$IO_3^-+5I^-+6H^+ \rightleftharpoons 3I_2+3H_2O$$

$$BrO_3^-+6I^-+6H \rightleftharpoons Br^-+3I_2+3H_2O$$

$$Cr_2O_7^{2-}+6I^-+14H^+ \rightleftharpoons 2Cr^{3+}+3I_2+7H_2O$$

$$2[Fe(CN)_6]^{3-}+2I^- \rightleftharpoons 2[Fe(CN)_6]^{4-}+I_2$$

$$2Cu^{2+}+4I^- \rightleftharpoons 2CuI\downarrow+I_2$$

析出的 I_2 用 $Na_2S_2O_3$ 标准溶液滴定。

标定时称取一定量的基准物，在酸性溶液中，与过量 KI 作用。析出的 I_2，以淀粉为指示剂，用 $Na_2S_2O_3$ 溶液滴定。标定时应注意：

(1) 基准物质（如 $K_2Cr_2O_7$）与 KI 反应时，溶液的酸度愈大，反应速率愈快，但酸度太大时，I^- 容易被空气中的 O_2 所氧化，所以在开始滴定时，酸度一般以 0.8～1.0mol/L 为宜。

(2) $K_2Cr_2O_7$ 与 KI 的反应速率较慢，应将溶液在暗处放置一定时间（5min），待反应完全后再以 $Na_2S_2O_3$ 溶液滴定。KIO_3 与 KI 的反应快，不需要放置。

(3) 在以淀粉作指示剂时，应先以 $Na_2S_2O_3$ 溶液滴定至溶液呈浅黄色（大部分 I_2 已作用），然后加入淀粉溶液，用 $Na_2S_2O_3$ 溶液继续滴定至蓝色恰好消失，即为终点。淀粉指示剂若加入太早，则大量的 I_2 与淀粉结合成蓝色物质，这一部分碘就不容易与 $Na_2S_2O_3$ 反应，因而使滴定发生误差。

3. 应用示例

（1）硫酸铜中铜的测定　二价铜盐与 I^- 的反应如下：

$$2Cu^{2+}+4I^- \rightleftharpoons 2CuI\downarrow+I_2$$

析出的碘再用 $Na_2S_2O_3$ 标准溶液滴定，就可计算出铜的含量。

为了促使反应趋于完全，必须加入过量的 KI，但 KI 浓度太大会妨碍终点的观察。同时由于 CuI 沉淀强烈地吸附 I_2，使测定结果偏低。如果加入 KSCN，使 CuI 转化为溶解度更小的 CuSCN：

$$CuI+KSCN \rightleftharpoons CuSCN\downarrow+KI$$

这样不仅可以释放出被吸附的 I_2，而且反应时再生出来的 I^- 可再与未作用的 Cu^{2+} 反应。在这种情况下，可以使用较少的 KI 使反应进行得更完全。但 KSCN 只能在接近终点时加入，否则 SCN^- 可直接还原 Cu^{2+} 而使结果偏低：

$$6Cu^{2+}+7SCN^-+4H_2O \rightleftharpoons 6CuSCN\downarrow+SO_4^{2-}+HCN+7H^+$$

为了防止 Cu^{2+} 水解，反应必须在酸性溶液中进行（一般控制 pH 在 3～4）。酸度过低，反应速度慢，终点拖长；酸度过高，则 I^- 被空气氧化为 I_2 的反应被 Cu^{2+} 催化而加速，使结果偏高。由于 Cu^{2+} 易于与 Cl^- 形成配位化合物，因此应用 H_2SO_4 而不用 HCl 控制酸度。

测定矿石（铜矿等）、合金、炉渣或电镀液中的铜也可应用碘量法。用适当的溶剂将矿石等固体试样溶解后，再用上述方法测定。但应注意防止其他共存离子的干扰，例如试样常含有 Fe^{3+} 能氧化 I^-：

$$2Fe^{3+}+2I^- \rightleftharpoons 2Fe^{2+}+I_2$$

干扰铜的测定，使结果偏高。若加入 NH_4HF_2，可使 Fe^{3+} 生成稳定的 FeF_6^{3-} 配离子，降低了 Fe^{3+}/Fe^{2+} 电对的电势，从而防止了氧化 I^- 的反应。NH_4HF_2 还可控制溶液的酸度，使 pH 为 3～4。

（2）葡萄糖含量的测定　葡萄糖分子中所含的醛基，能在碱性条件下被过量 I_2 氧化成羧基，反应如下：

$$I_2+2OH^- \rightleftharpoons IO^-+I^-+H_2O$$

$$CH_2OH(CHOH)_4CHO+IO^-+OH^- \rightleftharpoons CH_2OH(CHOH)_4COO^-+I^-+H_2O$$

剩余的 IO^- 在碱性溶液中歧化进一步成 $IO_3{}^-$ 和 I^-：

$$3IO^- \rightleftharpoons IO_3^-+2I^-$$

溶液经酸化后又析出 I_2，反应为：

$$IO_3^-+5I^-+6H^+ \rightleftharpoons 3I_2+3H_2O$$

最后以 $Na_2S_2O_3$ 标准溶液滴定析出的 I_2。

另外很多具有氧化性的物质都可以用碘量法测定，如过氧化物、臭氧、漂白粉中的有效氯等。

思考练习题

1. 离子-电子法配平氧化-还原反应的步骤是什么？

2. 如何从标准电极电势表中寻找较强的氧化剂和较强的还原剂？

3. 如何使用标准电极电势表判断氧化还原反应进行的方向？

4. 用离子电子法配平下列反应方程式

(1) $Cr_2O_7^{2-}+Cl_2 \longrightarrow ClO_4^{-}+Cr^{3+}$

(2) $K_2CrO_4+S \longrightarrow Cr_2O_3+K_2SO_4+K_2O$

(3) $MnO_4^{-}+H_2O_2 \longrightarrow Mn_2+H_2O+O_2$

(4) $H_2O_2+BrO_3{}^{-} \longrightarrow Br_2+O_2$

5. 写出下列电池反应，并计算电池的电极电势：

(−)Zn | Zn^{2+}(0.5mol/L) ‖ Fe^{2+}(1mol/L)，Fe^{3+}(1.5mol/L) | Pt(+)

6. 在碱性介质中，硫元素的电势图为

$$S_2O_8^{2-} \xrightarrow{2.00V} SO_4^{2-} \xrightarrow{-0.93V} SO_3^{2-} \xrightarrow{-0.66V} S \xrightarrow{-0.51V} S^{2-}$$

(1) 写出能发生歧化反应的化学反应方程式；

(2) 写出能互相发生氧化还原反应（歧化反应的逆反应）的化学反应方程式。

7. 计算KI浓度为1mol/L时，Cu^{2+}/Cu^{+}电对的条件电极电位（忽略离子强度的影响）。

8. 用KIO_3作基准物质标定$Na_2S_2O_3$溶液。称取0.1500g KIO_3与过量的KI作用，析出的碘用$Na_2S_2O_3$溶液滴定，用去24.00mL。此$Na_2S_2O_3$溶液的浓度为多少？

9. 以$K_2Cr_2O_7$为基准物质采用间接碘法标定0.020mol/L $Na_2S_2O_3$溶液的浓度。若滴定时，欲将消耗的$Na_2S_2O_3$溶液的体积控制在25mL左右，问应当称取$K_2Cr_2O_7$多少克？

10. 以$K_2Cr_2O_7$标准溶液滴定0.4000g褐铁矿，若所用$K_2Cr_2O_7$溶液的体积（以mL为单位）与试样中Fe_2O_3百分含量相等，求$K_2Cr_2O_7$溶液对铁的滴定度。

11. 用30.00mL $KMnO_4$溶液恰能氧化一定质量的$KHC_2O_4 \cdot H_2O$，同样质量的$KHC_2O_4 \cdot H_2O$又恰能被25.20mL 0.2000mol/L KOH溶液中和，则$KMnO_4$溶液的浓度是多少？

12. 有一$KMnO_4$标准溶液的浓度为0.0238mol/L，求其对Cu和CuO的滴定度。称取含铜矿样0.3548g，溶解后将溶液中Cu^{2+}还原为Cu^{+}，然后用上述$KMnO_4$标准溶液滴定，用去30.70mL。求试样中的含铜量，分别以w_{Cu}和w_{CuO}表示。

技能训练十一　双氧水含量的测定（高锰酸钾法）

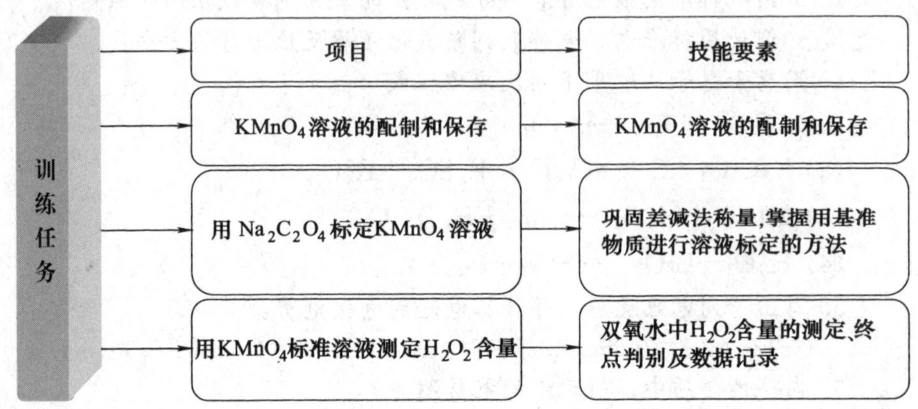

仪器药品

仪器：酸式滴定管，锥形瓶，量筒，烘干箱，电子天平，干燥器，水浴锅、棕色试剂瓶，微孔玻璃漏斗，电炉，温度计，50mL 具塞锥形瓶，1mL 吸量管，100mL 容量瓶，10mL 移液管，洗耳球

药品：$KMnO_4$，$Na_2C_2O_4$（基准物质），1mol/L H_2SO_4 溶液，30% H_2O_2 溶液，30g/L H_2O_2 溶液。

实训内容

【知识点】

1. 标定 $KMnO_4$ 溶液常用分析纯，在酸性溶液中反应如下式：

$$2MnO_4^- + 5C_2O_4^{2-} + 16H^+ \xlongequal{} 2Mn^{2+} + 8H_2O + 10CO_2\uparrow$$

2. 酸性介质、室温下 $KMnO_4$ 为自身指示剂

$$2MnO_4^- + 5H_2O_2 + 6H^+ \xlongequal{} 2Mn^{2+} + 5O_2\uparrow + 8H_2O$$

3. $c_{KMnO_4} = \dfrac{2\times W_{Na_2C_2O_4}}{5\times V_{KMnO_4}\times\dfrac{M_{Na_2C_2O_4}}{1000}}$ (mol/L)　　$M_{Na_2C_2O_4} = 134.0$

4. H_2O_2 含量 $H_2O_2 = \dfrac{(cV)_{KMnO_4}\times 5\times M_{H_2O_2}/1000}{2\times V_{样品}\ (mL)}\times 100$ (g/mL)

$$M_{H_2O_2} = 34.02\quad V_{样品} = 1.00\times\frac{10.00}{100.00}$$

【能力点】

1. 掌握以 $Na_2C_2O_4$ 为基准物质标定 $KMnO_4$ 标准溶液的原理和方法

2. 掌握用 $KMnO_4$ 测定 H_2O_2 的原理和方法
3. 掌握 $KMnO_4$ 溶液的保存

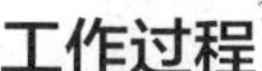

工作过程

酸式滴定管的准备

1. 洗涤
2. 检漏

标准溶液配制与标定

1. 0.02mol/L $KMnO_4$ 标准溶液的配制
称取$KMnO_4$ 1.6g，溶于500mL 新煮沸过并且放冷的蒸馏水中，混匀，置棕色玻璃瓶内，于暗处放置 7~10d，用垂熔玻璃漏斗过滤，保存于另一棕色玻璃瓶中
2. 0.02mol/L $KMnO_4$ 标准溶液的标定
精密称取105℃ 干燥至恒重的$Na_2C_2O_4$基准物约 0.15g，置于250mL锥形瓶中，加新鲜蒸馏水 100mL与浓硫酸5mL，旋摇使其溶解。置水浴中加热至75～85℃，取出。迅速自滴定管中加入本液约 15mL，待褪色后，继续滴定至溶液显淡红色并保持半分钟不褪。滴定终点时，溶液温度应不低于55℃

H_2O_2含量测定

1. H_2O_2 含量测定
30% H_2O_2样品的测定：量取 30% H_2O_2样品溶液1.00mL（注意不可用嘴吸），定量地转移至 100mL 容量瓶中，加水稀释至刻度，摇匀
2. H_2O_2含量测定
准确吸取10.00/mL待测样品，置250mL 锥形瓶中，加1mol/L 的H_2SO_4溶液20mL，用 0.02mol/L　$KMnO_4$ 标准溶液滴定至显微红色，30s不褪，即达终点

数据记录与结果处理

$V_{H_2O_2}$/mL		10. 00	10.00	10.00
$KMnO_4$体积/mL	终读数			
	初读数			
	V_{KMnO_4}			
H_2O_2含量/(g/L)				
相对平均偏差				

思考题

1. 在 $KMnO_4$ 法中，如果 H_2SO_4 用量不足，对结果有何影响？

2. 用 $KMnO_4$ 滴定双氧水时，溶液是否可以加热？

3. 由于 $KMnO_4$ 和 $Na_2C_2O_4$ 的反应较慢，需加热，开始滴定时加入的高锰酸钾颜色不能立即褪色，为什么速度会慢慢加快？

4. 用 $KMnO_4$ 滴定法测定双氧水的含量，为什么要在酸性条件下进行？能否用 HNO_3 或 HCl 代替 H_2SO_4 调节溶液的酸度？

技能要点

1. 市售 $KMnO_4$ 中常含少量 MnO_2 杂质，在配成溶液后，有 MnO_2 混在里面会起催化剂作用使 $KMnO_4$ 逐渐分解，所以必须过滤除去（过滤不可用滤纸）。配制必须使用新煮沸并放冷的蒸馏水，也不应含有有机还原剂，以防还原 $KMnO_4$。光线能促使 $KMnO_4$ 分解，故配好的 $KMnO_4$ 溶液应贮于棕色玻璃瓶中，密闭保存，并在暗处放置 7～10d 后再标定。

2. $KMnO_4$ 滴定的终点是不太稳定的，由于空气中含有还原性气体及尘埃等杂质，落入溶液中能使 $KMnO_4$ 慢慢分解，而使粉红色消失，所以经过 30s 不褪色，即可认为已达终点。

3. 标定 $KMnO_4$ 滴定终了时，溶液温度应不低于 55℃，否则因反应速度较慢会影响终点的观察与准确性。

4. 标定 $KMnO_4$ 溶液浓度时，整个滴定过程要注意控制溶液的酸度、温度、滴定速度。

5. 过氧化氢溶液有很强的腐蚀性，要防止溅洒到皮肤或衣物上。

技能训练十二　葡萄糖含量的测定（碘量法）

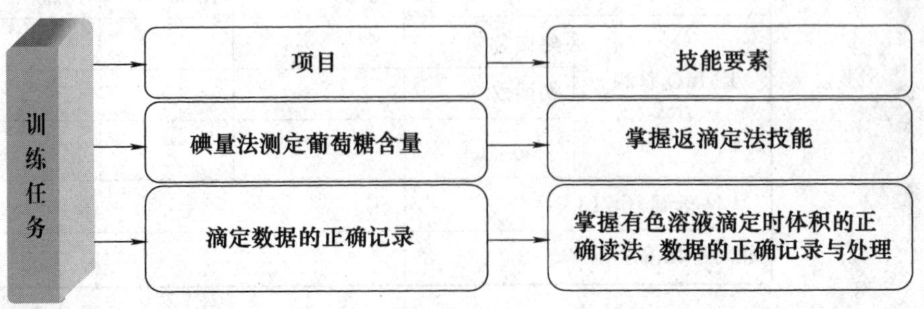

仪器药品

仪器：分析天平、台秤、烧杯、碱式滴定管、容量瓶（250mL）、移液管（25mL）、锥形瓶（250mL）、碘量瓶（250mL）

药品：I_2、KI、$Na_2S_2O_3$、Na_2CO_3、$K_2Cr_2O_7$，KI（20%）、HCl（6mol/L）、淀粉溶液（0.5%）、NaOH（2mol/L）、葡萄糖试样（0.05%）

实训内容

【知识点】

$$C_6H_{12}O_6 + I_2 + 3OH^- = C_6H_{11}O_7^- + 2I^- + 2H_2O$$

$$2S_2O_3^{2-} + I_2 = S_4O_6^{2-} + 2I^-$$

公式：

$$\rho_{C_6H_{12}O_6} = \frac{\left[(cV)_{I_2} - \frac{1}{2}(cV)_{S_2O_3^{2-}}\right] \cdot M_{C_6H_{12}O_6}}{m_s \times \frac{25.00}{100.00}}$$

【能力点】

1. 学会碘量法测定葡萄糖含量的方法原理
2. 熟悉碱滴定管的操作
3. 掌握有色溶液滴定时体积的正确读法
4. 掌握返滴定法技能

工作过程

碱式滴定管的准备

1. 洗涤
2. 检漏
3. 润洗
4. 除气泡

葡萄糖含量的测定

1. 葡萄糖试液的配制：准确称取0.45～0.55g葡萄糖试样溶于水后配成100mL溶液
2. 移取25.00mL葡萄糖试液于碘量瓶中，从酸式滴定管中加入25.00mL I_2标准溶液。一边摇动，一边缓慢加入2mol/L NaOH溶液，直至溶液呈浅黄色。将碘量瓶加塞放置10~15min后,加2mL 6mol/LHCl使成酸性，立即用$Na_2S_2O_3$溶液滴定至呈淡黄色时，加入2mL淀粉指示剂，继续滴定至蓝色消失即为终点。平行测定三次，计算试样中葡萄糖的含量(以g/L表示)，要求相对平均偏差小于0.3%

数据记录与结果处理

滴定号码 记录项目	1	2	3
葡萄糖+称量瓶质量/g			
称量瓶+剩余葡萄糖质量/g			
葡萄糖质量/g			
初始读数/mL			
终点读数/mL			
V/mL			
平均V/mL			
葡萄糖浓度/(g/L)			

思考题

1. 什么在氧化微葡萄糖时滴加 NaOH 的速度要慢，且加完后要放置一段时间。
2. 在酸化后则要立即用 $Na_2S_2O_3$ 标准溶液滴定?
3. 配制 I_2 溶液时加入过量 KI 的作用是什么?

技能要点

1. 一定要待 I_2 完全溶解后再转移。做完实验后，剩余的 I_2 溶液应倒入回收瓶中。
2. 碘易受有机物的影响，不可使用软木塞、橡皮塞，并应贮存于棕色瓶内避光保存。配制和装液时应戴上手套。I_2 溶液不能装在碱式滴定管中。
3. 本方法可视作葡萄糖注射液中葡萄糖含量的测定。测定时可视注射液的浓度将其适当稀释。
4. 无碘量瓶时可用锥形瓶盖上表面皿代替。

技能训练十三　食盐中含碘量的测定

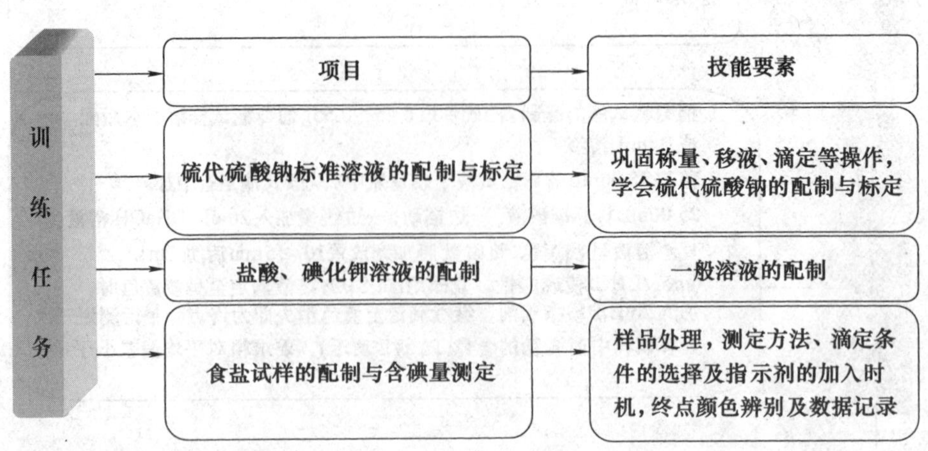

仪器药品

仪器：碱式滴定管、台秤、电子天平、称量瓶、容量瓶、移液管

药品：硫代硫酸钠、重铬酸钾、碘化钾、淀粉、稀硫酸、食盐、盐酸

实训内容

【知识点】

1. 测定原理

$$(1)\ KIO_3+5KI+3H_2SO_4 = 3K_2SO_4+3I_2+3H_2O$$

$$(2)\ I_2+2S_2O_3^{2-} = 2I^-+S_4O_6^{2-}$$

2. 硫代硫酸钠标定计算

$$c_{Na_2S_2O_3}=\frac{6m_{K_2Cr_2O_7}}{V_{Na_2S_2O_3}M_{K_2Cr_2O_7}}\times\frac{25.00}{250}$$

3. 结果计算

$$w(I)=\frac{c_{Na_2S_2O_3}V_{Na_2S_2O_3}M(I)}{6m\times10^{-3}}$$

【能力点】

1. 巩固碱式滴定管、称量、移液、滴定等基本操作
2. 掌握淀粉指示剂的加入时机
3. 掌握终点的颜色变化

工作过程

标准溶液配制与标定 →

1. 配制0.02mol/L $Na_2S_2O_3$溶液250mL(称1.0g)

2. 碱式滴定管准备与装液(装入$Na_2S_2O_3$)

3. $K_2Cr_2O_7$基准物质的溶液配制

准确称取0.15～0.20g $K_2Cr_2O_7$于250mL容量瓶中定容

4. 用基准物质进行标定

移液管分别移取三份各25mL上述$K_2Cr_2O_7$溶液于三个锥形瓶中，各加入3mol/L HCl5mL和1g KI，摇匀，放置暗处5min，待反应完全后，用水稀释至50mL，用$Na_2S_2O_3$溶液滴定至黄绿色，加入2mL淀粉溶液，继续滴定至蓝色消失呈现浅绿色(近无色)即为终点

食盐含碘量测定

1. 准确称取三份食盐各10.0000g于250mL碘量瓶中，加100mL水溶解
2. 各加2mL 1mol/L HCl和5mL 5% KI溶液，静置10min
3. 用稀释10倍的$Na_2S_2O_3$滴定至浅黄色，加2mL淀粉溶液滴定至无色

数据记录与处理

$K_2Cr_2O_7$质量/g			
$K_2Cr_2O_7$体积/mL	25.00	25.00	25.00
消耗$Na_2S_2O_3$体积/mL			
$Na_2S_2O_3$浓度/(mol/L)			
$Na_2S_2O_3$平均浓度			
	1	2	3
食盐质量			
消耗$Na_2S_2O_3$体积			
碘含量/(mg/kg)			
碘的平均含量			
相对平均偏差			
平均偏差			

思考题

1. 间接碘量法应用过程中，应注意的滴定条件是什么？
2. 用重铬酸钾标定硫代硫酸钠时，应注意的三点是什么？
3. 淀粉指示剂的使用条件是什么？
4. 提高碘量法测定结果准确度的措施有哪些？
5. 直接和间接碘量法都用淀粉指示剂，滴定终点颜色相同吗？

技能训练十四　铁矿石中全铁的测定

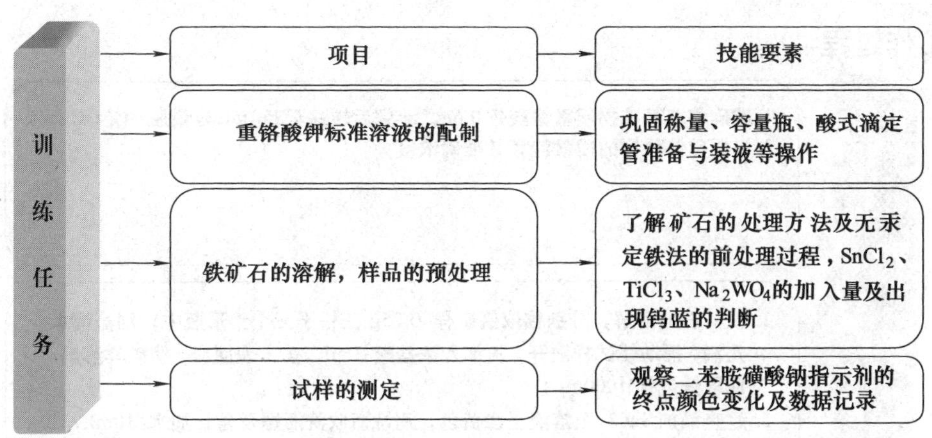

仪器药品

仪器：酸式滴定管、台秤、分析天平、称量瓶、容量瓶、移液管、洗瓶

药品：铁矿石、重铬酸钾、盐酸、二苯胺磺酸钠、$SnCl_2$、$TiCl_3$、Na_2WO_4、H_2SO_4-H_3PO_4 混酸

实训内容

【知识点】

1. 测定原理

$$2Fe^{3+}+SnCl_4^{2-}+2Cl^- = 2Fe^{2+}+SnCl_6^{2-}$$

$$Fe^{3+}+Ti^{3+}+H_2O = Fe^{2+}+TiO^{2+}+2H^+$$

$$6Fe^{2+}+Cr_2O_7^{2-}+14H^+ = 6Fe^{3+}+2Cr^{3+}+7H_2O$$

2. 标准溶液浓度的计算

$$c_{K_2Cr_2O_7}=\frac{m_{K_2Cr_2O_7}}{V_{K_2Cr_2O_7}M_{K_2Cr_2O_7}}$$

3. 结果计算

$$c_{Fe^{2+}}=\frac{6c_{K_2Cr_2O_7}V_{K_2Cr_2O_7}}{V_{Fe^{2+}}}$$

【能力点】

1. 巩固酸式滴定管、称量、移液、滴定等基本操作
2. 学会试样的酸溶解方法

3. 掌握无汞定铁法的前处理过程，$SnCl_2$、$TiCl_3$、Na_2WO_4 的加入量及出现钨蓝的颜色判断

4. 终点的颜色变化

工作过程

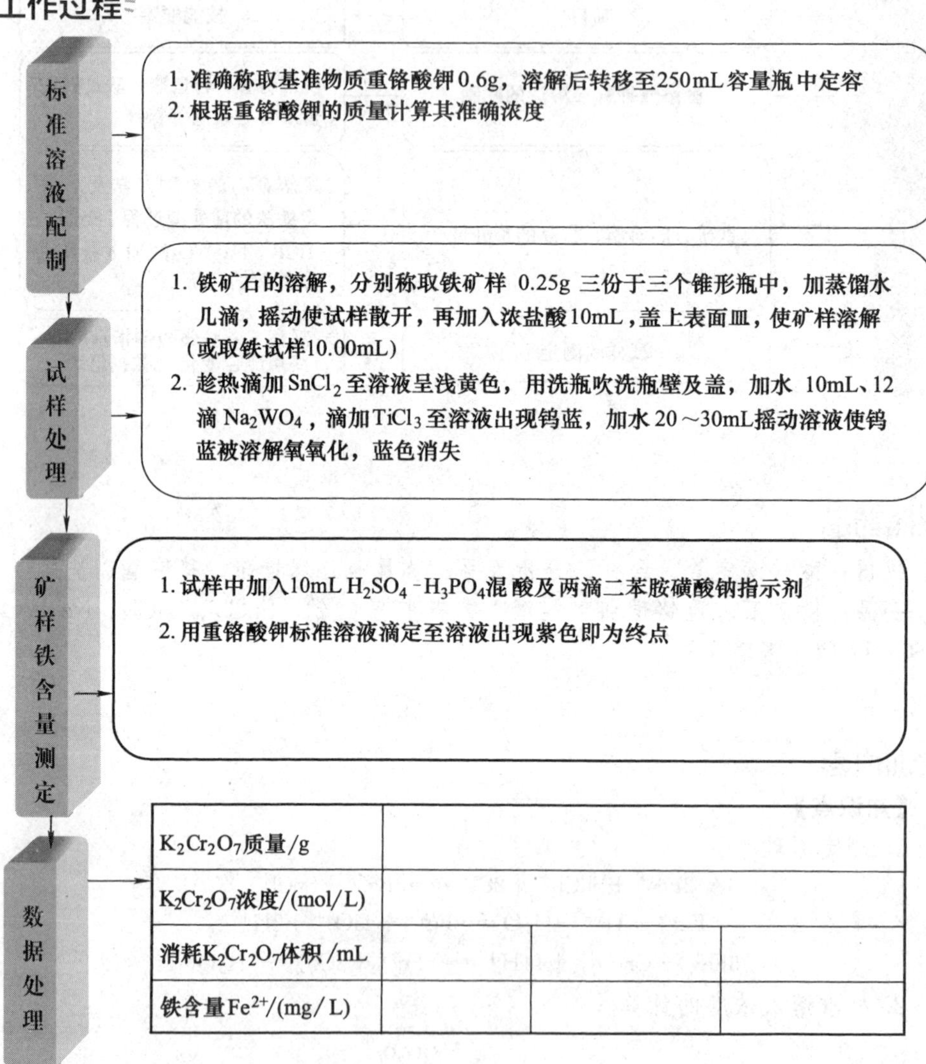

$K_2Cr_2O_7$质量/g			
$K_2Cr_2O_7$浓度/(mol/L)			
消耗$K_2Cr_2O_7$体积/mL			
铁含量Fe^{2+}/(mg/L)			

思考题

1. 为什么矿样还原一份立即滴定一份，而不是三份同时还原后再滴定？
2. 用 $SnCl_2$ 还原大部分 Fe^{3+} 后，加入钨酸钠之前为什么要加入 10mL 水？
3. 我们做的是无汞定铁法，你知道何为有汞定铁法吗？

项目六
配位滴定技术

模块一 配位平衡

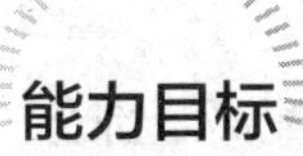

知识目标

1. 熟悉配位化合物的组成、结构和命名。
2. 了解螯合物及其特点。
3. 掌握配位平衡和配位平衡常数的意义及其有关计算，理解配位平衡的移动及与其他平衡的关系。

能力目标

能利用配位平衡进行稳定常数的相关计算，并能够判断配合物之间的相互转化。

配位化合物，简称配合物，旧称络合物，是含有配位键的化合物，也是组成较为复杂、应用广泛的一类化合物。具有多种重要的特性，在化学领域中，它已广泛地渗透到分析化学、物理化学、有机化学、催化化学和生物化学等领域中，并形成了一些交叉性边缘学科，如金属有机化学、生物配位化学（即生物无机化学）等。配位化合物的应用非常广泛，如染色工业、颜料工业、冶金工业、电镀工业、医药工业、有机合成工业及原子能火箭等尖端工业，甚至化学仿生学等各个方面都涉及配合物的应用。目前这是化学学科中最活跃、具有很多生长点的前沿学科之一，并形成了一门独立的分支学科——配位化学。

本部分从配合物的基本概念出发，介绍其组成、在溶液中的平衡以及配位滴定技术。

一、配合物及命名

（一）配合物的定义

有许多化合物，例如 HCl、NH_3、AgCl、$CuSO_4$ 等，它们的形成都符合经典化合价理论，这些化合物称为简单化合物。与简单化合物不同，另一些化合物是由上述简单化合物结合而成的，其形成不符合经典化合价理论，如：

$$CuSO_4+4NH_3 \rightleftharpoons [Cu(NH_3)_4]SO_4$$

$$CuCN+2KCN \rightleftharpoons K_2[Cu(CN)_3]$$

将 $[Cu(NH_3)_4]SO_4$ 晶体溶于水中，溶液中可检出 SO_4^{2-}，而几乎不存在 Cu^{2+} 和 NH_3 分子。这说明在 $[Cu(NH_3)_4]SO_4$ 化合物中有 $[Cu(NH_3)_4]^{2+}$ 复杂离子稳定存在。分析其结构，在 $[Cu(NH_3)_4]^{2+}$ 中，每个氨分子中的氮原子，提供一对孤对电子，填入 Cu^{2+} 的空轨道，形成四个配位键。这种配位键的形成使 $[Cu(NH_3)_4]^{2+}$ 和 Cu^{2+} 有很大的区别，例如与碱不再生成沉淀，颜色也会变深等。像 $[Cu(NH_3)_4]^{2+}$ 这种由一个简单阳离子和一定数目中性分子或阴离子结合而成的复杂离子称为配离子。

根据 1980 年中国化学会颁布的《无机化学命名原则》，配合物的定义为：配合物是由可以给出孤对电子或多个不定域电子的一定数目的离子或分子（称为配位体）和具有接受孤对电子或多个不定域电子空轨道的原子或离子（称中心原子或离子）按一定的组成和空间构型所形成的化合物。

类似 $[Cu(NH_3)_4]^{2+}$、$[Ag(NH_3)_2]^+$ 等因为带正电荷，称为配位阳离子；$[Fe(CN)_6]^{3-}$、$[PtCl_6]^{2-}$ 等因为带负电荷，称为配位阴离子；此外，还有一些中性的配位分子如 $[Ni(CO)_4]$、$[Fe(CO)_5]$ 等，习惯上，配离子也称为配合物。

（二）配位化合物的组成

配合物一般由内界和外界两部分组成。结合紧密且能稳定存在的配离子部分（如 $[Cu(NH_3)_4]^{2+}$、$[Fe(CN)_6]^{3-}$）称为内界，又称配位个体，写化学式的时候用方括号括起来。内界既可以是配位阳离子，也可以是配位阴离子。配位个体由中心离子（如 Cu^{2+}、Fe^{3+}）和配位体（如 NH_3、CN^-）结合而成。配位体中与中心离子直接相连接的原子称为配位原子，配位原子的个数称为配位数。

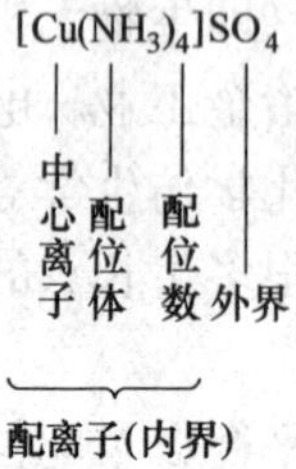

配位个体之外的其他离子称为外界，如 $[Cu(NH_3)_4]SO_4$ 中的 SO_4^{2-}，$K_3[Fe(CN)_6]$ 中的 K^+，它们距中心离子较远，构成配合物的外界，写在方括号的外面。配合物的组成如图 6-1 所示。

$[Cu(NH_3)_4]SO_4$

中心离子　配位体　配位数　外界

配离子(内界)

图 6-1　配合物的组成

1. 中心离子或原子

在配合物的内界中，总是由中心离子（或原子）和配位体两部分组成。中心离子在配离子的中心，一般是价层有空轨道的金属离子，例如 $[Cu(NH_3)_4]^{2+}$ 中的 Cu^{2+}。常见的是一些过渡金属，如铁、钴、镍、铜、银、金、铂等金属元素的离子。高氧化数的非金属元素如硼、硅、磷等和高氧化数的主族金属离子如 $[AlF_6]^{3-}$ 中的 Al^{3+} 等也能作为中心离子。也有不带电荷的中性原子作中心原子，如［$Ni(CO)_4$］、［$Fe(CO)_5$］中的 Ni、Fe 都是中性原子。

2. 配位体和配位原子

配位化合物内界中与中心离子（或原子）结合的阴离子或分子，称为配位体，简称配体。如 H_2O、NH_3、Cl^-、CN^- 等均为常见的重要配位体。其中 NH_3 中的 N 原子，H_2O 中的 O 原子，CN^- 中的 C 原子，直接与中心离子相结合，称为配位原子。配位原子主要是位于周期表右上方的ⅣA、ⅤA、ⅥA、ⅦA 族电负性较强的非金属原子，如 C、N、P、O、S、F、Cl、Br、I 等。

根据配位体中所含配位原子的数目多少，将配位体分成两大类。

单基配位体：一个配位体和中心原子（或离子）只以一个配位键相结合的称为单基（或单齿）配位体，如 F^-、Cl^-、OH^-、CN^-、NH_3、H_2O 等。

多基配位体：一个配位体和中心原子（或离子）以两个或两个以上的配位键相结合的，称为多基（或多齿）配位体。如乙二胺（en）是二基配体，乙二胺四乙酸（EDTA）是六基配体。

乙二胺　$NH_2—CH_2—CH_2—NH_2$

乙二胺四乙酸

```
HOOC—CH2                  CH2—COOH
        \                /
         N—CH2—CH2—N
        /                \
HOOC—CH2                  CH2—COOH
```

由多基配体与同一金属离子配位形成的具有环状结构的配合物称为螯合物，例如 Cu^{2+} 可与两个乙二胺（$NH_2—CH_2—CH_2—NH_2$）分子配合成具有环状结构的螯合物。

```
           H2N—CH2            ⎡        H2               H2          ⎤2+
                              ⎢  H2C—N              N—CH2  ⎥
Cu2+ +2(    |    )——→         ⎢   |       ↘    ↙       |     ⎥
                              ⎢              Cu              ⎥
           H2N—CH2            ⎢   |       ↗    ↖       |     ⎥
                              ⎢  H2C—N              N—CH2  ⎥
                              ⎣        H2               H2          ⎦
```

其配位体又称螯合剂，螯合物中形成的环称为螯环，以五元环和六元环最为稳定。由于螯环的形成，使螯合物比一般配合物稳定得多，而且环越多，螯合物越稳定。这种由于螯环的形成而使螯合物稳定性增加的作用称为螯合效应。

螯合剂的种类很多，其中绝大多数是有机化合物，极少数是无机物。常见的螯合剂有草酸、乙二胺、乙二胺四乙酸（EDTA）、柠檬酸、酒石酸、邻二氮菲等。

3. 配位数及其影响因素

在配位体中直接与中心离子（或原子）以配位键结合的配位原子的数目称为中心离子的配位数。由于配位体分为单齿配位体和多齿配位体，因此配位数是配位原子数而不是配位体的数目。如果配位体是单基的，则中心离子的配位数就是配位体的数目，如 $[Ag(NH_3)_2]^+$、$[Cu(NH_3)_4]^{2+}$、$SiF_6{}^{2-}$ 的配位数分别为2、4、6；如果配位体是多基的，则中心离子的配位数为配位体数目与其基数的乘积，例如 $[Pt(en)_2]^{2+}$ 的配位数为 2×2=4。

中心离子的配位数一般为 2、4、6、8 等，最常见的是 4 和 6。表 6-1 中列出一些常见金属离子的配位数。

表 6-1　　常见金属离子的配位数

一价金属离子		二价金属离子		三价金属离子	
Cu^+	2,4	Ca^{2+}	6	Al^{3+}	4,6
Ag^+	2	Fe^{2+}	6	Sc^{3+}	6
Au^+	2,4	Co^{2+}	4,6	Cr^{3+}	6
		Ni^{2+}	4,6	Fe^{3+}	6
		Cu^{2+}	4,6	Co^{3+}	6
		Zn^{2+}	4,6	Au^{3+}	4

影响配位数的因素很多，主要是中心离子的氧化数、半径和配位体的电荷、半径及彼此间的极化作用，以及配合物生成时的条件（如温度、浓度）等。

一般说来，中心离子的电荷数高，对配位体的吸引力较强，有利于形成配位数较高的配合物。

中心离子的半径越大，其周围可容纳的配位体就越多，配位数越大。如 Al^{3+} 与 F^- 可以形成 $[AlF_6]^{3-}$ 配离子，而体积较小的 B(Ⅲ) 原子就只能形成 $[BF_4]^-$ 配离子。但中心离子的半径过大会减小对配位体的吸引力，有时配位数反而减小。

单齿配位体的半径越大，在中心离子周围可容纳的配位体数目就越少。例如，Al^{3+} 与 F^- 形成 $[AlF_6]^{3-}$，与 Cl^- 则形成配位数 4 的 $[AlCl_4]^-$。配位体的负电荷越多，在增加中心离子对配位体吸引力的同时，也增加了配位体间的斥力，配位数减小。如 $[SiO_4]^{4-}$ 中 Si 的配位数比 $[SiF_6]^{2-}$ 中的小。

此外，配位数的大小还和配合物形成时配位体的浓度、溶液的温度有关。一般温度越低，配位体浓度越大，配位数越大。

影响配位数的因素很多，但有些中心原子与不同配位体形成配合物时，总是具有一个几乎不变的配位数，称为特征配位数。若中心原子是正离子，则配位数通常是其电荷数的二倍，如 Ag^+、Cu^+ 离子的特征配位数是 2，Pt^{2+}、Pd^{2+} 离子的特征配位数为 4，Co^{3+}、Cr^{3+} 离子的特征配位数为 6。由于影响配位数的因素很复杂，所以也有不符合以上规律的例外情况。

4. 配离子的电荷

配离子的电荷等于中心离子电荷与配位体总电荷的代数和。例如：

$[Cu(NH_3)_4]^{2+}$ 配离子的电荷数为：(+2)+(0)×4=+2

$[Ag(NH_3)_2]^+$配离子电荷数为：$(+1)+(0)\times 2=+1$

有时配离子的中心离子（或原子）和配位体的电荷的代数和为零，则配离子并不带电荷，其本身就是配合物。例如：

$[Ni(H_2O)_4Cl_2]$的电荷数为：$(+2)+(0)\times 4+(-1)\times 2=0$

从整体看，配位化合物是电中性的，所以也可由外界离子的电荷数推算中心原子和配离子的电荷数。例如：$Na_2[Cu(CN)_3]$ 中，它的外界离子有 2 个 Na^+ 离子，所以 $[Cu(CN)_3]^{2-}$ 配离子的电荷数是 -2，从而可以推知中心离子是 Cu^+ 而不是 Cu^{2+}。

（三）配位化合物的命名

配合物的命名遵循一般无机化合物的命名原则，即阴离子在前，阳离子在后。如果是配阳离子化合物，则与无机盐的命名一样；如果是配阴离子化合物，则在配阴离子与外界阳离子间用“酸”字连接，若外界是氢离子，则在配阴离子之后缀以“酸”字。

1. 配离子为阳离子的配合物

凡属于含配阳离子的配合物，其命名次序都是：外界阴离子→配位体→中心离子。配位体和中心离子之间加“合”字。配位体个数用一、二、三、四等数字表示，中心离子的氧化数以加括号的罗马数字表示并置于中心离子之后。例如：

$[Co(NH_3)_6]Cl_3$　　三氯化六氨合钴(Ⅲ)

$[Ag(NH_3)_2]NO_3$　　硝酸二氨合银(Ⅰ)

$[Pt(NH_3)_4](OH)_2$　　二氢氧化四氨合铂(Ⅱ)

2. 配离子为阴离子的配合物

命名次序为：配位体→中心离子→外界阳离子。在中心离子与外界阳离子的名称之间加一“酸”字，其余同上。例如：

$K_2[PtCl_6]$　　六氯合铂(Ⅳ)酸钾

$K_3[Fe(CN)_6]$　　六氰合铁(Ⅲ)酸钾

$H_2[PtCl_6]$　　六氯合铂(Ⅳ)酸

3. 含有两种以上配位体的配合物

配位体的次序按先阴离子、后中性分子排列，不同的配位体名称中间以小圆点“·”分开。若配位体同是阴离子或中性分子，则按配位原子元素符号的英文字母顺序排列。例如：

$[Co(NH_3)_4Cl_2]Cl$　　氯化二氯·四氨合钴(Ⅲ)

$[Co(NH_3)_5H_2O]Cl_3$　　三氯化五氨·一水合钴(Ⅲ)

4. 没有外界的配合物

命名方法与上面是相同的，只是没有外界而已。氧化数为零的可不标出。例如：

$[Fe(CO)_5]$　　五羰基合铁(0)

$[Pt(NH_3)_2Cl_2]$　　　　　二氯·二氨合铂(Ⅱ)

5. 配离子

配离子的命名与上面相同，只是没有外界部分的名称。例如：

$[Co(NH_3)_6]^{3+}$　　　　　六氨合钴(Ⅲ)配离子

$[PtCl_6]^{2-}$　　　　　六氯合铂(Ⅳ)配离子

对于配离子的命名，其中的“配”字也可省去。

以上的命名中，经常需要知道中心离子的氧化数，这可由配离子的电荷等于中心离子的电荷的代数和而求得。

二、配位平衡

(一) 配位化合物的平衡常数

1. 稳定常数的表示方法

金属离子在水溶液中常以水合离子存在，当在溶液中加入配位体时，则配位体取代水分子形成配离子，例如向含有 Cu^{2+} 离子的水溶液中逐渐加入 NH_3 时，则首先生成 $[Cu(NH_3)]^{2+}$，随着 NH_3 量的增加，逐渐形成 $[Cu(NH_3)_2]^{2+}$、$[Cu(NH_3)_3]^{2+}$、$[Cu(NH_3)_4]^{2+}$ 配离子。配离子是分步形成的可逆反应，各种配离子在溶液中建立如下平衡：

$$Cu^{2+}+NH_3 \rightleftharpoons [Cu(NH_3)]^{2+}$$

$$K_1^{\ominus}=\frac{c'_{[Cu(NH_3)]^{2+}}}{c'_{Cu^{2+}} \cdot c'_{NH_3}}$$

$$[Cu(NH_3)]^{2+}+NH_3 \rightleftharpoons [Cu(NH_3)_2]^{2+}$$

$$K_2^{\ominus}=\frac{c'_{[Cu(NH_3)_2]^{2+}}}{c'_{[Cu(NH_3)]^{2+}} \cdot c^{\ominus}_{NH_3}}$$

$$[Cu(NH_3)_2]^{2+}+NH_3 \rightleftharpoons [Cu(NH_3)_3]^{2+}$$

$$K_3^{\ominus}=\frac{c'_{[Cu(NH_3)_3]^{2+}}}{c'_{[Cu(NH_3)_2]^{2+}} \cdot c'_{NH_3}}$$

$$[Cu(NH_3)_3]^{2+}+NH_3 \rightleftharpoons [Cu(NH_3)_4]^{2+}$$

$$K_4^{\ominus}=\frac{c'_{[Cu(NH_3)_4]^{2+}}}{c'_{[Cu(NH_3)_3]^{2+}} \cdot c'_{NH_3}}$$

$K_1^{\ominus}$、$K_2^{\ominus}$、$K_3^{\ominus}$、$K_4^{\ominus}$ 分别称为第一、二、三、四级稳定常数。根据多重平衡规则，各级稳定常数的乘积就是 Cu^{2+} 与 NH_3 生成 $[Cu(NH_3)_4]^{2+}$ 配离子总反应的稳定常数，用 $K_{稳}^{\ominus}$ 表示。

$$K_{稳}^{\ominus}=K_1^{\ominus} \cdot K_2^{\ominus} \cdot K_3^{\ominus} \cdot K_4^{\ominus}=\frac{c'^{\ominus}_{[Cu(NH_3)_4]^{2+}}}{c'^{\ominus}_{Cu^{2+}} \cdot c^{\ominus 4}_{NH_3}}$$

配离子的 $K_{稳}^{\ominus}$ 的大小表示配合物生成倾向的大小，同时也表明配合物稳定性的高低。$K^{\ominus}_{稳}$值越大，配离子越稳定，因此配离子的稳定常数是配离子的一种特征常数。不同的配合物，其稳定常数不同，一些常见配离子的稳定常数见附录。

配离子的稳定性，也可用其解离平衡常数（$K^{\ominus}_{不稳}$）来表示。

$$[Cu(NH_3)_4]^{2+} \rightleftharpoons Cu^{2+} + 4NH_3$$

$$K^{\ominus}_{不稳} = \frac{c'_{Cu^{2+}} \cdot c'^{4}_{NH_3}}{c'_{[Cu(NH_3)_4]^{2+}}}$$

显然，$K^{\ominus}_{稳}$与$K^{\ominus}_{不稳}$互为倒数关系：

$$K^{\ominus}_{稳} = \frac{1}{K^{\ominus}_{不稳}}$$

对多配位体的配离子来说，随着配位体数目的增多，配位体之间的排斥作用加大，各级配离子的稳定性逐渐下降，其逐级稳定常数逐渐减小。所以，一般都存在$K_1 > K_2 > K_3 > K_4 \cdots$的规律。但配离子的逐级稳定常数的数量级往往相差不大，说明各级配合成分都占有一定的比例，要计算配离子溶液中各级成分的浓度就很复杂。但在实际生产和化学工作中，一般总是加入过量的配位剂，在这种情况下可认为溶液中主要存在最高配位数的配离子，而其他成分的配离子浓度可忽略不计，从而使计算大大简化，而且配位剂过量时，配合物的稳定性最强。

2. 稳定常数的应用

(1) 判断配合物的相对稳定性　稳定常数是配离子的特征常数，因此对配位数相同的配离子来说，可直接利用$K^{\ominus}_{稳}$比较它们的稳定性，$K^{\ominus}_{稳}$值越大，配离子越稳定。例如$[Ag(CN)_2]^-$和$[Ag(NH_3)_2]^+$配离子的配位数相同，$[Ag(NH_3)_2]^+$的$K^{\ominus}_{稳}$为1.7×10^7，$[Ag(CN)_2]^-$配离子的$K^{\ominus}_{稳}$为1.0×10^{21}，故$[Ag(CN)_2]^-$比$[Ag(NH_3)_2]^+$稳定。

(2) 计算配离子溶液中有关离子的浓度

例题1：计算在0.1mol/L $[Ag(NH_3)_2]Cl$溶液中Ag^+和NH_3的浓度（$K^{\ominus}_{稳}=1.7\times10^7$）。

解：设$c_{Ag^+}=x$mol/L

$$Ag^+ + 2NH_3 \rightleftharpoons [Ag(NH_3)_2]^+$$

$$x \qquad 2x \qquad 0.1-x$$

$$K^{\ominus}_{稳} = \frac{c'_{Ag(NH_3)_2^+}}{c'_{Ag^+} \cdot c'^{2}_{NH_3}}$$

因$K^{\ominus}_{稳}$较大，所以$0.1-x\approx0.1$

$$1.7\times10^7 = \frac{0.1}{4x^3}$$

所以，$x=1.14\times10^{-3}$mol/L

答：$c_{Ag^+}=1.14\times10^{-3}$mol/L，$c_{NH_3}=2\times1.14\times10^{-3}mol/L=2.28\times10^{-3}$mol/L。

(二) 影响配位平衡的因素

配位平衡与其他平衡一样，是建立在一定条件下的动态平衡。金属离子 M^{n+} 和配位体 L^- 在水溶液中存在如下配位和离解平衡：

$$M^{n+} + xL^- \rightleftharpoons ML_x^{(n-x)}$$

当向配位平衡体系中加入某种试剂，使与中心原子或配位体发生其他平衡(如酸碱平衡、沉淀溶解平衡、氧化还原平衡及其他配位平衡等)，从而改变了体系中的中心原子或配位体的浓度，则原配位平衡就发生移动。反之，配位平衡也能影响其他平衡。

1. 配位平衡与酸碱平衡

酸度对配位平衡的影响，可以分别从对中心原子的影响和对配位体的影响两方面来考虑。

许多配位体是弱酸根，如 F^-、SCN^-、CN^-、CO_3^{2-}、$C_2O_4^{2-}$ 等和 NH_3 以及有机酸根离子，它们能与外加酸生成弱酸而使配位平衡移动。

例如，在酸性介质中，F^- 离子能与 Fe^{3+} 离子生成 $[FeF_6]^{3-}$ 配离子。但当酸度过大（$c_{H^+} > 0.5mol/L$）时，由于 H^+ 与 F^- 结合生成了弱酸 HF，降低了溶液中 F^- 浓度，使 $[FeF_6]^{3-}$ 配离子大部分解离成 Fe^{3+}，因而被破坏。反应如下：

$$\begin{array}{l} Fe^{3+} + 6F^- \rightleftharpoons [FeF_6]^{3-} \\ \qquad\quad + \\ \qquad\ \ 6H^+ \\ \qquad\quad \Updownarrow \\ \qquad\ \ 6HF \end{array}$$

上式表明，酸度增大会引起配位体浓度下降，导致配合物的稳定性降低。这种现象通常称为配位体的酸效应。

总反应为：$[FeF_6]^{3-} + 6H^+ \rightleftharpoons Fe^{3+} + 6HF$

$$K^{\ominus} = \frac{c'_{Fe^{3+}} \cdot c'^{6}_{HF}}{c_{[FeF_6]^{3-}} \cdot c'^{6}_{H^+}}$$

将上式右端的分子、分母同乘以 $[F^-]^6$ 则：

$$K^{\ominus} = \frac{c'_{Fe^{3+}} \cdot c'^{6}_{HF}}{c_{[FeF_6]^{3-}} \cdot c'^{6}_{H^+}} \times \frac{c'^{6}_{F^-}}{c'^{6}_{F^-}} = \frac{1}{K^{\ominus}_{稳} \cdot (K^{\ominus}_{a})^6}$$

已知 $K^{\ominus}_{稳,[FeF_6]^{3-}} = 1\times10^{16}$，$K^{\ominus}_{a,HF} = 6.6\times10^{-4}$，代入上式得：

$$K^{\ominus} = \frac{1}{1\times10^{16}\times(6.6\times10^{-4})^6} = 1.21\times10^{3}$$

计算表明，上述反应的 $K^{\ominus}$ 较大，平衡向右移动的趋势较大。

由此可推知，在配离子溶液中加入酸，如果 $K^{\ominus}_{稳}$ 和 $K^{\ominus}_{a}$ 越小，配离子就越容易被酸分解。

若在上述 $[FeF_6]^{3-}$ 溶液加入强碱时，中心离子 Fe^{3+} 可与 OH^- 生成弱碱

$Fe(OH)_3$沉淀，从而降低了 Fe^{3+} 的浓度，使配位平衡向离解的方向移动，同样促进 $[FeF_6]^{3-}$ 离解。

即：

$$\begin{array}{l} Fe^{3+} + 6F^- \rightleftharpoons [FeF_6]^{3-} \\ \quad + \\ 3OH^- \\ \quad \Downarrow \\ Fe(OH)_3 \end{array}$$

总反应　$[FeF_6]^{3-} + 3OH^- \rightleftharpoons Fe(OH)_3 + 6F^-$

$$K^{\ominus} = \frac{c'_{Fe(OH)_3} \cdot c'^{6}_{F^-}}{c'_{[FeF_6]^{3-}} \cdot c'^{3}_{OH^-}} = \frac{1}{K^{\ominus}_{sp} \cdot K^{\ominus}_{稳}}$$

可见，$K^{\ominus}_{sp}$越小，$K^{\ominus}_{稳}$越小，则 $K^{\ominus}$ 值越大，配离子越容易离解。

由此可见，改变溶液的酸度既能改变配位体的浓度，又能改变中心离子的浓度，从而导致配位平衡的移动，影响配合物的稳定性。因此要使配合物得以稳定存在必须控制溶液的酸度。

2. 配位平衡与沉淀平衡

沉淀反应与配位平衡的关系，可看成是沉淀剂和配位剂共同争夺中心离子的过程。配合物的 $K^{\ominus}_{稳}$ 越大，沉淀的 $K^{\ominus}_{sp}$ 越大，则沉淀越容易被溶解生成配离子；反之，$K^{\ominus}_{稳}$ 与 $K^{\ominus}_{sp}$ 越小，则配离子越易离解而生成沉淀。

例如用浓氨水可将氯化银溶解，这是由于沉淀物中的金属离子与所加的配位剂形成了稳定的配合物，导致沉淀的溶解，其过程为：

$$\begin{array}{l} AgCl(s) \rightleftharpoons Ag^+ + Cl^- \\ \qquad\qquad\quad + \\ \qquad\qquad 2NH_3 \\ \qquad\qquad\quad \Updownarrow \\ \qquad\quad [Ag(NH_3)_2]^+ \end{array}$$

总反应为：$AgCl(s) + 2NH_3 \rightleftharpoons [Ag(NH_3)_2]^+ + Cl^-$

该反应的平衡常数为：

$$K^{\ominus} = \frac{c'_{[Ag(NH_3)_2]^+} \cdot c'_{Cl^-}}{c'^{2}_{NH_3}} = \frac{c'_{[Ag(NH_3)_2]^+} \cdot c'_{Cl^-}}{c'^{2}_{NH_3}} \times \frac{c'_{Ag^+}}{c'_{Ag^+}} = K^{\ominus}_{稳[Ag(NH_3)_2]^+} \cdot K^{\ominus}_{sp,AgCl}$$

由上式可推知，在含有沉淀的溶液中加入配位剂，$K^{\ominus}_{稳}$ 与 $K^{\ominus}_{sp}$ 越大，沉淀越易溶解。

同样，在配合物溶液中加入某种沉淀剂，它可与该配合物中的中心离子生成难溶化合物，该沉淀剂或多或少地导致配离子的破坏。例如，在 $[Cu(NH_3)_4]^{2+}$ 溶液中加入 Na_2S 溶液，就有 CuS 沉淀生成，配离子被破坏，其过程可表示为：

$$\begin{array}{l} [Cu(NH_3)_4]^{2+} \rightleftharpoons Cu^{2+} + 4NH_3 \\ \qquad\qquad\qquad\quad + \\ \qquad\qquad\qquad S^{2-} \\ \qquad\qquad\qquad\quad \Updownarrow \\ \qquad\qquad\qquad CuS\downarrow \end{array}$$

总反应为：$[Cu(NH_3)_4]^{2+}+S^{2-} \rightleftharpoons CuS\downarrow+4NH_3$

$$K^{\ominus}=\frac{c'^4_{NH_3}}{c'_{[Cu(NH_3)_4]^{2+}}\cdot c'_{S^{2-}}}=\frac{c'^4_{NH_3}}{c'_{[Cu(NH_3)_4]^{2+}}\cdot c'_{S^{2-}}}\times\frac{c'_{Cu^{2+}}}{c'_{Cu^{2+}}}$$

$$=\frac{1}{K^{\ominus}_{稳,[Cu(NH_3)_4]^{2+}}\cdot K^{\ominus}_{sp,CuS}}$$

已知 $K^{\ominus}_{稳,[Cu(NH_3)_4]^{2+}}=4.8\times10^{12}$，$K^{\ominus}_{sp,CuS}=8.5\times10^{-45}$，代入上式得：

$$K^{\ominus}=\frac{1}{4.8\times10^{12}\times8.5\times10^{-45}}=2.45\times10^{31}$$

计算结果表明，上述反应的 $K^{\ominus}$ 值相当大，故反应向右进行的趋势很大。

由上述两个平衡常数表达式可以看出，沉淀能否被溶解或配合物能否被破坏，主要取决于沉淀物的 $K^{\ominus}_{sp}$ 和配合物 $K^{\ominus}_{稳}$ 的值。而能否实现还取决于所加的配位剂和沉淀剂的用量。

例题 2：计算完全溶解 0.01mol 的 AgCl 和完全溶解 0.01mol 的 AgBr，至少需要 1L 多大浓度的氨水？已知 AgCl 的 $K^{\ominus}_{sp}=1.8\times10^{-10}$，AgBr 的 $K^{\ominus}_{sp}=5.0\times10^{-13}$，$[Ag(NH_3)_2]^+$ 的 $K^{\ominus}_{稳}=1.12\times10^{7}$。

解：假定 AgCl 溶解全部转化为 $[Ag(NH_3)_2]^+$，则氨一定是过量的。因此可忽略 $[Ag(NH_3)_2]^+$ 的离解产生的 NH_3，所以平衡时 $[Ag(NH_3)_2]^+$ 的浓度为 0.01mol/L，Cl^- 的浓度为 0.01mol/L，反应为：

$$AgCl+2NH_3 \rightleftharpoons [Ag(NH_3)_2]^+ +Cl^-$$

$$K^{\ominus}=\frac{c'_{[Ag(NH_3)_2]^+}\cdot c'_{Cl^-}}{c'^2_{NH_3}}=\frac{c'_{[Ag(NH_3)_2]^+}\cdot c'_{Cl^-}}{c'^2_{NH_3}}\times\frac{c'_{Ag^+}}{c'_{Ag^+}}$$

$$=K^{\ominus}_{稳[Ag(NH_3)_2]^+}\times K^{\ominus}_{sp,AgCl}=1.12\times10^{7}\times1.8\times10^{-10}$$

$$=2.02\times10^{-3}$$

$$c'_{NH_3}=\sqrt{\frac{c'_{[Ag(NH_3)_2]^+}\cdot c'_{Cl^-}}{2.02\times10^{-3}}}=\sqrt{\frac{0.01\times0.01}{2.02\times10^{-3}}}=0.22\ (mol/L)$$

在溶解的过程中与 AgCl 反应需要消耗氨水的浓度为 2×0.01=0.02mol/L，所以氨水的最初浓度为：

$$0.22+0.02=0.24mol/L$$

同理，完全溶解 0.01mol 的 AgBr，设平衡时氨水的平衡浓度为 $y$mol/L

$$AgCl+2NH_3 \rightleftharpoons [Ag(NH_3)_2]^+ +Cl^-$$

$$K^{\ominus}=\frac{c'_{[Ag(NH_3)_2]^+}c'_{Br^-}}{c'^2_{NH_3}}=\frac{c'_{[Ag(NH_3)_2]^+}c'_{Br^-}}{c'^2_{NH_3}}\times\frac{c'_{Ag^+}}{c'_{Ag^+}}$$

$$=K^{\ominus}_{稳[Ag(NH_3)_2]^+}\times K^{\ominus}_{sp,AgBr}=1.12\times10^{7}\times5.0\times10^{-13}$$

$$=5.99\times10^{-6}$$

$$c'_{NH_3}=\sqrt{\frac{c'_{[Ag(NH_3)_2]^+}\cdot c'_{Br^-}}{5.99\times10^{-6}}}=\sqrt{\frac{0.01\times0.01}{5.99\times10^{-6}}}=4.09\ (mol/L)$$

所以溶解 0.01mol 的 AgBr 需要的氨水的浓度是 4.09+0.02=4.11mol/L

从例题2可以看出，同样是0.01mol的固体，由于两者的$K_{sp}^{\ominus}$相差较大，导致溶解需要的氨水的浓度有很大的差别。

3. 配位平衡与氧化还原平衡

配位平衡对氧化还原反应的影响主要是因为在氧化还原电对中，加入一定的配位剂后，由于氧化型离子或还原型离子与配位剂发生反应生成相应的配离子，从而减小了相应离子的浓度，使电对的电极电势发生变化，从而改变该离子的氧化还原能力。

例如，Fe^{3+}能将I^-氧化成棕褐色的I_2，反应为：

$$2Fe^{3+}+2I^- \rightleftharpoons 2Fe^{2+}+I_2$$

如果向该反应的溶液中加入F^-，则F^-立即与溶液中Fe^{3+}生成稳定的$[FeF_3]$配合物，降低了溶液中Fe^{3+}的浓度，因而减弱了Fe^{3+}的氧化能力，而增强了Fe^{2+}的还原能力，使上述氧化还原平衡向左移动。棕褐色的I_2又被还原成I^-。

$$\begin{array}{l}2Fe^{3+}+2I^- \rightleftharpoons 2Fe^{2+}+I_2\\ \quad + \\ \quad 6F^- \\ \quad \Updownarrow \\ 2[FeF_3]\end{array}$$

总反应为：$$2Fe^{2+}+I_2+6F^- \rightleftharpoons 2[FeF_3]+2I^-$$

与此相反，氧化还原反应也可改变配位平衡，影响配离子的稳定性。例如，KSCN溶液中SCN^-可与Fe^{3+}反应生成血红色的硫氰合铁（Ⅲ）配离子。

$$Fe^{3+}+xSCN^- \rightleftharpoons [Fe(SCN)_x]^{(3-x)} \quad x=1,2,\cdots,6$$

如果向上述反应溶液中滴加$SnCl_2$溶液，Sn^{2+}立即将Fe^{3+}还原成Fe^{2+}，发生如下反应：

$$2Fe^{3+}+Sn^{2+} \rightleftharpoons 2Fe^{2+}+Sn^{4+}$$

由于Sn^{2+}的加入，溶液中Fe^{3+}减少，使上述配位平衡向离解方向移动。

$$\begin{array}{l}2Fe^{3+}+6SCN^- \rightleftharpoons 2[Fe(SCN)_3]\\ \quad + \\ \quad Sn^{2+} \\ \quad \Updownarrow \\ 2Fe^{2+}+Sn^{4+}\end{array}$$

总反应为：$$2[Fe(SCN)_3]+Sn^{2+} \rightleftharpoons 2Fe^{2+}+6SCN^-+Sn^{4+}$$

随着Sn^{2+}的加入，溶液中Fe^{3+}不断减少，配离子逐渐被破坏，溶液的红色褪去。

4. 配合物的相互转化和平衡

当溶液中存在两种能与同一金属离子配位的配位体，或者存在两种能与同一配位体配位的金属离子时，就会发生相互间的争夺及平衡，这种争夺及平衡转化主要取决于配离子稳定性的大小，一般平衡总是倾向于向着生成配离子稳定常数大的方向转化，而两种配离子的稳定常数相差越大，转化越完全。

例如，在 $[Ag(NH_3)_2]^+$ 溶液中加入足量固体 KCN，$[Ag(NH_3)_2]^+$ 就会转化为 $[Ag(CN)_2]^-$，因为 $K^{\ominus}_{稳,[Ag(NH_3)_2]^+}=1.7\times10^7$，$K^{\ominus}_{稳,[Ag(CN)_2]^-}=1.3\times10^{21}$，反应向着生成稳定常数更大的 $[Ag(CN)_2]^-$ 方向进行。反应如下：

$$[Ag(NH_3)_2]^+ + 2CN^- \rightleftharpoons [Ag(CN)_2]^- + 2NH_3$$

模块二 配位滴定

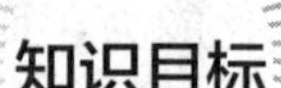

知识目标

1. 掌握配位滴定对化学反应的要求。

2. 了解 EDTA 与金属离子形成配合物的特点。理解 EDTA 的酸效应、配位效应及 EDTA 的条件稳定常数。

3. 了解金属指示剂作用原理及应用，掌握金属指示剂应具备的条件，会合理选择金属指示剂。

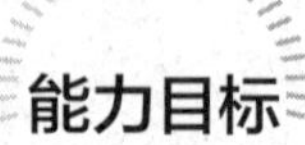

能力目标

熟练配制和标定 EDTA 标准溶液；熟练应用 EDTA 法测定水的硬度，并能正确处理实验数据；能应用配位滴定法相关知识来解决实际问题。

配位滴定法是以形成稳定配合物的配位反应为基础，以配位剂或金属离子标准溶液进行滴定的分析方法，用来测定多种金属离子或间接测定其他离子。在滴定过程中通常需要选用适当的指示剂来指示滴定终点。

一、配位滴定对化学反应的要求

能形成配合物的反应很多，但能用于配位滴定的反应必须符合以下要求。

(1) 生成的配合物必须足够稳定，以保证反应完全，一般应满足 $K^{\ominus}_{稳}\geqslant10^8$。

(2) 生成的配合物要有明确组成，即在一定条件下只形成一种配位数的配合物，这是定量分析的基础。

(3) 配位反应速率要快。

(4) 能选用比较简便的方法确定滴定终点。

二、配位滴定的标准溶液

在配位滴定中，被滴定的一般是金属离子，氨羧配位体可与金属离子形成很稳定的、组成一定的配合物。利用氨羧配位体进行定量分析的方法又称为氨羧配位滴定，可以直接或间接测定许多种元素。

氨羧配位体是一类含有以氨基二乙酸基团［$—N(CH_2COOH_2)$］为基体的有机配位体，它含有配位能力很强的氨氮（$:N<$）和羧氧（$—C(=O)O—$）两种配位原子，它们能与多数金属离子形成稳定的可溶性配合物。氨羧配位体的种类很多，比较重要的有：乙二胺四乙酸（简称 EDTA）；环已烷二胺四乙酸（简称 CDTA 或 DCTA）；乙二醇二乙醚二胺四乙酸（简称 EGTA）；乙二胺四丙酸（简称 EDTP）。在这些氨羧配位剂中，乙二胺四乙酸（EDTA）最为常用。

（一）EDTA 及其配合物

1. EDTA 的性质

EDTA 是一种四元酸，无色结晶性固体，习惯上用缩写符号“H_4Y”表示。由于 EDTA 在水中的溶解度较小（22℃时，100mL 水能溶解 0.22g），故通常把它制成二钠盐，一般也称 EDTA，用 $Na_2H_2Y \cdot 2H_2O$ 表示，EDTA 二钠盐的溶解度较大（22℃时，100mL 水能溶解 11.1g），其饱和溶液的浓度可达 0.3mol/L，pH 约为 4.4。在水溶液中，EDTA 两个羧基上的 H^+ 转移到 N 原子上，形成双偶极离子，其结构为：

$$\begin{array}{c}{}^{-}OOCH_2C \quad\quad\quad\quad\quad\quad\quad\quad\quad\quad\quad\quad CH_2COOH \\ \quad\quad\searrow H \quad\quad\quad\quad\quad\quad\quad\quad H \swarrow \\ N^+—CH_2—CH_2—N^+ \\ \quad\quad\nearrow \quad\quad\quad\quad\quad\quad\quad\quad\quad\quad \searrow \\ HOOCH_2C \quad\quad\quad\quad\quad\quad\quad\quad\quad\quad\quad\quad CH_2COO^-\end{array}$$

2. EDTA 的离解平衡

H_4Y 是四元弱酸，当溶液酸度很高时，它的两个羧基还可接受 H^+ 离子，形成 H_6Y^{2+}，这样，EDTA 就相当于六元酸，所以，EDTA 的水溶液中存在六级离解平衡：

$$H_6Y^{2+} \rightleftharpoons H^+ + H_5Y^+ \qquad K_{a_1}^{\ominus} = \frac{c'_{H^+} \cdot c'_{H_5Y^+}}{c_{H_6Y^{2+}}} = 10^{-0.9}$$

$$H_5Y^+ \rightleftharpoons H^+ + H_4Y \qquad K_{a_2}^{\ominus} = \frac{c'_{H^+} \cdot c'_{H_4Y}}{c'_{H_5Y^+}} = 10^{-1.6}$$

$$H_4Y \rightleftharpoons H^+ + H_3Y^- \qquad K_{a_3}^{\ominus} = \frac{c'_{H^+} \cdot c'_{H_3Y^-}}{c'_{H_4Y}} = 10^{-2.0}$$

$$H_3Y^- \rightleftharpoons H^+ + H_2Y^{2-} \qquad K_{a_4}^{\ominus} = \frac{c'_{H^+} \cdot c'_{H_2Y^{2-}}}{c'_{H_3Y^-}} = 10^{-2.67}$$

$$H_2Y^{2-} \rightleftharpoons H^+ + HY^{3-} \qquad K_{a_5}^{\ominus} = \frac{c'_{H^+} \cdot c'_{H_2Y^{3-}}}{c'_{H_2Y^{2-}}} = 10^{-6.16}$$

$$HY^{3-} \rightleftharpoons H^+ + Y^{4-} \qquad K_{a_6}^{\ominus} = \frac{c'_{H^+} \cdot c'_{Y^{4-}}}{c'_{HY^{3-}}} = 10^{-10.26}$$

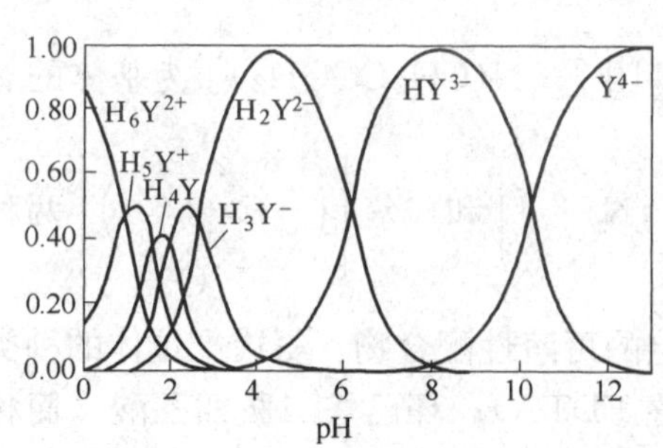

图 6-2 EDTA 各种型体在不同 pH 时的分布曲线

由此可见，EDTA 在水溶液中存在着 H_6Y^{2+}、H_5Y^+、H_4Y、H_3Y^-、H_2Y^{2-}、HY^{3-} 和 Y^{4-} 七种型体，各种型体的浓度随溶液 pH 的变化而变化。它们的分布系数与溶液 pH 的关系如图 6-2 所示。

由图 6-2 可见，在不同 pH 时 EDTA 的主要存在型体不同。在七种型体中，只有 Y^{4-} 能与金属离子直接配位。溶液的酸度越低，EDTA 存在型体越多，当溶液 pH 很大（pH ≥12）时，EDTA 几乎完全以 Y^{4-} 形式存在。因此溶液酸度越低，EDTA 配位能力越强。

3. EDTA 与金属离子形成配合物的特点

EDTA 分子中 Y^{4-} 的结构具有两个氨基和四个羧基，其氨氮原子和羧氧原子都有孤对电子，能与金属形成配位键，可作为六基配位体与绝大多数金属离子形成稳定的配合物，其特点如下：

(1) 稳定性高　EDTA 与金属离子形成的具有五个五元环的螯合物很稳定，稳定常数都较大。

(2) 计量关系简单　与大多数金属离子形成螯合物时，金属离子与 EDTA 以 1∶1 配位；只有极少数高价金属离子（如锆、钼等）与 EDTA 形成 2∶1 型配合物。

(3) 生成的配合物易溶于水且反应迅速　大多数金属离子与 EDTA 形成配合物的反应瞬间即可完成，只有极少数金属离子（如 Cr^{3+}、Fe^{3+}、Al^{3+}）室温下反应较慢，可加热促进反应迅速进行。

(4) 配合物的颜色　与无色金属离子形成的配合物也是无色的；而与有色金属离子形成颜色更深的配合物。因此滴定有色金属离子时，试液浓度不能太大，以免用指示剂确定终点时带来困难。

(5) 配位能力随 pH 增大而增强　这是由于 EDTA 离解产生的 Y^{4-}，其浓度随溶液的 pH 增大而增大的缘故。

上述特点说明 EDTA 与金属离子的配位反应符合滴定分析的要求，因此，EDTA 是一种较好的配位滴定剂，但也有不足之处，比如方法的选择性较差，有时生成的配合物颜色太深时，使目测终点困难等。

（二）EDTA 的配位平衡

1. 配合物的稳定常数

EDTA 与金属离子 M 形成 1∶1 的配合物 MY，其主反应如下：

$$M+Y \rightleftharpoons MY$$

反应达到平衡时配合物的稳定常数为：

$$K_{MY}^{\ominus}=\frac{c'_{MY}}{c'_{M}c'_{Y}}$$

$K_{MY}^{\ominus}$越大，表示配合物越稳定。一些常见金属离子与 EDTA 的配合物的稳定常数见表 6-2。

表 6-2　EDTA 与金属离子配合物的稳定常数（20℃）

金属离子	$\lg K_{MY}^{\ominus}$	金属离子	$\lg K_{MY}^{\ominus}$	金属离子	$\lg K_{MY}^{\ominus}$
Na^{+}	1.66	Fe^{2+}	14.33	Hg^{2+}	21.80
Li^{+}	2.79	Ce^{3+}	15.98	Sn^{2+}	22.11
Ag^{+}	7.32	Al^{3+}	16.11	Cr^{3+}	23.40
Ba^{2+}	7.86	Co^{2+}	16.31	Fe^{3+}	25.10
Mg^{2+}	16.02	Pt^{2+}	16.40	Bi^{3+}	27.94
Be^{2+}	9.20	Zn^{2+}	16.50	Co^{3+}	36.00
Ca^{2+}	10.69	Mn^{2+}	13.87	Ni^{2+}	18.56

2. 影响配位平衡的主要因素

以 EDTA 作为滴定剂，在测定金属离子的反应中，由于大多数金属离子与其生成的配合物具有较大的稳定常数，因此反应可以定量完成。但在实际反应中，不同的滴定条件下，除了被测金属离子与 EDTA 的主反应外，还存在许多副反应，使形成的配合物不稳定，它们之间的平衡关系可用下式表示：

主反应　$M + Y \rightleftharpoons MY$

副反应：
- M 与 OH^- → $M(OH)$ ⇌ … ⇌ $M(OH)_n$；M 与 L → ML ⇌ … ⇌ ML_n
- Y 与 H^+ → HY ⇌ … ⇌ H_6Y；Y 与 N → NY
- MY 与 H^+ → MHY；MY 与 OH^- → $MOHY$

在一般情况下，如果体系中没有干扰离子，且没有其他配位剂，则影响主反应的因素主要是 EDTA 的酸效应及金属离子的水解；若存在其他配位剂，则除了考虑金属离子的水解，还应考虑金属离子的辅助配位效应。下面主要讨论对配位平衡影响较大的 EDTA 的酸效应和金属离子 M 的配位效应。

（1）EDTA 的酸效应及酸效应系数　在 EDTA 的多种形态中，只有 Y^{4-} 可以与金属离子进行配位。由 EDTA 各种型体的分布系数与溶液 pH 的关系图可知，随着酸度的增加，Y^{4-} 的分布系数减小。这种由于 H^{+} 的存在使 EDTA 参加主反应的能力下降的现象称为酸效应。

酸效应的大小用酸效应系数 $\alpha_{Y(H)}$ 来衡量，它是指未参加配位反应的 EDTA 各种存在型体的总浓度 $c_{Y'}$ 与能直接参与主反应的 Y^{4-} 的平衡浓度 $c_{Y^{4-}}$ 之比，即酸效应系数只与溶液的酸度有关。

$$\alpha_{Y(H)}=\frac{c_{Y'}}{c_{Y^{4-}}}=\frac{c_{Y^{4-}}+c_{HY^{3-}}+c_{H_2Y^{2-}}+\cdots+c_{H_6Y^{2+}}}{c_{Y^{4-}}}$$

$$=1+\frac{c_{HY^{3-}}}{c_{Y^{4-}}}+\frac{c_{H_2Y^{2-}}}{c_{Y^{4-}}}+\cdots+\frac{c_{H_6Y^{2+}}}{c_{Y^{4-}}}$$

$$=1+\frac{c_{H^+}}{K_{a_6}^{\ominus}}+\frac{c_{H^+}^2}{K_{a_6}^{\ominus}K_{a_5}}+\cdots+\frac{c_{H^+}^6}{K_{a_6}^{\ominus}K_{a_5}^{\ominus}\cdots K_{a_1}^{\ominus}}$$

溶液的酸度越高，$\alpha_{Y(H)}$就越大，表明参加配位反应的 Y^{4-} 的浓度越小，酸效应越严重。只有当 $\alpha_{Y(H)}=1$ 时，说明 Y 没有发生副反应。因此，酸效应系数是判断 EDTA 能否滴定某金属离子的重要参数。不同 pH 时 EDTA 的 $\lg\alpha_{Y(H)}$ 见表 6-3。

表 6-3　　不同 pH 时 EDTA 的 $\lg\alpha_{Y(H)}$

pH	$\lg\alpha_{Y(H)}$	pH	$\lg\alpha_{Y(H)}$	pH	$\lg\alpha_{Y(H)}$	pH	$\lg\alpha_{Y(H)}$
0.0	23.64	3.8	8.85	7.4	2.88	11.0	0.07
0.4	21.32	4.0	8.44	7.8	2.47	11.5	0.02
0.8	19.08	4.4	7.64	8.0	2.27	11.6	0.02
1.0	18.01	4.8	6.84	8.4	1.87	11.7	0.02
1.4	16.02	5.0	6.45	8.8	1.48	11.8	0.01
1.8	14.27	5.4	5.69	9.0	1.28	11.9	0.01
2.0	13.51	5.8	4.98	9.4	0.92	12.0	0.01
2.4	12.19	6.0	4.65	9.8	0.59	12.1	0.01
2.8	11.09	6.4	4.06	10.0	0.45	12.2	0.005
3.0	10.60	6.8	3.55	10.4	0.24	13.0	0.0008
3.4	9.70	7.0	3.32	10.8	0.11	13.9	0.0001

（2）金属离子的配位效应及配位效应系数　当 EDTA 与金属离子 M 配位时，溶液中如果有其他能与金属离子反应的配位剂 L（辅助配位体、缓冲溶液中的配位体或掩蔽剂等）存在，则由于其他配位剂 L 与金属离子 M 的配位反应，会使金属离子 M 参加主反应的能力降低，这种现象称为金属离子的配位效应。其影响程度的大小用配位效应系数来衡量。配位效应系数为金属离子的总浓度 $c_{M'}$ 与游离金属离子浓度 c_M 之比，用符号 $\alpha_{M(L)}$ 来表示，即

$$\alpha_{M(L)}=\frac{c_{M'}}{c_M}=\frac{c_M+c_{ML_1}+c_{ML_2}+\cdots+c_{ML_n}}{c_M}$$

$$=1+\frac{c_{ML_1}}{c_M}+\frac{c_{ML_2}}{c_M}+\cdots+\frac{c_{ML_n}}{c_M}$$

$$=1+c_LK_1+c_L^2K_2+\cdots+c_L^nK_n$$

式中，K_1，K_2，…，K_n 表示配合物 ML_n 的各级稳定常数。由上式可见，当 $\alpha_{M(L)}=1$ 时，$c_{M'}=c_M$，表示金属离子没有发生副反应；$\alpha_{M(L)}$ 值越大，表示金属离子 M 的副反应配位效应越严重。

（三）EDTA 标准滴定溶液的配制与标定

1. EDTA 标准滴定溶液的配制

EDTA因常吸附0.3%的水分且其中含有少量杂质而不能直接配制标准溶液，通常采用标定法配制EDTA标准溶液。

配位滴定对蒸馏水的要求较高，若配制溶液的水中含有Ca^{2+}、Mg^{2+}、Pb^{2+}、Sn^{2+}等，会消耗部分EDTA，随测定情况的不同对测定结果产生不同的影响。若水中含有Al^{3+}、Cu^{2+}等，对某些指示剂有封闭作用，使终点难以判断。因此，在配位滴定中必须对所用蒸馏水的质量进行检查。为保证质量，最好选用去离子水或二次蒸馏水。

为防止EDTA溶液溶解玻璃瓶中的Ca^{2+}形成CaY，EDTA溶液应贮存在聚乙烯塑料瓶或硬质玻璃瓶中。

如配制0.05mol/L的EDTA标准滴定溶液，取$Na_2H_2Y \cdot 2H_2O$ 19g，溶于约300mL的温纯化水中，冷却后用水稀释至1L，摇匀贮存于聚乙烯塑料瓶或硬质玻璃瓶中，待标定。

2. EDTA标准滴定溶液的标定

标定EDTA溶液的基准试剂很多，如纯金属锌、铜、铋、铅及氧化锌、碳酸钙等。国家标准中采用氧化锌作基准试剂（使用前ZnO应在800℃灼烧至质量恒定）。氧化锌溶解后，在pH＝10的氨性溶液中以铬黑T为指示剂进行标定，滴定终点很敏锐，由酒红色变为纯蓝色。

如用ZnO作基准物质标定上述0.05mol/L的EDTA标准滴定溶液，精密称取于800℃灼烧至恒重的基准ZnO 0.12g，加稀盐酸3mL使之溶解，加纯化水25mL与pH＝10的氨-氯化铵缓冲液10mL，再加少量铬黑T指示剂，用EDTA滴定至溶液由酒红色变为纯蓝色即为终点。必要时用空白试验校正。根据滴定液的消耗量与氧化锌的取用量，计算出EDTA溶液的浓度。

配位滴定的测定条件与待测组分及指示剂的性质有关。为了消除系统误差提高测定的准确度，在选择基准试剂时应注意使标定条件与测定条件尽可能一致。例如，测定Ca^{2+}、Mg^{2+}用的EDTA，最好用$CaCO_3$作基准试剂进行标定。

三、金属指示剂

判断配位滴定终点的方法很多，最常用的是金属指示剂法。

（一）金属指示剂的作用原理

金属指示剂（In）是一些有机配位剂，在一定的pH下，能和金属离子生成有色的配合物（MIn），其颜色与游离指示剂本身颜色有显著差别，从而指示滴定的终点。

$$\underset{\text{甲色}}{In} + M \rightleftharpoons \underset{\text{乙色}}{MIn}$$

在滴定开始时，少量的金属离子M和金属指示剂In结合生成MIn，溶液呈乙色，随着 EDTA 的加入，游离的金属离子逐渐被 EDTA 配位生成 MY。到终点时，金属离子 M 几乎全被配位，此时继续加入 EDTA，由于配合物 MY 的稳定性大于 MIn，稍过量的 EDTA 就夺取 MIn 中的金属离子 M，使指示剂游离出来，溶液颜色突变为甲色，指示到达终点。

$$\underset{\text{乙色}}{MIn} + Y \rightleftharpoons \underset{\text{甲色}}{In} + MY$$

许多金属指示剂不仅具有配位剂的性质，而且通常是多元弱酸或多元弱碱，能随溶液 pH 变化而显示不同颜色，因此，使用金属指示剂也必须选用合适的 pH 范围。

（二）金属指示剂应具备的条件

（1）在滴定的 pH 范围内，游离指示剂 In 本身的颜色与它和 M 形成的配合物 MIn 的颜色应有显著的区别，这样才能使终点颜色变化明显，便于滴定终点的判断。

（2）指示剂与 M 的显色反应要灵敏、迅速，且有良好的可逆性。

（3）指示剂与 M 形成的有色配合物 MIn 要有适当的稳定性。如果 MIn 稳定性太差，则在化学计量点前，MIn 就会分解，使终点提前出现。MIn 的稳定性又不能太强，以免到达化学计量点时 EDTA 仍不能将指示剂取代出来，不发生颜色变化，使终点延后。因此，MIn 稳定性必须小于该金属离子与 EDTA 形成配合物的稳定性，一般要求二者稳定性应相差 100 倍以上。

（4）指示剂与 M 形成的配合 MIn 应易溶于水。

（5）指示剂应具有一定的选择性。

此外，指示剂的化学性质要稳定，不易氧化或分解，便于贮藏和使用。

（三）常用的金属指示剂

常用的金属指示剂见表 6-4。

表 6-4　常用的金属指示剂

指示剂名称	适用的 pH 范围	颜色变化		直接滴定的离子	指示剂配制方法	注意事项
		In	MIn			
铬黑 T（简称 BT 或 EBT）	8～10	蓝	红	pH=10，Mg^{2+}、Zn^{2+}、Cd^{2+}、Pb^{2+}、Mn^{2+}、稀土元素离子	1∶100NaCl（研磨）或配成 0.5%乙醇溶液	Fe^{3+}、Al^{3+}、Cu^{2+}、Ni^{2+}等离子封闭 EBT
酸性铬蓝 K	8～13	蓝	红	pH=10，Mg^{2+}、Zn^{2+}、Mn^{2+}；pH=13、Cd^{2+}	1∶100NaCl（研磨）	
二甲酚橙（简称 XO）	<6	亮黄	红	pH<1，ZrO^{2+}；pH=1～3.5，Bi^{3+}、Th^{4+}；pH=5～6，Tl^{3+}、Zn^{2+}、Pb^{2+}、Cd^{2+}、Hg^{2+}，稀土元素离子	0.5%乙醇或水溶液	Fe^{3+}、Al^{3+}、Ni^{2+}、Tl^{4+}等离子封闭 XO

续表

指示剂名称	适用的pH范围	颜色变化		直接滴定的离子	指示剂配制方法	注意事项
		In	MIn			
磺基水杨酸（简称ssal）	1.5～2.5	无色	紫红	pH＝1.5～2.5，Fe^{3+}	5%水溶液	ssal本身无色，FeY^-呈黄色
钙指示剂（简称NN）	12～13	蓝	红	pH＝12～13，Ca^{2+}	1∶100NaCl（研磨）	Tl^{4+}、Fe^{3+}、Al^{3+}、Cu^{2+}、Ni^{2+}、Co^{2+}、Mn^{2+}等离子封闭NN
1-（2-吡啶偶氮）-2-萘酚（简称PAN）	2～12	黄	紫红	pH＝2～3，Th^{4+}、Bi^{3+}；pH＝4～5，Cu^{2+}、Ni^{2+}、Pb^{2+}、Cd^{2+}、Zn^{2+}、Mn^{2+}、Fe^{2+}	0.1%乙醇溶液	MIn在水中溶解度小，为防止PAN僵化，滴定时必须加热

（四）金属指示剂在使用中应注意的问题

1. 指示剂的封闭

金属指示剂在化学计量点时能从MIn配合物中释放出来，从而显示与MIn配合物不同的颜色来指示终点。在实际滴定中，如果MIn配合物的稳定性大于MY的稳定性，或存在其他干扰离子，且干扰离子N与In形成的配合物稳定性大于MY的稳定性，则在化学计量点时，Y就不能夺取MIn中的M，因而一直显示MIn的颜色，这种现象称为指示剂的封闭。

指示剂封闭现象通常采用加入掩蔽剂或分离干扰离子的方法消除。例如在pH＝10时以铬黑T为指示剂滴定Ca^{2+}、Mg^{2+}总量时，Al^{3+}、Fe^{3+}、Cu^{2+}、Co^{2+}、Ni^{2+}会封闭铬黑T，使终点无法确定，这时就必须将它们分离或加入少量三乙醇胺（掩蔽Al^{3+}、Fe^{3+}）和KCN（掩蔽Cu^{2+}、Co^{2+}、Ni^{2+}）以消除干扰。

2. 指示剂的僵化现象

在化学计量点附近，由于Y夺取MIn中的M时非常缓慢，因而指示剂的变色非常缓慢，导致终点拖长，这种现象称为指示剂的僵化。指示剂的僵化是由于有些指示剂本身或金属离子与指示剂形成的配合物在水中的溶解度太小，解决办法是加入有机溶剂或加热以增大其溶解度，从而加快反应速度，使终点变色明显。

3. 指示剂的氧化变质现象

金属指示剂大多为含有双键的有色化合物，易被日光、氧化剂、空气所氧化，在水溶液中多不稳定，日久会变质。如铬黑T在Mn(Ⅳ)、Ce(Ⅳ)存在下，会很快被分解褪色。为了克服这一缺点，常配成固体混合物，加入还原性物质如抗坏血酸、羟胺等，或临用时配制。

思考练习题

1. 什么是配合物？配合物的组成有哪些？

2. 配位滴定对化学反应有哪些要求？氨羧配位剂具有哪些结构特点？EDTA 与金属离子形成的配合物具有哪些特点？

3. 什么是 EDTA 的酸效应？什么是配位效应？

4. 配合物的稳定常数与条件稳定常数有何不同？为什么要引用条件稳定常数？

5. 金属指示剂的作用原理是什么？金属指示剂应具备哪些条件？为什么金属指示剂使用时要求一定的 pH？

6. 解释下列名词。

(1) 配位原子 (2) 配离子 (3) 配位数 (4) 螯合物

7. 完成下表

化学式	中心离子	配位体	中心离子电荷数	配位数	命名
$[Fe(CO)_5]$					
$[Co(NH_3)_6]Cl_3$					
$K_3[CoF_6]$					
$[Pt(NH_3)_2Cl_2]$					
$[Ag(NH_3)_2]OH$					
$H[AuCl_4]$					
$K[Co(NO_2)_4(NH_3)_2]$					

8. 写出下列配合物的化学式

(1) 六氰合铁（Ⅲ）酸钾

(2) 六氟合硅（Ⅳ）酸

(3) 氯化二氯·三氨·一水合钴（Ⅲ）

(4) 二氯化异硫氰酸根·五氨合钴（Ⅲ）

9. 配合物稳定常数的意义是什么？

10. 比较：在 0.1mol/L $[Ag(NH_3)_2]^+$ 溶液中含有 0.1mol/L 氨水，和在 0.1mol/L $[Ag(CN)_2]^-$ 溶液中含有 0.1mol/L 的 CN^- 时，溶液中的银离子浓度大小。

11. 在 0.50mol/L AlF_6^{3-} 溶液中，含 0.10mol/L 游离 F^-，求溶液中 Al^{3+} 的浓度。

12. 向 0.1mol/L 的 $[Ag(CN)_2]^-$ 配离子溶液（含有 0.10mol/L 的 CN^-）中加入 KI 固体，假设 I^- 的最初浓度为 0.1mol/L，有无 AgI 沉淀生成？已知 $[Ag(CN)_2]^-$ 的 $K_{稳}^{\ominus}=1.0\times10^{21}$，AgI 的 $K_{sp}^{\ominus}=8.3\times10^{-17}$。

13. 用纯 $CaCO_3$ 来标定 EDTA 溶液，称取 $CaCO_3$ 0.5000g 溶于 HCl 并稀释至 1000.0mL，移取 25.00mL Ca^{2+} 溶液，需 17.50mL EDTA 溶液，计算 EDTA 溶液的物质的量浓度。

14. 在 pH=12 时，用钙指示剂进行石灰石中 CaO 含量的测定。称出试样 0.4086g 在 250.0mL 容量瓶中定容后，用移液管移取 25.00mL 试液，用 0.02043mol/L 的 EDTA 标准溶液进行滴定，到达滴定终点时，消耗 EDTA 溶液 17.50mL，求该石灰石试样含 CaO 的质量分数。

15. 取水样 50.00mL，以铬黑 T 为指示剂，用 0.01000mol/L EDTA 标准溶液滴定至终点，消耗 9.45mL。求水的总硬度。

16. 某 EDTA 溶液，以 25.00mL 的标准 Ca^{2+} 溶液（1mL 含 CaO 1mg）来标定；用钙指示剂为指示剂，在碱液中滴定，消耗 EDTA 24.30mL。如果用该 EDTA 溶液滴定一含镁试样，以铬黑 T 为指示剂，在 pH=10 的缓冲溶液中进行滴定，消耗 EDTA 溶液 36.74mL，求该含镁试样中含 MgO 多少毫克？

17. 用间接法测定 SO_4^{2-}。称取试样 8.0000g 溶解后，稀释至 250.0mL，移取此溶液 25.00mL，加入 25.00mL 0.5000mol/L $BaCl_2$ 标准溶液，过滤 $BaSO_4$ 后滴定剩余 Ba^{2+}，需要 17.15mL 0.5000mol/L EDTA 溶液，试计算 SO_4^{2-} 的含量为多少？

技能训练十五　EDTA 标准溶液的配制与标定

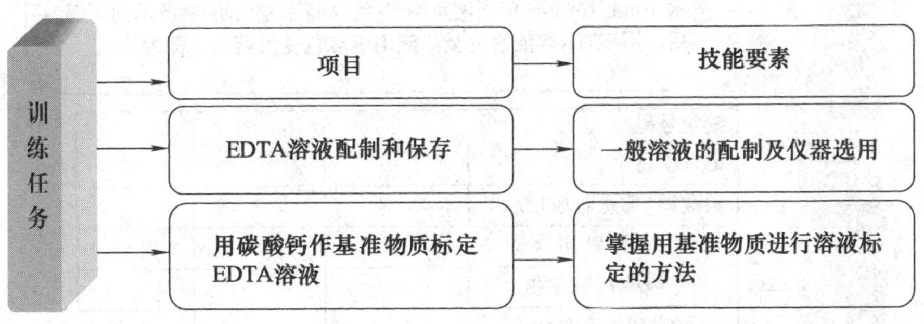

仪器药品

仪器：电子天平、碱式滴定管、移液管、锥形瓶、容量瓶、烧杯、试剂瓶

药品：乙二胺四乙酸二钠、$CaCO_3$、钙指示剂、盐酸（1∶1）、10%NaOH

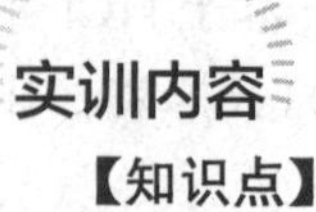

实训内容

【知识点】

$$M + In \longleftrightarrow MIn$$

$$MIn + Y \longleftrightarrow MY + In$$

$$c_{EDTA} = \frac{m_{CaCO_3} \times 0.025}{M_{CaCO_3} \times 0.25 \times V_{EDTA}}$$

【能力点】

1. 掌握配位滴定的原理，了解配位滴定的特点
2. 学习 EDTA 标准溶液的配制和标定方法
3. 了解金属指示剂的特点，熟悉钙指示剂的使用及终点颜色的变化

工作过程

标准溶液的配制

1. 用台秤称取2.0g EDTA，溶解并稀释至250mL
2. 碱式滴定管的洗涤、检漏
3. 用EDTA溶液对碱式滴定管进行润洗、装液、调零

标准溶液的标定

1. 将碳酸钙基准物于称量瓶中，在110℃干燥2h，冷却后，准确称取0.5～0.6g 碳酸钙于250mL烧杯中，盖上表面皿，加水5～10mL润湿，再从杯嘴边逐滴加入浓盐酸 5mL淋洗入杯中，加热溶解，待冷却后转移至250mL容量瓶中，稀释至刻度摇匀
2. 用移液管移取25mL标准钙溶液于250mL锥形瓶中，加入约25mL水、10mL 10%NaOH溶液及少量(约10mg米粒大小)钙指示剂，摇匀后，用EDTA溶液滴定至溶液由酒红色变为蓝色，即为终点

数据记录与结果处理

滴定号码 记录项目	1	2	3
碳酸钙+称量瓶质量/g			
瓶+剩余碳酸钙质量/g			
碳酸钙质量/g			
滴定初始读数/mL			
终点读数/mL			
V/ mL			
平均 V/ mL			
EDTA 浓度/(mol/ L)			

思考题

1. 为什么通常使用乙二胺四乙酸二钠盐配制 EDTA 标准溶液，而不用乙二胺四乙酸？

2. 说明若用基准试剂锌进行标定，在使用前的表面处理的方法和目的。

3. 此方法可以用二甲酚橙做指示剂吗？

技能要点

络合滴定速度不能太快，特别是近终点时要逐滴加入，并充分摇动，因为络合反应速度较中和反应要慢一些。

技能训练十六　自来水总硬度的测定

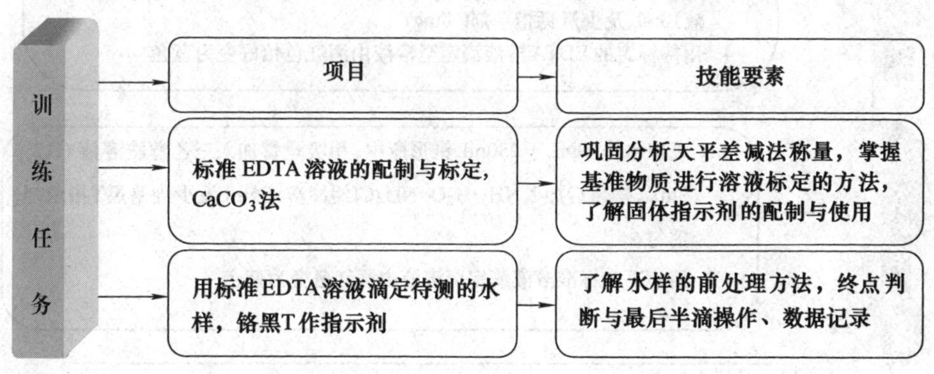

仪器药品

仪器：碱式滴定管、移液管、容量瓶、锥形瓶、分析天平、台秤

药品：EDTA、$NH_3 \cdot H_2O$-NH_4Cl、10%NaOH、HCl、三乙醇胺、钙指示剂、铬黑 T、无水 Na_2CO_3

实训内容

【知识点】

1. EDTA 标准溶液浓度：$c_{EDTA}=\dfrac{m_{CaCO_3}}{10V_{EDTA}M_{CaCO_3}}$

2. 总硬度$=\dfrac{c_{EDTA}V_{EDTA}M_{CaCO_3}}{V_{水样}}\times 1000$（mg/L）

3. 总硬度（°）$=\dfrac{c_{EDTA}V_{EDTA}M_{CaO}}{V_{水样}\times 10}\times 1000$

【能力点】

1. 巩固分析天平差减法称量
2. 巩固 EDTA 标准溶液的配制与标定方法
3. 学习固体指示剂的使用

工作过程

标准溶液配制与标定

1. 台秤称取 2.0gEDTA，溶解并稀释至 250mL
2. 用减量法准确称取$CaCO_3$ 0.5～0.6g 于250mL 烧杯中，用1∶1的盐酸5mL溶解后，加水10mL煮沸1min、冷却后转移至250mL容量瓶中定容
3. 用移液管移取25mL上述溶液于锥形瓶中，加水50mL、10%NaOH溶液10mL及少量钙指示剂(10mg)
4. 用待标定的EDTA溶液滴定至溶液由酒红色恰好变为蓝色

水总硬度测定

1. 吸取水样50mL于250mL锥形瓶中，用吸量管加入三乙醇胺溶液 (1∶2) 3mL，摇匀后加入$NH_3\cdot H_2O-NH_4Cl$缓冲溶液5mL及少许铬黑T指示剂，摇匀
2. 用EDTA 标准溶液滴定至溶液由酒红色变为蓝色

数据记录与结果处理

m_{CaCO_3}/g				
EDTA体积/mL	终读数			
	初读数			
	V_{EDTA}			
c_{EDTA}/(mol/L)				
平均浓度				
相对平均偏差				
V_{H_2O}/mL		50.00	50.00	50.00
EDTA体积/mL	终读数			
	初读数			
	V_{EDTA}			
总硬度$CaCO_3$/(mg/L)				
总硬度(°) CaO/(mg/L)				

思考题

1. 水的硬度有几种表示方法？
2. 水中若含有 Fe^{3+}、Al^{3+} 等离子，为何干扰测定？应如何消除？

技能训练十七　结晶 $AlCl_3$ 含量的测定

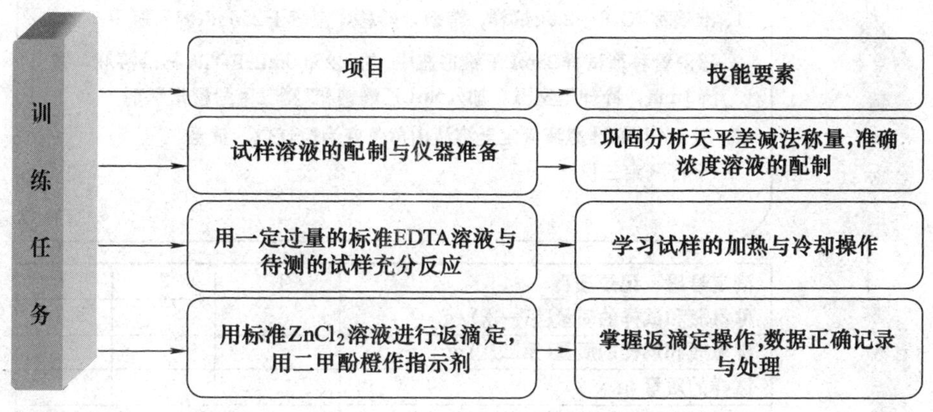

仪器药品

仪器：酸式滴定管、移液管、容量瓶、锥形瓶、分析天平、台秤

药品：0.05mol/LEDTA 标准溶液、固体 $AlCl_3$、0.02mol/L $ZnCl_2$ 标准溶液、乙酸钠溶液（272g/L）、二甲酚橙指示剂

实训内容

【知识点】

$$AlCl_3 \cdot 6H_2O(\%)=\frac{(c_{EDTA}V_{EDTA}-c_{ZnCl_2}V_{ZnCl_2})\times 241.4}{m_{试样}}$$

【能力点】

1. 巩固分析天平差减法称量
2. 学习返滴定法实验操作
3. 加强单独操作能力

工作过程

仪器试剂准备

1. 酸式滴定管的准备
2. 容量瓶、移液管的准备
3. 试剂的准备与数据记录

样品测定

1. 准确称取2.0～2.5g试样，溶解、转移、定容于250mL容量瓶中
2. 移液管移取试样25mL于锥形瓶中，加入25.00mL EDTA标准溶液，煮沸1min，冷却至室温。加入5mL乙酸钠和2滴二甲酚橙指示剂
3. 用$ZnCl_2$标准溶液滴定至溶液由黄色变为橙红色，读数。
4. 平行测定三份

数据记录与结果处理

滴定号码　记录项目	1	2	3
称量瓶和试样的质量(第一次)/g			
称量瓶和试样的质量(第二次)/g			
试样的质量/g			
EDTA标准溶液的浓度/(mol/L)			
移取EDTA标准溶液的体积/mL			
$ZnCl_2$标准溶液的浓度/(mol/L)			
滴定消耗$ZnCl_2$标准溶液的体积/mL			
试样中被测组分含量/%			
平均值/%			
平行测定结果的极差			

思考题

1. 为什么要煮沸1min？作用是什么？
2. 二甲酚橙指示剂的适用条件是什么？用哪种溶液控制？

项目七
沉淀分析技术

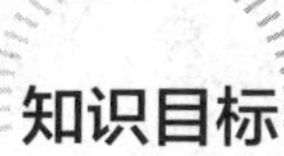
知识目标

1. 掌握溶度积的概念，溶度积与溶解度的换算。
2. 了解影响沉淀溶解平衡的因素。
3. 理解溶度积规则。

能力目标

1. 能利用溶度积规则判断沉淀的生成及完全程度、分步沉淀、沉淀的溶解和沉淀的转化。
2. 熟练进行沉淀溶解平衡的有关计算。

沉淀溶解平衡是一种两相化学平衡体系。溶液中离子间相互作用析出难溶性固态物质的反应称为沉淀反应。若固体物质在一定条件下逐渐溶解，称为溶解反应。这两种反应的特征是都有固体的生成和消失，存在固态难溶电解质与由它离解产生的离子之间的平衡，这种平衡称为沉淀溶解平衡。

在科学实验和生产实践中，常常利用沉淀的生成或溶解进行物质的提纯、制备、分离以及组成的测定等。以沉淀溶解平衡反应为基础，形成了沉淀滴定法和质量分析法。掌握影响沉淀生成与溶解平衡的有关因素，才能有效地控制沉淀反应的进行；基本搞清沉淀形成的机理，才有可能控制一定的沉淀条件，获得良好而且纯净的沉淀，或实现有效的分离，或得到准确的测定结果。

模块一　沉淀溶解平衡及其影响因素

一、沉淀溶解平衡及溶度积

严格来说，在水中绝对不溶的物质是不存在的。物质在水中溶解性的大小常以溶解度来衡量。通常大致可以把溶解度小于 0.01g/100gH_2O 的物质称为难溶物质，溶解度在 0.01～0.1/100gH_2O 的物质称为微溶物质，其余的则称为易溶物质。当然，这种分类也不是绝对的。本章主要讨论微溶物质和难溶物质在溶液中的特性。

例如，将难溶电解质 $BaSO_4$ 固体放入水中，在极性的水分子作用下，表面上的 Ba^{2+} 和 SO_4^{2-} 进入溶液，成为水合离子，这就是 $BaSO_4$ 固体溶解的过程。同时，溶液中的 Ba^{2+} 和 SO_4^{2-} 在无序的运动中，可能同时碰到 $BaSO_4$ 固体的表面而析出，这个过程称为沉淀过程。在一定温度下，当溶解的速度与沉淀的速度相等时，溶解与沉淀就会建立起动态平衡，这种状态称为难溶电解质的溶解沉淀平衡。其平衡式可表示为：

$$BaSO_4(s) \rightleftharpoons Ba^{2+}(aq) + SO_4^{2-}(aq)$$

该反应的标准平衡常数为：

$$K^{\ominus} = c'_{Ba^{2+}} \cdot c'_{SO_4^{2-}}$$

对于一般的难溶电解质的溶解沉淀平衡可表示为：

$$A_nB_m(s) \rightleftharpoons nA^{m+}(aq) + mB^{n-}(aq)$$

$$K_{sp}^{\ominus} = c'^{n}_{A^{m+}} \cdot c'^{m}_{B^{n-}}$$

上式表明，在一定温度时，难溶电解质的饱和溶液中，各离子浓度幂的乘积为常数，该常数称为溶度积常数，简称溶度积，用符号 $K_{sp}^{\ominus}$ 表示。

原则上 $K_{sp}^{\ominus}$ 应以活度积常数表示，难溶物的饱和溶液，由于其溶解度都很小，活度系数接近于1，所以一般不考虑活度系数的影响。$K_{sp}^{\ominus}$ 是表征难溶物溶解能力的特征常数，其数值可由实验测得或通过热力学数据计算得到。

二、溶度积和溶解度的关系

溶度积 $K_{sp}^{\ominus}$ 和溶解度 S 的数值都可以反映物质的溶解能力，它们之间可以相互换算。若不考虑溶液离子强度的影响，对难溶物质 A_nB_m，若溶解度为 Smol/L，在其饱和溶液中存在如下平衡：

$$A_nB_m(s) \rightleftharpoons nA^{m+}(aq) + mB^{n-}(aq)$$

平衡浓度/(mol/L) $\qquad nS \qquad mS$

$$K_{sp,A_nB_m}^{\ominus} = c'^{n}_{(A^{m+})} c'^{m}_{(B^{n-})} = (nS)^n (mS)^m$$

即

$$K_{sp,A_nB_m}^{\ominus} = n^n m^m S^{m+n}$$

$$S = \sqrt[m+n]{\frac{K_{sp,A_nB_m}^{\ominus}}{n^n m^m}}$$

显然，只要知道难溶物质的 $K_{sp}^{\ominus}$，就能求得该难溶物质的溶解度；相反，只要知道难溶物质的溶解度，就能求得该难溶物质的 $K_{sp}^{\ominus}$。

例题 1：试比较 AgCl、AgI 和 Ag_2CrO_4 在纯水中溶解度的大小。

已知 $K_{sp,AgCl}^{\ominus} = 1.8\times10^{-10}$，$K_{sp,AgI}^{\ominus} = 8.5\times10^{-17}$，$K_{sp,Ag_2CrO_4}^{\ominus} = 1.1\times10^{-12}$

解：根据式（7-2）分别计算三种难溶物的溶解度：

AgCl 的溶解度：$S=\sqrt{1.8\times10^{-10}}=1.3\times10^{-5}$（mol/L）

AgI 的溶解度：$S=\sqrt{8.5\times10^{-17}}=9.2\times10^{-9}$（mol/L）

Ag_2CrO_4 的溶解度：$S=\sqrt[3]{\frac{K_{sp}^{\ominus}}{4}}=\sqrt[3]{\frac{1.1\times10^{-12}}{4}}=6.5\times10^{-5}$（mol/L）

溶解度大小比较结果是：$S_{Ag_2CrO_4}>S_{AgCl}>S_{AgI}$

对于同类型难溶物质，溶度积大的，溶解度也大，因此可以根据溶度积的大小来直接比较它们溶解度的相对高低。例如，$K_{sp,AgCl}^{\ominus}>K_{sp,AgI}^{\ominus}$，AgCl 的溶解度较 AgI 的大。但是，对于不同类型的难溶物质，不能简单地根据它们的 $K_{sp}^{\ominus}$ 来判断它们溶解度的相对大小。例如，虽然 $K_{sp,AgCl}^{\ominus}>K_{sp,Ag_2CrO_4}^{\ominus}$，但在同温下，$Ag_2CrO_4$ 的溶解度较 AgCl 的大。

在溶解度和溶度积的相互换算时应注意，所采用的浓度单位应为 mol/L。另外，由于难溶物质的溶解度很小，溶解度在以 mol/L 为单位和以 g/100g 水为单位间进行换算时可以认为其饱和溶液的密度等于纯水的密度。同时，上述溶度积与溶解度之间的换算只是一种近似的计算，只适用于溶解度很小的难溶物质，而且离子在溶液中不发生任何副反应（不水解、不形成配合物等）或发生副反应程度不大的情况，如 $BaSO_4$、AgCl 等。在某些难溶的硫化物、碳酸盐和磷酸盐水溶液中，如 ZnS，不能忽略相应阴阳离子在水溶液中的解离反应，此时若用上述简单方法进行溶度积与溶解度的换算将会产生较大的偏差。上述换算也只有当难溶物质一步完全解离才有效，它不适用于难溶的弱电解质，如 $Fe(OH)_3$ 之类以及某些易于在溶液中以“离子对”形式存在的难溶物质。另外，计算时忽略了饱和溶液中未解离的难溶物质的浓度（即分子溶解度或固有溶解度），仅仅考虑了离子溶解度，而有些物质的分子溶解度相当大。因而难溶物质的实测溶解度往往大于计算所得到的离子溶解度，有些甚至相差百万倍以上（如 HgI_2、CdS）。

三、影响沉淀溶解平衡的因素

沉淀溶解平衡与其他化学平衡类似，溶解度数值大小由难溶化合物的本性决定，同时受外界条件如溶液中的相同离子、离子强度、温度、溶剂、沉淀颗粒度大小、溶液酸度、氧化还原物质、配位剂等的影响，后三者将在沉淀的溶解部分加以介绍，下面主要讨论前五个影响因素。

（一）同离子效应

根据化学平衡移动规律，在难溶电解质体系中加入含有相同离子的易溶强电解质时，体系中多相离子平衡体系向生成沉淀的方向移动，难溶物质的溶解度降低，这种现象称为沉淀反应的同离子效应。

例题 2：已知 $K^{\ominus}_{sp,BaSO_4}=1.08\times10^{-10}$。试比较 $BaSO_4$ 在 1.0L 纯水，以及在 1.0L $c_{SO_4^{2-}}=0.10$mol/L 溶液中的溶解损失。

解：① 设纯水中 $BaSO_4$ 的溶解度为 S_1

$$S_1=\sqrt{K^{\ominus}_{sp,BaSO_4}}=\sqrt{1.08\times10^{-10}}=1.04\times10^{-5}$$

溶解损失：$m_1=S_1VM$

$$=1.04\times10^{-5}\times1.0\times233.4=2.43\text{mg}$$

② 设在 SO_4^{2-} 溶液中 $BaSO_4$ 的溶解度为 S_2

$c'_{Ba^{2+}}c'_{SO_4^{2-}}=S_2(S_2+0.10)=K^{\ominus}_{sp}=1.08\times10^{-10}$。

因 S_2 不会太大，$S_2+0.10\approx0.10$

解得 $$S_2=1.08\times10^{-9}$$

溶解损失： $$m_2=1.08\times10^{-9}\times1.0\times233.4=0.000252\text{mg}$$

计算结果表明，平衡体系中 SO_4^{2-} 浓度增加时，溶解度从纯水中的1.04×10^{-5}mol/L 降低到 1.08×10^{-9}，溶解损失 $BaSO_4$ 的质量从 2.43mg 降低为 0.000252mg，减少约万倍。

不同的应用领域对溶解损失的要求是不同的。分析化学中的质量分析一般要求溶解损失不得超过分析天平的称量误差（0.2mg）。即使工业生产中也要尽量减少沉淀的溶解损失，避免浪费和环境污染，降低生产成本。

因此，在进行沉淀时，可以加入适当过量的沉淀剂，以减少沉淀的溶解损失。对一般的沉淀分离或制备，沉淀剂一般过量 20%～50%即可；而质量分析中，对不易挥发的沉淀剂，一般过量 20%～30%，易挥发的沉淀剂，一般过量 50%～100%。另外，洗涤沉淀时，也可以根据情况及要求，选择合适的洗涤剂以减少洗涤过程的溶解损失。

（二）盐效应

在难溶电解质体系中加入其他易溶电解质，由于溶液中的离子强度增大，会使难溶电解质的溶解度增大，而且加入的电解质浓度越大，难溶物的溶解度也越大，这种现象称为盐效应。

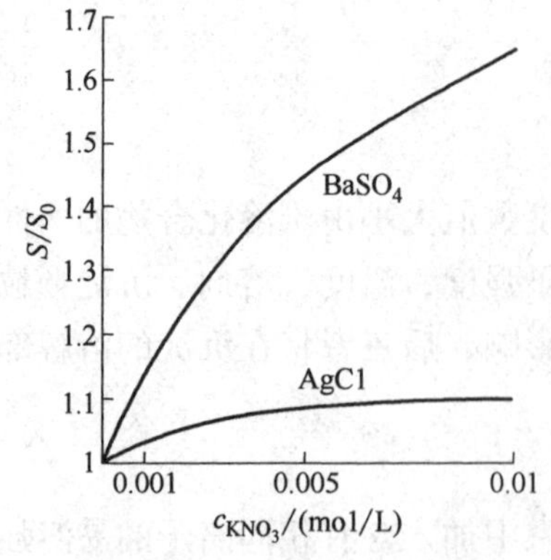

图 7-1 AgCl 和 $BaSO_4$ 在不同浓度的 KNO_3 溶液中的溶解度变化

盐效应主要是由于活度系数的改变而引起的。图 7-1 表示了 AgCl 和 $BaSO_4$ 在不同浓度的 KNO_3 溶液中的溶解度变化。

很明显，随着 KNO_3 浓度的不断增大，AgCl 和 $BaSO_4$ 的溶解度均随之增大；另外还可以看出，在相同的 KNO_3 浓度条件下，盐效应对 $BaSO_4$ 溶解度的影响要大于对

AgCl 的影响，这是高价离子的活度系数受离子强度的影响大的结果。

其实，在发生同离子效应时，盐效应也存在，只是它的影响一般要比同离子效应小得多。表 7-1 中 $PbSO_4$ 在不同浓度 Na_2SO_4 溶液中的溶解度变化就能说明这点。

表 7-1　$PbSO_4$ 在不同浓度 Na_2SO_4 溶液中的溶解度（实验值）

Na_2SO_4 浓度/(mol/L)	0	0.01	0.04	0.10	0.20
$PbSO_4$ 溶解度/(mol/L)	1.5×10^{-4}	1.6×10^{-5}	1.3×10^{-5}	1.6×10^{-5}	2.3×10^{-5}

由表 7-1 可见，当 Na_2SO_4 浓度在 0.01～0.04mol/L 时，同离子效应占主导作用，$PbSO_4$ 溶解度较水中的溶解度低；当 Na_2SO_4 浓度大于 0.04mol/L 后，盐效应的作用开始抵消同离子效应，占一定的统治地位，$PbSO_4$ 溶解度反而增大。

一般只有当强电解质浓度＞0.05mol/L 时，盐效应才会较为显著，特别是非同离子的其他电解质存在，否则一般可以忽略。

（三）温度

不同物质溶解度的温度系数一般是不同的。大多数沉淀物质的溶解过程为吸热过程。因此，一般沉淀的溶解度是随温度的升高而增大的。例如 $Ba(OH)_2\cdot8H_2O$ 随温度由 0℃上升到 80℃，其在 100g 水中的溶解度从 1.67g 上升到 101.4g。可是，有的沉淀的溶解却是放热过程，因而溶解度随温度的升高而降低。例如 $Ca(OH)_2$ 随温度由 0℃上升到 100℃，其在 100g 水中的溶解度从 0.185g 下降到 0.077g。

（四）溶剂

一般无机物沉淀在有机溶剂中的溶解度要比在水中的溶解度小。如 $CaSO_4$ 在水中的溶解度较大，只有在 Ca^{2+} 浓度很大时才能沉淀，一般情况下难以析出沉淀。但是，若加入乙醇，沉淀便会产生了。

另外，不同无机物在同一有机溶剂中的溶解度一般不同；同一无机物在不同有机溶剂中的溶解度也不同。

（五）沉淀的颗粒度等

一般来说，对于同一种沉淀，颗粒越小，溶解度越大。例如，$SrSO_4$ 沉淀，晶粒直径为 0.05μm 时，溶解度为 6.7×10^{-4}mol/L；当晶粒直径减小至 0.01μm 时，溶解度增大到 9.3×10^{-4}mol/L。

对于有些沉淀，刚生成的亚稳态晶型沉淀经放置一段时间后转变成稳定晶型，溶解度往往会大大降低。例如，CoS 沉淀初生时为 α 型，其 $K_{sp}^{\ominus}$ 为 4.0×10^{-21}，经放置后转变为 β 型，$K_{sp}^{\ominus}$ 为 2.0×10^{-25}。

模块二　溶度积规则及其应用

一、溶度积规则

在一定条件下，难溶电解质沉淀是否生成或溶解，可以根据溶度积规则来判断。在难溶电解质溶液中，其离子浓度幂的乘积称为离子积，用 Q_i 表示，对于 A_nB_m 型难溶电解质，则

$$Q_i = c^n_{A^{m+}} \cdot c^m_{B^{n-}} \tag{7-3}$$

Q_i 和 $K^{\ominus}_{sp}$ 的表达式相同，但其意义是有区别的。$K^{\ominus}_{sp}$ 表示难溶电解质在沉淀溶解平衡体系中离子浓度幂的乘积，对某一难溶电解质来说，在一定温度下 $K^{\ominus}_{sp}$ 为常数。而 Q_i 则表示任一条件下离子浓度幂的乘积，其值不是一个常数。$K^{\ominus}_{sp}$ 只是 Q_i 的一种特殊情况。

对于某一给定的溶液，溶度积 $K^{\ominus}_{sp}$ 与离子积之间的关系有以下三种情况：

$Q_i > K^{\ominus}_{sp}$ 时，溶液为过饱和溶液，会有沉淀析出，直至 $Q_i = K^{\ominus}_{sp}$，达到饱和状态为止。所以 $Q_i > K^{\ominus}_{sp}$ 是沉淀生成的条件。

$Q_i = K^{\ominus}_{sp}$ 时，溶液为饱和溶液，处于平衡状态。

$Q_i < K^{\ominus}_{sp}$ 时，溶液为未饱和溶液。若溶液中有难溶电解质固体存在，就会继续溶解，直至 $Q_i = K^{\ominus}_{sp}$，达到饱和状态为止。所以 $Q_i < K^{\ominus}_{sp}$ 是沉淀溶解的条件。

上述三种情况是难溶电解质多相离子平衡移动的规律，称为溶度积规则。由此不难看出，通过控制离子的浓度，便可使沉淀溶解平衡发生移动，从而使平衡向着需要的方向进行。

二、溶度积规则的应用

（一）沉淀的生成及完全程度

1. 沉淀的生成

根据溶度积原理，在难溶电解质溶液中，若 $Q_i > K^{\ominus}_{sp}$，则溶液为过饱和溶液，会有沉淀析出。

例题 3： 将下列溶液等体积混合，是否有 $AgCr_2O_7$ 沉淀生成？已知 $K^{\ominus}_{sp,Ag_2Cr_2O_7} = 2.0 \times 10^{-7}$

（1）0.20mol/L $AgNO_3$ 溶液与 0.20mol/L $K_2Cr_2O_7$ 溶液

（2）0.0020mol/L $AgNO_3$ 溶液与 0.0020mol/L $K_2Cr_2O_7$ 溶液

解： 当两种溶液等体积混合时，浓度变为原来的一半

（1）$c_{Ag^+}=0.10$mol/L，$c_{Cr_2O_7^{2-}}=0.10$mol/L，

则 $Q_i=(c'_{Ag^+})^2(c'_{Cr_2O_7^{2-}})=0.10^2\times0.10=0.0010>K^{\ominus}_{sp,Ag_2Cr_2O_7}=2.0\times10^{-7}$

所以有沉淀析出。

（2）$c_{Ag^+}=0.0010$mol/L，$c_{Cr_2O_7^{2-}}=0.0010$mol/L，

则 $Q_i=(c'_{Ag^+})^2(c'_{Cr_2O_7^{2-}})=0.0010^2\times0.0010=10^{-9}<K^{\ominus}_{sp,Ag_2Cr_2O_7}=2.0\times10^{-7}$

所以没有沉淀析出。

2. 判断沉淀的完全程度

在实际工作中，当利用沉淀反应来制备物质或分离杂质时，沉淀是否完全是引人关注的问题。由于难溶电解质溶液中始终存在着沉淀溶解平衡，不论加入的沉淀剂如何过量，被沉淀离子的浓度也不可能等于零。所谓“沉淀完全”，并不是说溶液中某种离子绝对不存在了，而是指含量少至某一标准而言，通常要求残留离子浓度小于 1.0×10^{-5}mol/L（在定量分析中，一般要求残留离子浓度小于 1.0×10^{-6}mol/L），即可认为沉淀达完全。

例题 4： 在 1.0×10^{-3}mol/L 的 SO_4^{2-} 溶液中，加入 $BaCl_2$ 溶液，欲使 SO_4^{2-} 沉淀完全，平衡时 Ba^{2+} 的浓度至少应有多大？已知 $K^{\ominus}_{sp,BaSO_4}=1.08\times10^{-10}$。

解： 欲使 SO_4^{2-} 沉淀完全，平衡时 SO_4^{2-} 的浓度应小于 1.0×10^{-5}mol/L

$$c'_{Ba^{2+}}=\frac{K^{\ominus}_{sp,BaSO_4}}{c'_{SO_4^{2-}}}\geqslant\frac{1.08\times10^{-10}}{1.0\times10^{-5}}=1.08\times10^{-5}$$

所以 $c_{Ba^{2+}}$ 至少应为 1.08×10^{-5}mol/L。

为了使离子沉淀完全，在实际工作中，需加入过量的沉淀剂。但是如果沉淀剂加入过多有时会发生其他副反应，因此沉淀剂的量要适当。

（二）分步沉淀

在生产和科学研究等实际工作中，如果有多种离子同时存在于混合溶液中，加入某种沉淀剂时，这些离子可能均会发生沉淀反应，生成难溶电解质。但因沉淀溶解度不同，发生反应的先后次序就不同。这种混合离子溶液中，离子发生先后沉淀的现象称为分步沉淀。

在多组分体系中，若各组分都可能与沉淀剂形成沉淀，通常是离子积 Q_c 首先超过溶度积的那种难溶物质先沉淀出来。

例题 5： 向 Cl^- 和 I^- 浓度均为 0.010mol/L 的溶液中，逐滴加入 $AgNO_3$ 溶液，问哪一种离子先沉淀？第二种离子开始沉淀时，溶液中第一种离子的浓度是多少？两者有无分离的可能？已知 $K^{\ominus}_{sp,AgCl}=1.77\times10^{-10}$，$K^{\ominus}_{sp,AgI}=8.52\times10^{-17}$。

解： 假设计算过程都不考虑加入试剂后溶液体积的变化。根据溶度积规则，首先计算 AgCl 和 AgI 开始沉淀时所需的 Ag^+ 浓度分别为：

$$c'_{Ag^+}=\frac{K^{\ominus}_{sp,AgCl}}{c'_{Cl^-}}=\frac{1.77\times10^{-10}}{0.010}=1.77\times10^{-8}$$

$$c'_{Ag^+}=\frac{K^{\ominus}_{spAgI}}{c'_{I^-}}=\frac{8.52\times10^{-17}}{0.010}=8.52\times10^{-15}$$

AgI 开始沉淀时，需要的 Ag^+ 浓度低，故 I^- 首先沉淀出来。当 Cl^- 开始沉淀时，溶液对 AgCl 来说也已达到饱和，这时 Ag^+ 浓度必须同时满足这两个沉淀溶解平衡，所以：

$$c'_{Ag^+}=\frac{K^{\ominus}_{sp,AgCl}}{c'_{Cl^-}}=\frac{K^{\ominus}_{sp,AgI}}{c'_{I^-}}$$

$$\frac{c'_{I^-}}{c'_{Cl^-}}=\frac{K^{\ominus}_{sp,AgI}}{K^{\ominus}_{sp,AgCl}}=\frac{8.52\times10^{-17}}{1.77\times10^{-10}}=4.81\times10^{-7}$$

当 AgCl 开始沉淀时，Cl^- 的浓度为 0.010mol/L，此时溶液中剩余的 I^- 浓度为：

$$c'_{I^-}=\frac{K^{\ominus}_{sp,AgI}\cdot c'_{Cl^-}}{K^{\ominus}_{sp,AgCl}}=4.81\times10^{-7}\times0.010=4.81\times10^{-9}$$

可见，当 Cl^- 开始沉淀时，I^- 的浓度已小于 10^{-5} mol/L，故两者可以分离。

由此可见，影响难溶电解质分步沉淀的主要因素是沉淀的溶度积和被沉淀离子的浓度。如果是同一类型的难溶电解质，$K^{\ominus}_{sp}$ 小的先沉淀，而且溶度积相差越大，混合离子越容易分离。但对不同类型的难溶电解质，因有不同浓度幂指数的关系，则不能直接根据 $K^{\ominus}_{sp}$ 来判断沉淀的次序。

总之，在混合离子溶液中，如果加入沉淀剂，沉淀开始所需沉淀剂浓度低的离子先沉淀，所需沉淀剂浓度高的离子后沉淀。如果生成各沉淀所需的沉淀剂浓度相差较大，就能运用分步沉淀原理进行混合离子的分离，并达到提纯的目的。

例题 6：若溶液中含有 0.010mol/L 的 Fe^{3+} 和 0.010mol/L 的 Mg^{2+}，计算用形成氢氧化物的方法分离两种离子的 pH 应控制在什么范围？已知 $K^{\ominus}_{sp,Fe(OH)_3}=4\times10^{-38}$，$K^{\ominus}_{sp,Mg(OH)_2}=1.8\times10^{-11}$。

解：沉淀 Fe^{3+} 所需的 $c'_{OH^-}=\sqrt[3]{\frac{K^{\ominus}_{sp,Fe(OH)_3}}{c'_{Fe^{3+}}}}=\sqrt[3]{\frac{4\times10^{-38}}{0.010}}=2.0\times10^{-12}$

沉淀 Mg^{2+} 所需的 $c'_{OH^-}=\sqrt{\frac{K^{\ominus}_{sp,Mg(OH)_2}}{c'_{Mg^{2+}}}}=\sqrt{\frac{1.8\times10^{-11}}{0.010}}=4.2\times10^{-5}$

由于沉淀 Fe^{3+} 所需的 OH^- 浓度低，所以 Fe^{3+} 先沉淀。

当 Fe^{3+} 恰好沉淀完全时，$c_{Fe^{3+}}=1.0\times10^{-5}$ mol/L，则有

$$c'_{OH^-}=\sqrt[3]{\frac{K^{\ominus}_{sp,Fe(OH)_3}}{c'_{Fe^{3+}}}}=\sqrt[3]{\frac{4\times10^{-38}}{1.0\times10^{-5}}}=1.6\times10^{-11}$$

即若要使 Fe^{3+} 沉淀完全需　$pOH\leqslant10.80$，$pH\geqslant3.20$

欲使 Mg^{2+} 离子不生成 $Mg(OH)_2$ 沉淀，则：

$$c'_{OH^-} < \sqrt{\frac{K^{\ominus}_{sp,Mg(OH)_2}}{c'_{Mg^{2+}}}} = \sqrt{\frac{1.8\times10^{-11}}{0.010}} = 4.2\times10^{-5}$$

即若要使 Mg^{2+} 离子不沉淀析出须　pOH>4.38，pH<9.62

因此只要将 pH 控制在 3.20～9.62，就能使 Fe^{3+} 沉淀完全，而 Mg^{2+} 沉淀又没有产生。

（三）沉淀的溶解

难溶电解质可通过不同的方法使之溶解。在大多数情况下，可以通过降低溶液中的一种或两种离子的浓度，从而使溶液中离子浓度满足 $Q_i < K^{\ominus}_{sp}$，达到难溶电解质溶解的目的。常用的方法一般有酸碱溶解法、氧化还原溶解法、配位溶解法。

1. 酸碱溶解法

对于 $BaSO_4$、AgCl 等强酸盐沉淀，酸度对其溶解度的影响较小；对于 $CaCO_3$、CaC_2O_4、ZnS、FeS 等弱酸盐沉淀和 $Fe(OH)_3$、$Mg(OH)_2$ 等金属氢氧化物沉淀，酸碱的存在对溶解度的影响较大，有的可以完全被酸溶解，在其溶解反应的产物中有弱电解质生成。

（1）生成弱酸　由弱酸所形成的难溶盐沉淀如 CaC_2O_4、$CaCO_3$、FeS 等，当溶液中 H^+ 浓度较大时，生成相应的弱酸，使平衡体系中弱酸根离子浓度减小，沉淀溶解。例如，在 CaC_2O_4 溶液中加入酸，其反应为：

$$\begin{array}{l} CaC_2O_4(s) \rightleftharpoons C_2O_4^{2-}(aq) + Ca^{2+}(aq) \\ \qquad\qquad\qquad\quad + \\ \qquad\qquad\qquad\quad H^+ \\ \qquad\qquad\qquad\quad \Updownarrow \\ \qquad\qquad\qquad HC_2O_4^- + H^+ \rightleftharpoons H_2C_2O_4 \end{array}$$

由于 H^+ 与 $C_2O_4^{2-}$ 结合生成 $HC_2O_4^-$，继而结合生成弱酸 $H_2C_2O_4$，使 CaC_2O_4 饱和溶液中的 $C_2O_4^{2-}$ 离子浓度大大减少，使 $c'_{Ca^{2+}} \cdot c'_{C_2O_4^{2-}} < K^{\ominus}_{sp,CaC_2O_4}$，因而 CaC_2O_4 可逐渐溶解。其总反应式为：

$$CaC_2O_4 + 2H^+(aq) \rightleftharpoons Ca^{2+}(aq) + H_2C_2O_4$$

难溶性碳酸盐加酸溶解过程与 CaC_2O_4 相似，不再赘述。

金属硫化物加酸溶解时，生成 H_2S 分子，使 $Q_i < K^{\ominus}_{sp}$，也可以使沉淀溶解。金属硫化物 MS 的酸溶解可用下列的平衡表示：

$$\begin{array}{l} MS(s) \rightleftharpoons M^{2+}(aq) + S^{2-}(aq) \\ \qquad\qquad\qquad\qquad\quad + \\ \qquad\qquad\qquad\qquad\quad H^+ \\ \qquad\qquad\qquad\qquad\quad \Updownarrow \\ \qquad\qquad\qquad\qquad HS^- + H^+ \rightleftharpoons H_2S \end{array}$$

金属硫化物 MS 溶于强酸的总反应式为：

$$MS(s) + 2H^+(aq) = M^{2+}(aq) + H_2S$$

反应平衡常数为：$$K^{\ominus}=\frac{c'_{M^{2+}}c'_{H_2S}}{c'^{2}_{H^+}}=\frac{K^{\ominus}_{sp,MS}}{K^{\ominus}_{a1}K^{\ominus}_{a2}}$$

（2）生成水　难溶性金属氢氧化物酸溶解可用下列的平衡表示：

$$\begin{array}{c}M(OH)_n(s)\rightleftharpoons nOH^-(aq)+M^{n+}(aq)\\ \quad\quad\quad +\\ \quad\quad\quad nH^+\\ \quad\quad\quad \Updownarrow\\ \quad\quad\quad nH_2O\end{array}$$

金属氢氧化物溶于强酸的总反应式为：

$$M(OH)_n(s)+nH^+(aq)=M^{n+}(aq)+nH_2O$$

反应平衡常数为：

$$K^{\ominus}=\frac{c'_{M^{n+}}}{c'^{n}_{H^+}}=\frac{c'_{M^{n+}}\cdot c'^{n}_{OH^-}}{c'^{n}_{H^+}\cdot c'^{n}_{OH^-}}=\frac{K^{\ominus}_{sp}}{(K^{\ominus}_{w})^n}$$

室温时，$K^{\ominus}_{w}=10^{-14}$，而一般 MOH 的 $K^{\ominus}_{sp}$大于 10^{-14}（即 $K^{\ominus}_{w}$），$M(OH)_2$ 的 $K^{\ominus}_{sp}$大于 10^{-28}［即（$K^{\ominus 2}_{w}$）］，$M(OH)_3$ 的 $K^{\ominus}_{sp}$大于 10^{-42}［即（$K^{\ominus 3}_{w}$）］，所以反应平衡常数都大于 1，这表明金属氢氧化物一般都能溶于强酸。

（3）生成弱碱　一些溶度积较大的金属氢氧化物能与 NH_4^+ 结合，形成弱碱 NH_3 而溶于铵盐中，如 $Mg(OH)_2$、$Mn(OH)_2$ 等。

$$Mg(OH)_2(s)\rightleftharpoons Mg^{2+}(aq)+2OH^-(aq)$$

$$OH^-(aq)+NH_4^+(aq)\rightleftharpoons NH_3+H_2O$$

即　$$Mg(OH)_2(s)+2NH_4^+(aq)\rightleftharpoons Mg^{2+}(aq)+2NH_3+2H_2O$$

对于 $Fe(OH)_3$、$Al(OH)_3$，由于溶度积很小，则不能溶于铵盐中。

总之，溶液的酸度对于弱酸盐沉淀、金属氢氧化物沉淀等的溶解度影响很大。因此，这类难溶物的沉淀反应，应尽可能地控制在适当的酸度条件下进行。

例题 7：0.10mol/L $MgCl_2$ 和 0.010mol/L $NH_3\cdot H_2O$ 各 50mL 混合后，①是否有沉淀生成？②为不使 $Mg(OH)_2$ 沉淀析出，问至少应加入 NH_4Cl 多少克（假定加入 NH_4Cl 后溶液的体积不变）？已知 $K^{\ominus}_{sp,Mg(OH)_2}=1.8\times10^{-11}$，$NH_3\cdot H_2O$ 的 $K^{\ominus}_{b}=1.79\times10^{-5}$。

解：① 混合后，$$c'_{Mg^{2+}}=\frac{0.10}{2}=0.050\text{mol/L}$$

$$c'_{NH_3}=\frac{0.010}{2}=0.0050\text{mol/L}$$

因为 $$(c'_{OH^-})^2=K^{\ominus}_{b}c'_{NH_3}=1.79\times10^{-5}\times0.0050$$

$$c'_{OH^-}=3.0\times10^{-4}$$

$$Q_c=(c'_{Mg^{2+}})(c'_{OH^-})^2=0.050\times(3.0\times10^{-4})^2$$

$$=4.5\times10^{-9}>K^{\ominus}_{sp,Mg(OH)_2}$$

所以有 $Mg(OH)_2$ 沉淀生成。

② 解法（一）：若要使 Mg（OH)$_2$ 不沉淀，$(c'_{Mg^{2+}})(c'_{OH^-})^2\leqslant K^{\ominus}_{sp}$

$$c'_{OH^-} \leqslant \sqrt{\frac{1.8\times10^{-11}}{0.050}}=1.9\times10^{-5}$$

由 NH_3 的解离平衡常数表达式可得：

$$c'_{NH_4^+}=\frac{K_b^{\ominus}\cdot c'_{NH_3}}{c'_{OH^-}}$$

所以
$$c'_{NH_4^+}\geqslant\frac{1.79\times10^{-5}\times0.0050}{1.9\times10^{-5}}=4.7\times10^{-3}$$

因此，需加 NH_4Cl：$m=cVM$

$$=4.7\times10^{-3}\times0.10\times53.5=2.5\times10^{-2}\ (g)。$$

解法（二）用多重平衡规则，请读者思考。

2. 氧化还原溶解法

利用氧化还原反应来降低溶液中难溶电解质组分离子的浓度，从而使难溶电解质溶解的方法，称为氧化还原溶解法。一些很难溶的金属硫化物，如 CuS、PbS、HgS，由于其溶解度非常小，即使外加高浓度的 HCl、H_2SO_4，都不足以将它们溶解。在这种情况下，往往利用氧化性酸（如 HNO_3 或王水），通过氧化还原反应来溶解。如 CuS 溶于硝酸的反应如下：

$$\begin{array}{l}CuS(s)\rightleftharpoons Cu^{2+}(aq)+S^{2-}(aq)\\ \qquad\qquad\qquad\qquad\qquad\quad +\\ \qquad\qquad\qquad\qquad\qquad HNO_3\rightarrow S\downarrow+NO\uparrow+H_2O\end{array}$$

总反应式为：

$$3CuS(s)+2NO_3^-(aq)+8H^+(aq)=\!=\!=3Cu^{2+}(aq)+3S\downarrow+2NO\uparrow+4H_2O$$

3. 配位溶解法

配位溶解法是指在难溶电解质的饱和溶液中，加入一定量的配位剂，与难溶电解质组分离子形成配离子，使得溶液中组分离子浓度降低，从而达到溶解的目的。例如：$Cu(OH)_2$ 难溶于水，但易溶于 $NH_3\cdot H_2O$，这是由于 NH_3 和 Cu^{2+} 结合而生成稳定的配离子 $[Cu(NH_3)_2]^{2+}$，降低了 Cu^{2+} 的浓度，使 $Q_i<K_{sp}^{\ominus}$，固体 $Cu(OH)_2$ 溶解。其反应如下：

$$\begin{array}{l}Cu(OH)_2(s)\rightleftharpoons Cu^{2+}+OH^-\\ \qquad\qquad\qquad\quad +\\ \qquad\qquad\qquad 2NH_3\\ \qquad\qquad\qquad\quad \Updownarrow\\ \qquad\qquad\qquad [Cu(NH_3)_2]^{2+}\end{array}$$

对一些特别难溶的硫化物如 HgS，$K_{sp}^{\ominus}$ 仅为 6.44×10^{-53}，只利用氧化还原反应使 S^{2-} 浓度降低的方法，不足以使其溶解，必须使用王水，因为除了 HNO_3 能氧化 S^{2-} 到单质 S，同时 HCl 能使 Hg^{2+} 生成 $[HgCl]_4^{2-}$，降低 Hg^{2+} 的浓度，从而使 $Q_i<K_{sp}^{\ominus}$，HgS 沉淀才能溶解。反应如下：

$$3HgS+2HNO_3+12HCl=\!=\!=3H_2[HgCl_4]+3S\downarrow+2NO\uparrow+4H_2O$$

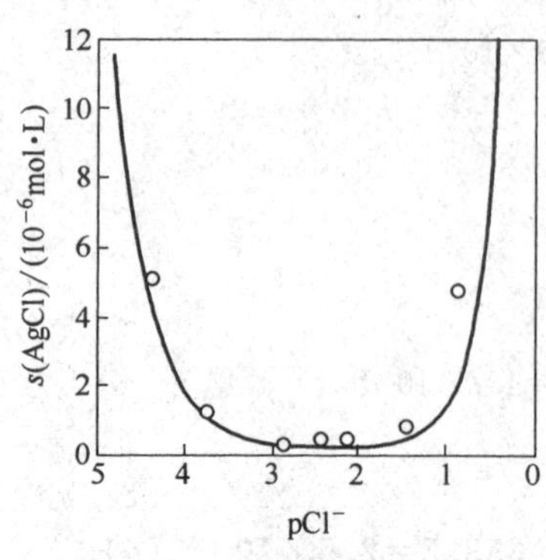

图 7-2 AgCl 溶解度与 pCl^- 的关系

若要使溶液中某种离子沉淀完全，而沉淀剂又能与被沉淀离子形成配离子，就不能加入过量太多的沉淀剂，以免造成较大的溶解损失。例如，用 NaCl 溶液沉淀 Ag^+，当溶液中 Cl^- 浓度过高时就会发生这种现象，见图 7-2。

由图 7-2 可知，当溶液中 Cl^- 浓度在一定范围内时，同离子效应使得 AgCl 沉淀的溶解度随 Cl^- 浓度的升高而明显降低；但是，当 Cl^- 浓度过高时，Cl^- 能与 AgCl 分子进一步结合，形成 $AgCl_2^-$ 等配离子，故 AgCl 沉淀的溶解度急剧增大。反应式如下：

$$Ag^+(aq)+Cl^-(aq) \rightleftharpoons AgCl(aq)$$

$$AgCl(aq)+Cl^-(aq) \rightleftharpoons AgCl_2^-(aq)$$

例题 8：在含有 0.010mol/L Ag^+ 和 0.0010mol/L Cl^- 溶液中，要使体系不析出 AgCl 沉淀，平衡时溶液中 EDTA 的浓度至少应为多少？已知 $K^\ominus_{sp,AgCl}=1.77\times10^{-10}$，$K^\ominus_{稳[Ag(EDTA)]^{3-}}=2.09\times10^5$。

解：若要使 AgCl 不沉淀，$c'_{Cl^-}c'_{Ag^+}\leqslant K^\ominus_{sp\,AgCl}$

体系中
$$c_{Cl^-}=0.0010\quad mol/L$$

故
$$c'_{Ag^+}\leqslant\frac{K^\ominus_{sp,AgCl}}{0.0010}=1.77\times10^{-7},$$

$$Ag^+ + EDTA^{4-} \rightleftharpoons [Ag(EDTA)]^{3-}$$

$$c'_{[Ag(EDTA)]^{3-}}=0.010-c_{Ag^+}\approx0.010$$

$$c'_{EDTA}=\frac{c'_{[Ag(EDTA)]^{3-}}}{K^\ominus_{稳[Ag(EDTA)]^{3-}}c'_{Ag^+}}\geqslant\frac{0.010}{2.09\times10^5\times1.77\times10^{-7}}=0.27$$

所以平衡时溶液中 EDTA 的浓度至少应为 0.27mol/L。

（四）沉淀的转化

有些沉淀既不溶于水又不溶于酸，也不能用氧化还原反应和配位反应直接溶解，却可以使其转化为另一种沉淀，然后再将其溶解。这种由一种沉淀转化为另一种沉淀的过程称为沉淀的转化。

例如，锅炉内壁锅垢的主要成分 $CaSO_4$，它既不溶于水也不溶于酸，很难清除。但是，可以加入 Na_2CO_3 溶液，使 $CaSO_4$ 转变为溶解度更小的 $CaCO_3$，再通过流体的冲击以及适当摩擦剂的作用，使锅垢被除去。转化反应为：

$$CaSO_4(s)+CO_3^{2-}(aq) \rightleftharpoons CaCO_3(s)+SO_4^{2-}(aq)$$

转化反应的完全程度同样可以用平衡常数加以衡量：

$$K^\ominus=\frac{c'_{SO_4^{2-}}}{c'_{CO_3^{2-}}}=\frac{K^\ominus_{sp,CaSO_4}}{K^\ominus_{sp,CaCO_3}}=\frac{4.93\times10^{-5}}{3.36\times10^{-9}}=1.47\times10^4$$

可见这一转化反应向右进行的趋势较大。

沉淀间能否转化及转化的程度如何，完全取决于两种沉淀的 $K_{sp}^{\ominus}$ 的相对大小。一般 $K_{sp}^{\ominus}$ 大的沉淀容易转化成 $K_{sp}^{\ominus}$ 小的沉淀，而且两者的 $K_{sp}^{\ominus}$ 相差越大，则转化越完全。相反，欲使 $K_{sp}^{\ominus}$ 小的沉淀转化成 $K_{sp}^{\ominus}$ 大的沉淀，则较为困难；如果两者的 $K_{sp}^{\ominus}$ 相差太大，则溶解度小的沉淀不可能转化为溶解度大的沉淀。

例题 9：如果在 1.0 LNa_2CO_3 溶液中溶解 0.10mol 的 $CaSO_4$，问 Na_2CO_3 的初始浓度应为多少？已知 $K_{sp,CaSO_4}^{\ominus}=4.93\times10^{-5}$，$K_{sp,CaCO_3}^{\ominus}=3.36\times10^{-9}$。

解：由上述可知：
$$\frac{c'_{SO_4^{2-}}}{c'_{CO_3^{2-}}}=\frac{K_{sp,CaSO_4}^{\ominus}}{K_{sp,CaCO_3}^{\ominus}}=1.47\times10^{4}$$

平衡时：
$$c'_{SO_4^{2-}}=0.10$$
$$c'_{CO_3^{2-}}=\frac{0.10}{1.47\times10^{4}}=6.8\times10^{-6}$$

因为溶解 0.10mol $CaSO_4$ 需要消耗 0.10mol Na_2CO_3，故 Na_2CO_3 的初始浓度应为 $0.10+6.8\times10^{-6}\approx0.10$mol/L

若要将溶解度较小的难溶物质转化为溶解度较大的难溶物质，这种转化就较为困难，但有时在一定条件下也能实现。

例题 10：用 1.0L 浓度为 1.6mol/L Na_2CO_3 溶液中，能否使 0.10mol 的 $BaSO_4$ 沉淀完全转化为 $BaCO_3$？若要使 $BaSO_4$ 完全转化为 $BaCO_3$ 沉淀，Na_2CO_3 的初始浓度至少应为多少？已知 $K_{sp,BaSO_4}^{\ominus}=1.08\times10^{-10}$，$K_{sp,BaCO_3}^{\ominus}=2.58\times10^{-9}$

解：转化反应为：$BaSO_4(s)+CO_3^{2-}(aq)\rightleftharpoons BaCO_3(s)+SO_4^{2-}(aq)$

转化反应的平衡常数为：
$$K^{\ominus}=\frac{c'_{SO_4^{2-}}}{c'_{CO_3^{2-}}}=\frac{K_{sp,BaSO_4}^{\ominus}}{K_{sp,BaCO_3}^{\ominus}}=\frac{1.08\times10^{-10}}{2.58\times10^{-9}}$$
$$=4.19\times10^{-2}$$

显然转化较为困难。

(1) 设转化反应达到平衡时 SO_4^{2-} 的浓度为 $x$mol/L

则
$$c'_{CO_3{}^{2-}}=1.6-x$$
$$\frac{c'_{SO_4^{2-}}}{c'_{CO_3^{2-}}}=\frac{x}{1.6-x}=4.19\times10^{-2}$$

可解得：$x=0.064$

可见，在给定条件下，只有 0.064mol 的 $BaSO_4$ 沉淀能转化为 $BaCO_3$。

(2) 若 $BaSO_4$ 完全转化为 $BaCO_3$ 沉淀，平衡时 $c'_{SO_4^{2-}}=0.10$mol/L

$$K^{\ominus}=\frac{c'_{SO_4^{2-}}}{c'_{CO_3^{2-}}}=4.19\times10^{-2}$$

平衡时溶液中
$$c'_{CO_3^{2-}}=\frac{c'_{SO_4^{2-}}}{4.19\times10^{-2}}=2.39$$

因为溶解 0.10mol $BaSO_4$ 需要消耗 0.10mol Na_2CO_3，故 Na_2CO_3 的初始浓度应为
$$0.10+2.39=2.49\text{mol/L}$$

模块三　沉淀滴定法

知识目标

1. 掌握沉淀滴定法对沉淀反应的要求。

2. 掌握莫尔法、佛尔哈德法、法扬斯法三种沉淀滴定法确定化学计量点的基本原理、滴定条件、应用范围及有关计算。

3. 进一步理解分级沉淀和沉淀转化的概念。

能力目标

掌握莫尔法、佛尔哈德法、法扬斯法三种滴定分析方法的应用，在实际应用中能根据测定对象选择适当的滴定方法进行测定。

沉淀滴定法是以沉淀反应为基础的滴定分析方法。用于沉淀滴定的反应必须具备以下条件：

(1) 反应能定量地完成，沉淀的溶解度要小，在沉淀过程中也不易发生共沉淀现象。

(2) 反应速度要快，不易形成过饱和溶液。

(3) 有适当的方法确定滴定终点。

(4) 沉淀的吸附现象不影响滴定终点的确定。

虽然沉淀反应比较多，但由于受上述条件的限制，许多沉淀反应不能满足滴定分析要求，能用于沉淀滴定的不多。因此，沉淀滴定法应用并不广泛，目前应用较多的是生成难溶银盐的反应：

$$Ag^+ + X^- \xlongequal{} AgX\downarrow \qquad K_{sp} \xlongequal{} [Ag^+][X^-]$$

$$X^- \xlongequal{} Cl^-, Br^-, I^-, CN^-, SCN^-$$

生成难溶性银盐的这类滴定方法，习惯上称为银量法。银量法按照确定终点的方法不同，分为莫尔法、佛尔哈德法和法扬斯法。

一、莫尔法

莫尔法是以 K_2CrO_4 为指示剂，在中性或弱碱性介质中用 $AgNO_3$ 标准溶液测定卤素离子含量的方法。

（一）指示剂的作用原理

以测定 Cl^- 为例。在含有 Cl^- 的中性或弱碱性溶液中，以 K_2CrO_4 作指示剂，用 $AgNO_3$ 标准溶液滴定。这个方法的依据是多级沉淀原理，由于 AgCl 的

溶解度比 Ag_2CrO_4 的溶解度小，因此在用 $AgNO_3$ 标准溶液滴定时，AgCl 先析出沉淀，当滴定剂 Ag^+ 与 Cl^- 达到化学计量点时，微过量的 Ag^+ 与 CrO_4^{2-} 反应析出砖红色的 Ag_2CrO_4 沉淀，指示滴定终点的到达。其反应为：

$$Ag^+ + Cl^- = AgCl\downarrow \quad \text{白色}$$

$$2Ag^+ + CrO_4^{2-} = Ag_2CrO_4\downarrow \quad \text{砖红色}$$

（二）滴定条件

1. 指示剂作用量

用 $AgNO_3$ 标准溶液滴定 Cl^-，指示剂 K_2CrO_4 的用量对于终点指示有较大的影响，CrO_4^{2-} 浓度过高或过低，Ag_2CrO_4 沉淀的析出就会过早或过迟，从而产生一定的终点误差。因此要求 Ag_2CrO_4 沉淀应该恰好在滴定反应的化学计量点时出现。化学计量点时 c'_{Ag^+} 为：

$$c'_{Ag^+} = c'_{Cl^-} = \sqrt{K^{\ominus}_{sp,AgCl}} = \sqrt{3.2\times10^{-10}} = 1.8\times10^{-5}$$

若此时恰有 Ag_2CrO_4 沉淀，则：

$$c'_{CrO_4^{2-}} = \frac{K^{\ominus}_{sp,Ag_2CrO_4}}{c'^{2}_{Ag^+}} = 5.0\times10^{-12}/(1.8\times10^{-5})^2 = 1.5\times10^{-2}$$

在滴定时，由于 K_2CrO_4 显黄色，当其浓度较高时颜色较深，不易判断砖红色的出现。为了能观察到明显的终点，指示剂的浓度以略低一些为好。实验证明，滴定溶液中 $c_{K_2CrO_4}$ 为 5×10^{-3}mol/L 是确定滴定终点的适宜浓度。

显然，K_2CrO_4 浓度降低后，要使 Ag_2CrO_4 析出沉淀，必须多加些 $AgNO_3$ 标准溶液，这时滴定剂就过量了，终点将在化学计量点后出现，但由于产生的终点误差一般都小于 0.1%，不会影响分析结果的准确度。但是如果溶液较稀，如用 0.01000mol/L $AgNO_3$ 标准溶液滴定 0.01000mol/L Cl^- 溶液，滴定误差可达 0.6%，影响分析结果的准确度，应做指示剂空白试验进行校正。

2. 滴定时的酸度

在酸性溶液中，CrO_4^{2-} 有如下反应：

$$2CrO_4^{2-} + 2H^+ \rightleftharpoons 2HCrO_4^- \rightleftharpoons Cr_2O_7^{2-} + H_2O$$

因而降低了 CrO_4^{2-} 的浓度，使 Ag_2CrO_4 沉淀出现过迟，甚至不会沉淀。

在强碱性溶液中，会有棕黑色 $Ag_2O\downarrow$ 沉淀析出：

$$2Ag^+ + 2OH^- \rightleftharpoons Ag_2O\downarrow + H_2O$$

因此，莫尔法只能在中性或弱碱性（pH=6.5～10.5）溶液中进行。若溶液酸性太强，可用 $Na_2B_4O_7\cdot10H_2O$ 或 $NaHCO_3$ 中和；若溶液碱性太强，可用稀 HNO_3 溶液中和；而在有 NH_4^+ 存在时，滴定的 pH 范围应控制在 6.5～7.2。

（三）应用范围

莫尔法主要用于测定 Cl^-、Br^- 和 Ag^+，如氯化物、溴化物纯度测定以及天然水中氯含量的测定。当试样中 Cl^- 和 Br^- 共存时，测得的结果是它们的总量。若测定 Ag^+，应采用返滴定法，即向 Ag^+ 的试液中加入过量的 NaCl 标准溶液，

然后再用 $AgNO_3$ 标准溶液滴定剩余的 Cl^-（若直接滴定，先生成的 Ag_2CrO_4 转化为 AgCl 的速度缓慢，滴定终点难以确定）。莫尔法不宜测定 I^- 和 SCN^-，因为滴定生成的 AgI 和 AgSCN 沉淀表面会强烈吸附 I^- 和 SCN^-，使滴定终点过早出现，造成较大的滴定误差。

莫尔法的选择性较差，凡能与 CrO_4^{2-} 或 Ag^+ 生成沉淀的阳、阴离子均干扰滴定。前者如 Ba^{2+}、Pb^{2+}、Hg^{2+} 等；后者如 $SO_3{}^{2-}$、$PO_4{}^{3-}$、$AsO_4{}^{3-}$、S^{2-}、$C_2O_4{}^{2-}$ 等。

例题 11： 测定氯化钠含量时，准确称取试样 3.8560g，加水溶解后置于 250mL 容量瓶中，用水稀释至刻度，摇匀。准确吸取 10mL 于 250mL 锥形瓶中，加 40mL 水，加铬酸钾指示剂，在充分摇动下，用 0.0973mol/L 硝酸银滴定剂滴定到浑浊溶液突变为微红色，消耗 22.43mL。求试样中 NaCl 的质量分数。已知 $M_{NaCl}=58.44g/mol$。

解： 由题可知，测定氯化钠含量采用莫尔法直接滴定。

$$\omega_{NaCl}=\frac{c_{AgNO_3}\cdot V_{AgNO_3}\cdot M_{NaCl}}{m\times\frac{10.00mL}{250mL}}\times100\%$$

$$=\frac{0.0973mol/L\times22.43\times10^{-3}L\times58.44g/mol}{3.8560g\times\frac{10.00mL}{250mL}}\times100\%$$

$$=82.69\%$$

试样中 NaCl 的质量分数为 82.69%。

二、佛尔哈德法

佛尔哈德法是在酸性介质中，以铁铵矾[$NH_4Fe(SO_4)_2\cdot12H_2O$]作指示剂来确定滴定终点的一种银量法。根据滴定方式的不同，佛尔哈德法分为直接滴定法和返滴定法两种。

（一）直接滴定法测定 Ag^+

在含有 Ag^+ 的 HNO_3 介质中，以铁铵矾作指示剂，用 NH_4SCN 标准溶液直接滴定，当滴定到化学计量点时，微过量的 SCN^- 与 Fe^{3+} 结合生成红色的 $[FeSCN]^{2+}$ 即为滴定终点。其反应为：

$$Ag^++SCN^-=\!=\!=AgSCN\downarrow(白色)$$

$$Fe^{3+}+SCN^-=\!=\!=[FeSCN]^{2+}(红色)$$

由于指示剂中的 Fe^{3+} 在中性或碱性溶液中将形成 $[Fe(OH)]^{2+}$、$[Fe(OH)_2]^+$ 等深色配合物，碱度再大，还会产生 $Fe(OH)_3$ 沉淀，因此滴定应在酸性（0.3～1mol/L）溶液中进行。

用 NH_4SCN 溶液滴定 Ag^+ 溶液时，生成的 AgSCN 沉淀能吸附溶液中的

Ag^+，使 Ag^+ 浓度降低，以致红色的出现略早于化学计量点。因此在滴定过程中需剧烈摇动，使被吸附的 Ag^+ 释放出来。

（二）返滴定法测定卤素离子

佛尔哈德法测定卤素离子（如 Cl^-、Br^-、I^- 和 SCN^-）时应采用返滴定法，即在酸性（HNO_3 介质）待测溶液中，先加入已知过量的 $AgNO_3$ 标准溶液，再用铁铵矾作指示剂，用 NH_4SCN 标准溶液回滴剩余的 Ag^+。反应如下：

$$\underset{\text{(过量)}}{Ag^+} + Cl^- = AgCl\downarrow \quad \text{(白色)}$$

$$\underset{\text{(剩余量)}}{Ag^+} + SCN^- = AgSCN\downarrow \quad \text{(白色)}$$

终点指示反应：　$Fe^{3+} + SCN^- = [FeSCN]^{2+}$　（红色）

用佛尔哈德法测定 Cl^-，滴定到临近终点时，经摇动后形成的红色会褪去，这是因为 AgSCN 的溶解度小于 AgCl 的溶解度，加入的 NH_4SCN 将与 AgCl 发生沉淀转化反应：

$$AgCl + SCN^- = AgSCN\downarrow + Cl^-$$

沉淀的转化速率较慢，滴加 NH_4SCN 形成的红色随着溶液的摇动而消失。这种转化作用将继续进行到 Cl^- 与 SCN^- 浓度之间建立一定的平衡关系，才会出现持久的红色，无疑滴定已多消耗了 NH_4SCN 标准滴定溶液。为了避免上述现象的发生，通常采用以下措施：

（1）向试液中加入一定过量的 $AgNO_3$ 标准溶液之后，将溶液煮沸，使 AgCl 沉淀凝聚，以减少 AgCl 沉淀对 Ag^+ 的吸附。滤去沉淀，并用稀 HNO_3 充分洗涤沉淀，然后用 NH_4SCN 标准滴定溶液回滴滤液中的过量 Ag^+。

（2）在滴入 NH_4SCN 标准溶液之前，加入有机溶剂硝基苯或邻苯二甲酸二丁酯或 1，2-二氯乙烷。用力摇动后，有机溶剂将 AgCl 沉淀包住，使 AgCl 沉淀与外部溶液隔离，阻止 AgCl 沉淀与 NH_4SCN 发生转化反应。此法方便，但硝基苯有毒。

（3）提高 Fe^{3+} 的浓度以减小终点时 SCN^- 的浓度，从而减小上述误差（实验证明，一般溶液中 $c_{Fe^{3+}}=0.2mol/L$ 时，终点误差将小于 0.1%）。

佛尔哈德法在测定 Br^-、I^- 和 SCN^- 时，滴定终点十分明显，不会发生沉淀转化，因此不必采取上述措施。但是在测定碘化物时，必须加入过量 $AgNO_3$ 溶液之后再加入铁铵矾指示剂，以免 I^- 对 Fe^{3+} 的还原作用而造成误差。

例题 12：称取烧碱试样 3.1270g，溶解后酸化转移至 250mL 容量瓶中稀释至刻度。移取 25.00mL 于锥形瓶中，加入 $c_{AgNO_3}=0.06082mol/L$ 的 $AgNO_3$ 标准溶液 25.00mL，用 $c_{NH_4SCN}=0.05024mol/L$ 的 NH_4SCN 标准溶液返滴定过量的 $AgNO_3$ 标准溶液，消耗了 24.47mL，计算烧碱中氯化钠的质量分数。已知 $M_{NaCl}=58.44g/mol$。

解： 依题意该烧碱试样的测定采用佛尔哈德法返滴定。

$$Ag^{+}(\text{过量})+Cl^{-}=\!=\!=AgCl\downarrow \quad (\text{白色})$$

$$Ag^{+}(\text{剩余量})+SCN^{-}=\!=\!=AgSCN\downarrow \quad (\text{白色})$$

终点时：
$$Fe^{3+}+SCN^{-}=[FeSCN]^{2+} \quad (\text{红色})$$

$$\omega_{NaCl}=\frac{[c_{AgNO_3}\cdot V_{AgNO_3}-c_{NH_4SCN}\cdot V_{NH_4SCN}]M_{NaCl}}{m\times\frac{25.00mL}{250mL}}\times100\%$$

$$=\frac{(0.06082\times0.02500-0.05024\times0.02447)mol\times58.44g/mol}{3.1270g\times\frac{25.00mL}{250mL}}\times100\%$$

$$=5.44\%$$

三、法扬斯法

法扬斯法是以吸附指示剂确定滴定终点的一种银量法。

（一）吸附指示剂的作用原理

吸附指示剂是一类有机染料，它的阴离子在溶液中易被带正电荷的胶状沉淀吸附，吸附后结构改变，从而引起颜色的变化，指示滴定终点的到达。

现以 $AgNO_3$ 标准溶液滴定 Cl^- 为例，说明指示剂荧光黄的作用原理，见图 7-3。

荧光黄是一种有机弱酸，用 HFI 表示，在水溶液中可离解为荧光黄阴离子 FI^-，呈黄绿色：

$$HFI \rightleftharpoons FI^{-}+H^{+}$$

在化学计量点前，生成的 AgCl 沉淀在过量的 Cl^- 溶液中，AgCl 沉淀吸附 Cl^- 而带负电荷，形成的（AgCl）$\cdot Cl^-$ 不吸附指示剂阴离子 FI^-，溶液呈黄绿色。达化学计量点时，微过量的 $AgNO_3$ 可使 AgCl 沉淀吸附 Ag^+ 形成(AgCl)$\cdot Ag^+$ 而带正电荷，此带正电荷的（AgCl）$\cdot Ag^+$ 吸附荧光黄阴离子 FI^-，结构发生变化呈现粉红色，使整个溶液由黄绿色变成粉红色，指示终点的到达。

$$(AgCl)\cdot Ag^{+}+FI^{-}\xrightarrow{\text{吸附}}(AgCl)\cdot Ag\cdot FI$$

（黄绿色）　　（粉红色）

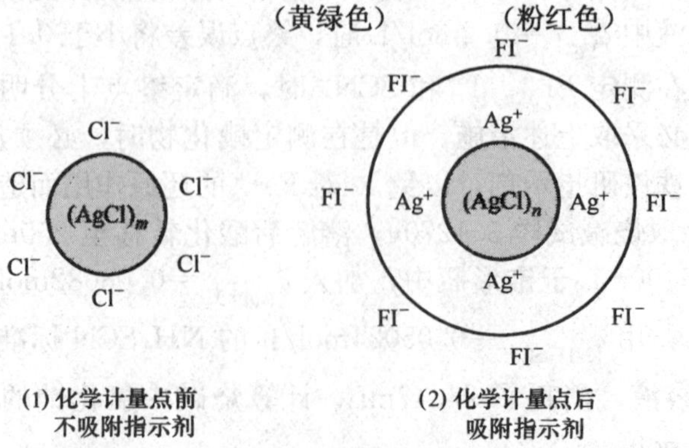

(1) 化学计量点前
不吸附指示剂

(2) 化学计量点后
吸附指示剂

图 7-3　荧光黄的作用原理

（二）使用吸附指示剂的注意事项

为了使终点变色敏锐，应用吸附指示剂时需要注意以下几点：

（1）保持沉淀呈胶体状态　由于吸附指示剂的颜色变化发生在沉淀微粒表面上，因此，应尽可能使卤化银沉淀呈胶体状态，具有较大的表面积。为此，在滴定前应将溶液稀释，并加糊精或淀粉等高分子化合物作为保护剂，以防止卤化银沉淀凝聚。

（2）控制溶液酸度　常用的吸附指示剂大多是有机弱酸，而起指示剂作用的是它们的阴离子。酸度大时，H^+ 与指示剂阴离子结合成不被吸附的指示剂分子，无法指示终点。酸度的大小与指示剂的离解常数有关，离解常数大，酸度可以大些。例如荧光黄其 $pK_a \approx 7$，适用于 $pH=7 \sim 10$ 的条件下进行滴定，若 $pH<7$ 荧光黄主要以 HFI 形式存在，不被吸附。

（3）避免强光照射　卤化银沉淀对光敏感，易分解析出银使沉淀变为灰黑色，影响滴定终点的观察，因此在滴定过程中应避免强光照射。

（4）吸附指示剂的选择　沉淀胶体微粒对指示剂离子的吸附能力，应略小于对待测离子的吸附能力，否则指示剂将在化学计量点前变色。但不能太小，否则终点出现过迟。卤化银对卤化物和几种吸附指示剂的吸附能力的次序如下：

$$I^- > SCN^- > Br^- > \text{曙红} > Cl^- > \text{荧光黄}$$

因此，滴定 Cl^- 不能选曙红，而应选荧光黄。表 7-2 所示为几种常用的吸附指示剂及其应用。

表 7-2　常用吸附指示剂

指示剂	被测离子	滴定剂	滴定条件	终点颜色变化
荧光黄	Cl^-、Br^-、I^-	$AgNO_3$	pH7～10	黄绿→粉红
二氯荧光黄	Cl^-、Br^-、I^-	$AgNO_3$	pH4～10	黄绿→红
曙红	Br^-、SCN^-、I^-	$AgNO_3$	pH2～10	橙黄→红紫
溴酚蓝	生物碱盐类	$AgNO_3$	弱酸性	黄绿→灰紫
甲基紫	Ag^+	NaCl	酸性溶液	黄红→红紫

（三）应用范围

法扬斯法可用于测定 Cl^-、Br^-、I^- 和 SCN^- 及生物碱盐类（如盐酸麻黄碱）等。此法终点明显，方法简便，但反应条件要求较严，应注意溶液的酸度、浓度及胶体的保护等。

莫尔法、佛尔哈德法和法扬斯法比较见表 7-3。

表 7-3　莫尔法、佛尔哈德法和法扬斯法比较

	莫尔法	佛尔哈德法	法扬斯法
指示剂	K_2CrO_4	Fe^{3+}	吸附指示剂
滴定剂	$AgNO_3$	SCN^-	Cl^- 或 $AgNO_3$
滴定反应	$Ag^+ + Cl^- \rightleftharpoons AgCl$	$SCN^- + Ag^+ \rightleftharpoons AgSCN$	$Cl^- + Ag^+ \rightleftharpoons AgCl$

续表

	莫尔法	佛尔哈德法	法扬斯法
指示反应	$2Ag^{+}+CrO_4{}^{2-}\rightleftharpoons Ag_2CrO_4$（砖红色）	$SCN^{-}+Fe^{3+}\rightleftharpoons FeSCN^{2+}$（红色）	$(AgCl)Ag^{+}+FIn^{-}\rightleftharpoons (AgCl)Ag^{+}\cdot FIn^{-}$
酸度	pH=6.5～10.5	0.1～1mol/L HNO_3 介质	与指示剂的 K_a 大小有关，使其以 FIn^{-} 型体存在
滴定对象	Cl^{-}，CN^{-}，Br^{-}	直接滴定法测 Ag^{+}；返滴定法测 Cl^{-}，Br^{-}，I^{-}，SCN^{-}，PO_4^{3-} 和 AsO_4^{3-} 等	Cl^{-}，Br^{-}，SCN^{-}，SO_4^{2-} 和 Ag^{+} 等

模块四　质量分析法

知识目标

1. 了解质量分析法的分类和方法特点。
2. 理解沉淀形式和称量形式的意义，掌握沉淀质量法对沉淀形式和称量形式的要求；掌握选择沉淀剂的原则。
3. 复习无机化学关于溶度积理论知识，掌握同离子效应、盐效应、酸效应、配位效应及其他因素对沉淀溶解度的影响。

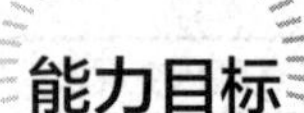
能力目标

1. 学会质量法测定样品含量的方法。
2. 能熟练进行质量法测定的操作。

一、概述

（一）定义

质量分析法，是通过适当的方法把被测组分从试样中离析出来，转化为可准确称量的形式，然后用称量的方法测定该组分的含量的分析方法。

（二）质量分析法的分类

根据分离法的不同分类，质量分析的方法分挥发法、沉淀法和电解法三大类。

1. 挥发法

利用物质的挥发性，通过加热或其他方法使试样中的待测组分挥发逸出，根据试样质量的减少计算该组分的含量。

2. 沉淀法

使欲测组分转化为难溶化合物从溶液中沉淀出来，经过滤、洗涤、干燥或灼烧后称量而进行测定的方法。

例如，测定试液中 SO_4^{2-} 含量时，在试液中加入过量 $BaCl_2$ 溶液，使 SO_4^{2-} 完全生成难溶的 $BaSO_4$ 沉淀，经过过滤、洗涤、干燥后，称量 $BaSO_4$ 的质量，从而计算试液中硫酸根离子的含量。

3. 电解法

用电子作沉淀剂，使金属离子在电极上还原析出，然后称量。

质量分析法的特点：

（1）成熟的经典法，无标样分析法，用于仲裁分析。

（2）用于常量组分的测定，准确度高，相对误差在 0.1%～0.2%。

（3）耗时多，周期长，操作烦琐。

（4）常量的硅、硫、镍等元素的精确测定仍采用质量法。

（三）沉淀质量法的分析过程与对沉淀的要求

沉淀形式：即沉淀的化学组成。

称量形式：沉淀经烘干或灼烧后，供最后称量的化学组成称为称量形式。

在质量分析法中，为获得准确的分析结果，沉淀形式和称量形式必须满足以下要求。

沉淀质量分析法对沉淀形式的要求为：

（1）溶解度小，以保证沉淀完全。

（2）沉淀的结晶形态好，以便于过滤、洗涤。

（3）沉淀的纯度高。

（4）沉淀形沉淀易于转化为称量形沉淀。

沉淀质量分析法对称量形式的要求为：

（1）有确定的化学组成。

（2）稳定，不易与 CO_2、H_2O、O_2 反应。

（3）摩尔质量足够大，以减小称量误差。

（四）沉淀剂的特点和选择

1. 沉淀剂的分类和特点

按照物质的组成不同，沉淀剂可分为无机沉淀剂和有机沉淀剂。无机沉淀剂的选择性较差，产生的沉淀溶解度较大，吸附杂质较多。如果生成的是无定形沉淀时，不仅吸附杂质多，而且不易过滤和洗涤。下面主要讨论有机沉淀剂。

（1）特点　与无机沉淀剂相比较，有机沉淀剂具有下列特点。

① 选择性高。有机沉淀剂在一定条件下，一般只与少数离子起沉淀反应。

② 沉淀的溶解度小。由于有机沉淀的疏水性强，所以溶解度较小，有利于沉淀完全。

③ 沉淀吸附杂质少。因为沉淀的极性小，吸附杂质离子少，易于获得纯净的沉淀。

④ 沉淀称量形式的摩尔质量大。

（2）类型和应用　按作用原理不同，有机沉淀剂可以大致分为生成螯合物的沉淀剂和生成离子缔合物的沉淀剂两种类型。

2. 沉淀剂的选择

（1）选用具有较好选择性的沉淀剂。

（2）选用能与待测离子生成溶解度最小的沉淀剂。

（3）尽可能选用易挥发或经灼烧易除去的沉淀剂。

（4）选用溶解度较大的沉淀剂。

二、沉淀的溶解度及其影响因素

见本项目模块一。

三、质量分析的计算

（一）质量分析中的换算因数

质量分析是根据称量形式的质量来计算待测组分的含量。称量形式与待测组分的形式往往是不同的，待测组分与称量形式乘以适当系数（保证分子与分母中待测元素的原子数相等）后的摩尔质量之比称为换算因数。待测组分的质量分数可按下式计算：

$$w_B = \frac{mF}{m_s} \times 100\%$$

式中　m——待测组分称量形式的质量

m_s——待测试样的质量

F——换算因数

（1）当最后称量形式与被测组分形式一致时，计算其分析结果就比较简单了。例如，测定要求计算 SiO_2 的含量，质量分析最后称量形式也是 SiO_2，其分析结果按下式计算：

$$w_{SiO_2} = \frac{m_{SiO_2}}{m_s} \times 100\%$$

式中　w_{SiO_2}——SiO_2 的质量分数（数值以%表示）

m_{SiO_2}——SiO_2 沉淀质量，g

m_s——试样质量，g

（2）如果最后称量形式与被测组分形式不一致时，分析结果就要进行适当的换算。如测定钡时，得到 $BaSO_4$ 沉淀 0.5051g，可按下列方法换算成被测组分钡的质量。

$$\begin{array}{lcl} BaSO_4 & \longrightarrow & Ba \\ 233.4 & & 137.4 \\ 0.5051g & & m_{Ba} \end{array}$$

$$m_{Ba}=0.5051\times137.4/233.4g=0.2973g$$

即

$$m_{Ba}=m_{BaSO_4}\frac{M_{Ba}}{M_{BaSO_4}}$$

式中　m_{BaSO_4}——称量形式 $BaSO_4$ 的质量，g

$\frac{M_{Ba}}{M_{BaSO_4}}$是将 $BaSO_4$ 的质量换算成 Ba 的质量的分式，此分式是一个常数，与试样质量无关。将称量形式的质量换算成所要测定组分的质量后，即可按前面计算 SiO_2 分析结果的方法进行计算

注意：求算换算因数时，一定要注意使分子和分母所含被测组分的原子或分子数目相等，所以在待测组分的摩尔质量和称量形式摩尔质量之前有时需要乘以适当的系数。例如，待测组分的形式为 Fe、Fe_3O_4，它们的换算因数分别为：

$$F=\frac{M_{Fe}}{M_{\frac{1}{2}Fe_2O_3}}$$

$$F=\frac{M_{\frac{1}{3}Fe_3O_4}}{M_{\frac{1}{2}Fe_2O_3}}$$

分析化学手册中可查到常见物质的换算因数。表 7-4 所示为几种常见物质的换算因数。

表 7-4　　几种常见物质的换算因数

被测组分	沉淀形式	称量形式	换算因数
Fe	$Fe_2O_3\cdot nH_2O$	Fe_2O_3	$2M_{Fe}/M_{Fe_2O_3}=0.6994$
Fe_3O_4	$Fe_2O_3\cdot nH_2O$	Fe_2O_3	$2M_{Fe_3O_4}/3M_{Fe_2O_3}=0.9666$
P	$MgNH_4PO_4\cdot 6H_2O$	$Mg_2P_2O_7$	$2M_P/M_{MgP_2O_7}=0.2783$
P_2O_5	$MgNH_4PO_4\cdot 6H_2O$	$Mg_2P_2O_7$	$M_{P_2O_5}/M_{Mg_2P_2O_7}=0.6377$
MgO	$MgNH_4PO_4\cdot 6H_2O$	$Mg_2P_2O_7$	$2M_{MgO}/M_{Mg_2P_2O_7}=0.3621$
S	$BaSO_4$	$BaSO_4$	$M_S/M_{BaSO_4}=0.1374$

（二）结果计算示例

例题 13：测定某试样中铁的含量时，称取样品重 m_x 为 0.2500g，经处理后其沉淀形式为 Fe（$OH)_3$，然后灼烧为 Fe_2O_3，称得其质量 m_s 为 0.1245g，求此试样中铁的质量分数，若以 Fe_3O_4 表示结果，其组成质量分数又为多少？

解：以铁表示时：

$$\omega_{Fe}=\frac{m_s\times\frac{2M_{Fe}}{M_{Fe_2O_3}}}{m_x}=\frac{0.1245\times0.6994}{0.2500}=0.3483$$

以 Fe_3O_4 表示时

$$\omega_{Fe_3O_4}=\frac{m_s\times\frac{2M_{Fe_3O_4}}{3M_{Fe_2O_3}}}{m_x}=\frac{0.1245\times0.9664}{0.2500}=0.4813$$

用不同形式表示分析结果时，由于化学因数不同，所得结果也不同。

例题 14：测定磁铁矿（不纯的 Fe_3O_4）中铁的含量时，称取试样 0.1666g，经溶解、氧化，使 Fe^{3+} 沉淀为 $Fe(OH)_3$，灼烧后得 Fe_2O_3 质量为 0.1370g，计算试样中：(1) Fe 的质量分数；(2) Fe_3O_4 的质量分数。

解：(1) 已知：$M_{Fe}=55.85g/mol$；$M_{Fe_3O_4}=231.5g/mol$；$M_{Fe_2O_3}=159.7g/mol$

因为
$$w_{Fe}=\frac{m_{Fe}}{m_s}\times100=\frac{m_{Fe_2O_3}\frac{2M_{Fe}}{M_{Fe_2O_3}}}{m_s}\times100$$

所以
$$w_{Fe}=\frac{0.1370\times2\times55.85/159.7}{0.1666}\times100=57.52\%$$

该磁铁矿试样中 Fe 的质量分数为 57.52%。

(2) 按题意

因为
$$w_{Fe_3O_4}=\frac{m_{Fe_3O_4}}{m_s}\times100=\frac{m_{Fe_2O_3}\frac{2M_{Fe_3O_4}}{3M_{Fe_2O_3}}}{m_s}\times100$$

所以
$$w_{Fe_3O_4}=\frac{0.1370\times2\times231.5/(3\times159.7)}{0.1666}\times100=79.47\%$$

该磁铁矿试样中 Fe_3O_4 的质量分数为 79.47%。

例题 15：称取含铝试样 0.5000g，溶解后用 8-羟基喹啉沉淀。烘干后称得 $Al(C_9H_6NO)_3$ 重 0.3280g。计算样品中铝的质量分数。若将沉淀灼烧成 Al_2O_3 称重，可得称量形式多少克？

解：称量形式为 $Al(C_9H_6NO)_3$ 时，

$$\omega_{Al}=\frac{m_{Al(C_9H_6NO)_3}M_{Al}/M_{Al(C_9H_6NO)_3}}{m_5}\times100\%$$
$$=\frac{0.3280\times0.05873}{0.5000}\times100\%$$
$$=3.853\%$$

同量的 Al 若以 Al_2O_3 形式称重时

$$w_{Al}=\frac{\frac{m_{Al_2O_3}}{M_{Al_2O_3}}\cdot2M_{Al}}{M_s}\times100\%$$
$$=\frac{m_{Al_2O_3}\times0.5293}{m_s}\times100\%$$
$$=3.853\%$$

则
$$m_{Al_2O_3}=\frac{3.853\times0.5000}{0.5293\times100}=0.0364\quad(g)$$

后一测定由于称量形式摩尔质量小，同量的 Al 所得称量形式的质量较小，称量造成的误差就大。可见称量形式摩尔质量大（即质量因数小），有利于少量组分的测定。

思考练习题

1. 沉淀形式和称量形式有何区别？试举例说明之。

2. 怎样选择一个合适的沉淀剂？

3. 什么是沉淀滴定法？沉淀滴定法所用的沉淀反应必须具备哪些条件？

4. 写出莫尔法、佛尔哈德法和法扬斯法测定 Cl^- 时的主要反应方程式，并指出各种方法选用的指示剂和酸度条件。

5. 何为溶度积？何为离子积？两者有何区别与联系？

6. 影响沉淀溶解平衡的因素有哪些？

7. 欲使沉淀完全，可使沉淀剂适当过量，沉淀剂过量越多越好吗？

8. 分步沉淀的顺序与哪些因素有关？在什么条件下不同的离子能完全分离？

9. 决定沉淀转化的因素是什么？

10. 为什么用佛尔哈德法测定 Cl^- 时，引入误差的几率比测定 Br^- 或 I^- 时大？

11. 有纯的 AgCl 和 AgBr 混合试样质量为 0.8132g，在 Cl_2 气流中加热，使 AgBr 转化为 AgCl，则原试样的质量减轻了 0.1450g，计算原样品中氯的质量分数。

12. 将 0.4515g 纯 $BaCl_2 \cdot 2H_2O$ 试样溶于水后，用稀硫酸将 Ba^{2+} 沉淀为 $BaSO_4$。若沉淀剂过量 100%，则需 0.5000mol/L 的 H_2SO_4 溶液多少毫升？

13. 铸铁试样 1.0000g 放置电炉中，通氧燃烧使其中的碳生成 CO_2，用碱石棉吸收，增重 0.0825g。求碳在铸铁中的质量分数。

14. 质量法测定钢中钨，称取试样 1.0000g 得到 WO_3 沉淀 0.2210g，计算钢中钨的质量分数。

15. 测定硅酸盐中 SiO_2 的含量，称样 0.4817g，加酸溶解得到酸不溶物 0.2630g，再用 HF 与 H_2SO_4 处理后，剩余残渣重为 0.001g，计算试样中 SiO_2 的质量分数。

16. 用四苯硼酸钠法测定钾长石中的钾时，称取试样 0.5000g，经处理并烘干得四苯硼酸钾 [$KB(C_6H_5)_4$] 沉淀 0.1834g，求钾长石中 K_2O 的质量分数 [$M_{KB(C_6H_5)_4}=358.33$]。

17. 称取纯 Fe_2O_3 和 Al_2O_3 混合物 0.5622g，在加热状态下通氢气将 Fe_2O_3 还原为 Fe，此时 Al_2O_3 不改变。冷却后称量该混合物为 0.4582g。计算试样中 Fe、Al 的质量分数。

18. 称取 AgCl 和 AgBr 纯混合物 0.4273g，然后用氯气处理，使其中的 AgBr 定量转化为 AgCl。若混合物中 AgBr 的质量分数为 60%，用氯气处理后，AgCl 共多少克?

19. 用银量法测定下列试样中 Cl^- 含量时，选用哪种指示剂指示终点较为合适?

(1) $BaCl_2$；(2) $NaCl+Na_3PO_4$；(3) $FeCl_2$；(4) $NaCl+Na_2SO_4$

20. 在下列情况下，测定结果是偏高、偏低，还是无影响? 并说明其原因。

(1) 在 pH=4 的条件下，用莫尔法测定 Cl^-；

(2) 中性溶液中用莫尔法测定 Br^-；

(3) 用莫尔法测定 pH≈8.0 的 KI 溶液中的 I^-；

(4) 用佛尔哈德法测定 Cl^- 时，既没有将 AgCl 沉淀滤去或加热促其凝聚，也没有加有机溶剂；

(5) 同 (4) 的条件下测定 Br^-；

(6) 用法扬斯法测定 Cl^-，曙红作指示剂；

(7) 用法扬斯法测定 I^-，曙红作指示剂。

21. 称取可溶性氯化物试样 0.2310g 用水溶解后，加入 0.1036mol/L $AgNO_3$ 标准溶液 30.00mL。过量的 Ag^+ 用 0.1044mol/L NH_4SCN 标准溶液滴定，用去 7.42mL，计算试样中氯的质量分数。

22. 称取含砷试样 0.3708g，溶解后在弱碱介质中将砷处理为 AsO_4^{3-}，然后沉淀为 Ag_3AsO_4。将沉淀过滤、洗涤，最后将沉淀溶于酸中。以 0.1000mol/L NH_4SCN 溶液滴定其中的 Ag^+ 至终点，消耗 NH_4SCN 溶液 26.45mL。计算试样中砷的质量分数。

23. 称取含有 NaCl 和 NaBr 的试样 0.7148g，溶解后用 $AgNO_3$ 溶液处理，得到干燥的 AgCl 和 AgBr 沉淀共 0.5064g。另称取相同质量的试样 1 份，用 0.1050mol/L $AgNO_3$ 溶液滴定至终点，消耗 $AgNO_3$ 溶液 28.34mL。计算试样中 NaCl 和 NaBr 的质量分数。

24. 已知某温度下 $K^{\ominus}_{sp,Ag_2CrO_4}=2.0\times10^{-12}$，计算 Ag_2CrO_4 沉淀在下列溶液中的溶解度。

(1) 0.0010mol/L $AgNO_3$ 溶液中；

(2) 0.0010mol/L K_2CrO_4 溶液中。

25. 在 25℃时，铬酸银的溶解度为 0.0279g/L，计算铬酸银的溶度积。

26. 根据溶度积原理，解释下列事实：

(1) HgS 难溶于硝酸但易溶于王水；

(2) AgCl 不溶于 1.0mol/L HCl，但可适当溶于浓 HCl 中；

(3) $CaCO_3$ 沉淀能难溶于稀 HAc 溶液中；

(4) Ag_2S 易溶于硝酸难溶于硫酸。

27. 判断下列情况，有无沉淀生成：

(1) 0.0010mol/L Ca $(NO_3)_2$ 溶液与 0.010mol/L Na_2CO_3 溶液以等体积相混合。$K^{\ominus}_{sp, CaCO_3}=3.36\times10^{-9}$。

(2) 0.0010mol/L $MgCl_2$ 溶液与 0.10mol/L NH_3－lmol/L NH_4Cl 溶液等体积相混合。已知 $K^{\ominus}_{sp, Mg(OH)_2}=1.8\times10^{-11}$。

28. 某溶液含有 0.010mol/L Cu^{2+}。计算 Cu $(OH)_2$ 开始沉淀和沉淀完全时溶液的 pH。已知 $K^{\ominus}_{sp, Cu(OH)_2}=2.2\times10^{-22}$。

29. 室温下往含 Zn^{2+} 0.010mol/L 的酸性溶液中通入 H_2S 达到饱和（饱和溶液中 [H_2S] ≈0.10mol/L)，如果 Zn^{2+} 能完全沉淀为 ZnS，则沉淀完全时溶液中 [H^+] 应为多少？已知 $K^{\ominus}_{sp, ZnS}=1.6\times10^{-24}$，$H_2S$ 的 $K^{\ominus}_{a1}=8.90\times10^{-8}$，$K^{\ominus}_{a2}=1.26\times10^{-14}$。

30. 某溶液中含有 Pb^{2+} 和 Ba^{2+}，①若它们的浓度均为 0.10mol/L，在此溶液中加入 Na_2SO_4 试剂，哪一种离子先沉淀？两者能否完全分离？②若 Pb^{2+} 的浓度为 0.0010mol/L，Ba^{2+} 的浓度仍为 0.10mol/L，两者是否可以完全分离？已知 $K^{\ominus}_{sp, PbSO_4}=2.53\times10^{-8}$，$K^{\ominus}_{sp, BaSO_4}=1.08\times10^{-10}$。

技能训练十八　酱油中氯化钠含量的测定

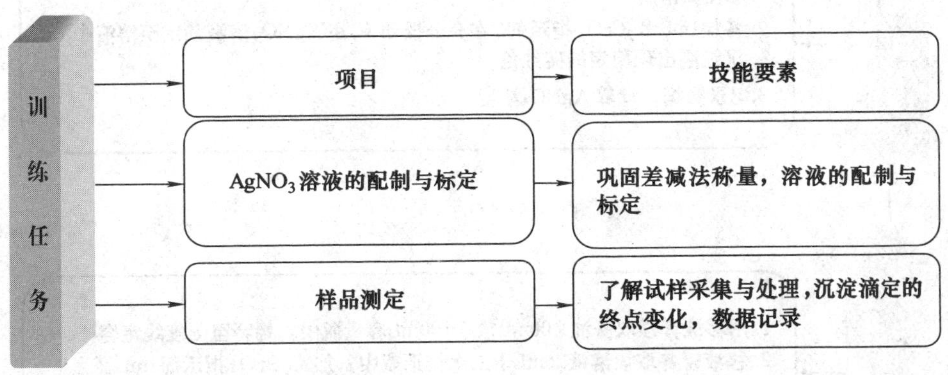

仪器药品

仪器：酸式滴定管、移液管、容量瓶、锥形瓶、分析天平、台秤

药品：0.1mol/L $AgNO_3$、基准 NaCl、4mol/L HNO_3、5%K_2CrO_4、酱油

实训内容

【知识点】

$$Ag^+ + Cl^- \rightleftharpoons AgCl(白)$$

$$2Ag^+ + CrO_4^{2-} \rightleftharpoons Ag_2CrO_4(砖红)$$

$$酱油中NaCl含量 = \frac{c_{AgNO_3} V_{AgNO_3} M_{NaCl}}{\frac{25.00}{100.00}} \times 100g/100mL$$

【能力点】

1. 沉淀滴定过程中终点的判断
2. 加强独立实验操作能力

工作过程

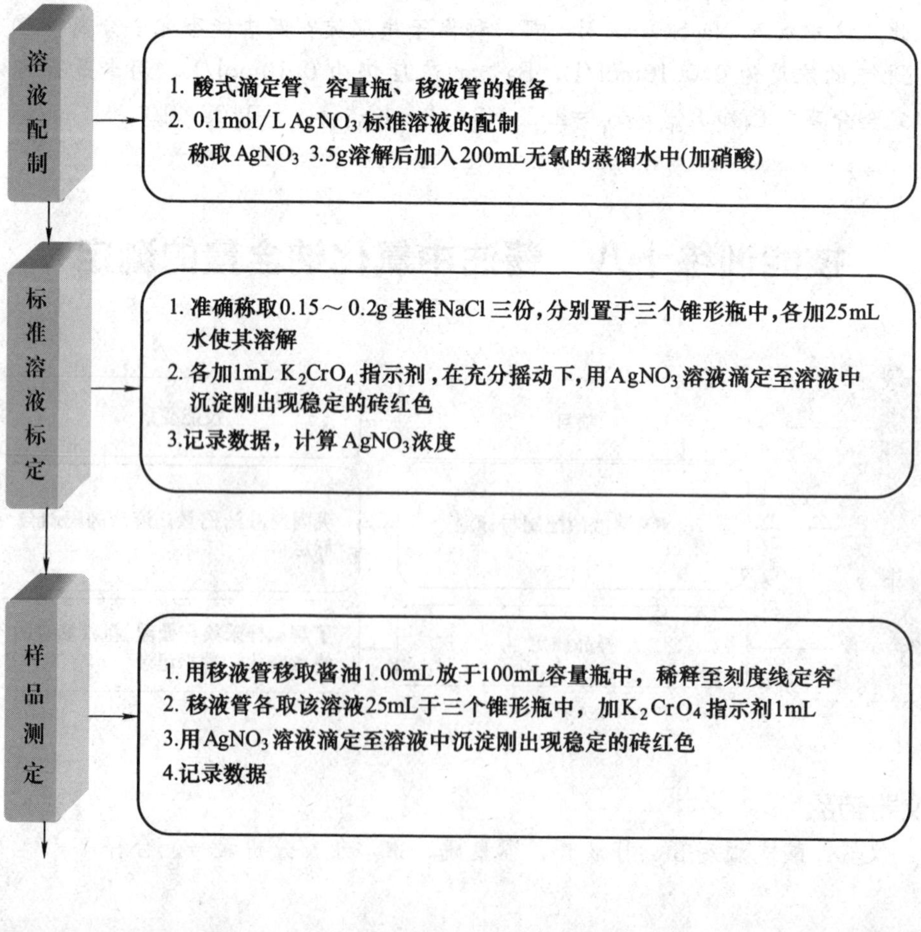

溶液配制

1. 酸式滴定管、容量瓶、移液管的准备
2. 0.1mol/L $AgNO_3$ 标准溶液的配制
   称取 $AgNO_3$ 3.5g溶解后加入200mL无氯的蒸馏水中(加硝酸)

标准溶液标定

1. 准确称取0.15～0.2g 基准NaCl三份，分别置于三个锥形瓶中，各加25mL水使其溶解
2. 各加1mL K_2CrO_4 指示剂，在充分摇动下，用 $AgNO_3$ 溶液滴定至溶液中沉淀刚出现稳定的砖红色
3. 记录数据，计算 $AgNO_3$ 浓度

样品测定

1. 用移液管移取酱油1.00mL放于100mL容量瓶中，稀释至刻度线定容
2. 移液管各取该溶液25mL于三个锥形瓶中，加 K_2CrO_4 指示剂1mL
3. 用 $AgNO_3$ 溶液滴定至溶液中沉淀刚出现稳定的砖红色
4. 记录数据

数据记录与结果处理

滴定号码 记录项目	1	2	3
NaCl 基准试剂的质量/g			
$AgNO_3$ 溶液体积/mL			
$AgNO_3$ 溶液的浓度/(mol/L)			
$AgNO_3$ 溶液的平均浓度/(mol/L)			
酱油体积/mL	25.00	25.00	25.00
所消耗 $AgNO_3$ 溶液的体积/mL			
酱油中 NaCl 含量/(g/100mL)			
平均NaCl含量/(g/100mL)			

思考题

1. K_2CrO_4 指示剂的浓度大小对 Cl^- 的测定有何影响?
2. 如果要用莫尔法测定酸性氯化物溶液中的氯，事先应采取什么措施?
3. 滴定液的酸度应控制在什么范围为宜？为什么?

技能训练十九　钡盐中钡含量的测定

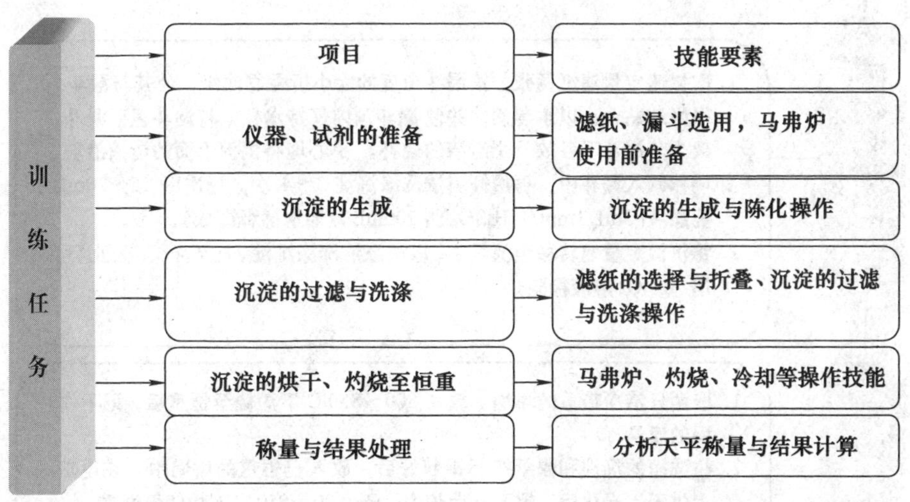

仪器药品

仪器：瓷坩埚、漏斗、马弗炉、定量滤纸、分析天平

药品：固体氯化钡、2mol/L HCl、1mol/L H_2SO_4、0.1mol/L $AgNO_3$

实训内容

【知识点】

$$Ba^{2+} + SO_4^{2-} \longrightarrow BaSO_4 \downarrow$$

【能力点】

1. 学习晶型沉淀的生成、洗涤与过滤操作
2. 学习马弗炉的使用

工作过程

沉淀的生成

1. 分析天平准确称取$BaCl_2 \cdot 2H_2O$试样0.4～0.5g两份，分别置于250mL烧杯中，各加蒸馏水100mL，搅拌溶解(注意，玻璃棒直至过滤，洗涤完毕才能取出)。加入2mol/L HCl溶液4mL，加热近沸(勿使沸腾以免溅失)
2. 取4mL 1mol/L H_2SO_4两份，分别置于小烧杯中，加水30mL，加热至沸，趁热将稀硫酸用滴管逐滴加入试样溶液中，并不断搅拌。搅拌时，玻璃棒不要触及杯壁和杯底。沉淀作用完毕，待下沉后，于上层清夜中加入稀硫酸 1～2 滴，观察是否有沉淀以检查沉淀是否完全。盖上表面皿，在沸腾的水浴上陈化半小时，其间要搅动几次，放置冷却后过滤

沉淀过滤与洗涤

1. 取慢速定量滤纸两张，按漏斗角度的大小折叠好滤纸，使其与漏斗很好地贴合，以水湿润，并使漏斗颈内保持水柱，将漏斗置于漏斗架上，漏斗下各放一个清洁的烧杯，小心地将沉淀上面的清液沿玻璃棒倾入漏斗中，再用倾斜法洗涤沉淀 3～4 次，每次用 15～20mL洗涤液(3mL 1mol/L H_2SO_4加 200mL蒸馏水稀释即成)
2. 将沉淀定量地转移至滤纸上，以洗涤液洗涤沉淀，直至无 Cl^-为止(可用 $AgNO_3$溶液检验)

灼烧、称重

1. 取两只洁净带盖的坩埚，放在 800～850℃ 下灼烧至恒重后，记下坩埚的质量
2. 将洗净的沉淀和滤纸按标准包好后，放入已恒重的坩埚中，在电炉上烘干，炭化后，置于马弗炉中，于 800～850℃下灼烧至恒重
3. 称量沉淀质量
4. 计算试样中钡的含量

数据记录与结果处理

滴定号码 记录项目	1	2
试样加称量瓶质量/g		
称量瓶质量/g		
试样质量/g		
坩埚的质量/g		
坩埚加沉淀质量/g		
沉淀质量/g		
试样中钡含量/%		

思考题

1. 沉淀 $BaSO_4$ 时为什么要在稀溶液中进行？不断搅拌的目的是什么？

2. 为什么沉淀 $BaSO_4$ 时要在热溶液中进行，而在自然冷却后进行过滤？趁热过滤或强制冷却好不好？

3. 洗涤沉淀时，为什么用洗涤液要少量、多次？为保证 $BaSO_4$ 沉淀的溶解损失不超过0.1%，洗涤沉淀用水量最多不能超过多少毫升？

4. 在实验中 $BaCl_2$ 和 $BaSO_4$ 形成了共沉淀，则结果将偏高抑偏低？

附录

一　常用酸碱溶液的质量分数、相对密度和溶解度

附表一　　盐酸

质量分数/%	相对密度	质量分数/%	相对密度
1	1.0032	22	1.1083
2	1.0082	24	1.1187
4	1.0181	26	1.1290
6	1.0279	28	1.1392
8	1.0376	30	1.1492
10	1.0474	32	1.1593
12	1.0574	34	1.1691
14	1.0675	36	1.1789
16	1.0776	38	1.1885
18	1.0878	40	1.1980
20	1.0980		

附表二　　硫酸

质量分数/%	相对密度	质量分数/%	相对密度
1	1.0051	70	1.6105
2	1.0118	80	1.7272
3	1.0184	90	1.8144
4	1.0250	91	1.8195
5	1.0317	92	1.8240
10	1.0661	93	1.8279
15	1.1020	94	1.8312
20	1.1394	95	1.8337
25	1.1783	96	1.8355
30	1.2185	97	1.8364
40	1.3028	98	1.8361
50	1.3951	99	1.8342
60	1.4983	100	1.8305

附表三 氢氧化钠溶液

质量分数/%	相对密度	质量分数/%	相对密度
1	1.0095	26	1.2848
5	1.0538	30	1.3279
10	1.1089	35	1.3798
16	1.1751	40	1.4300
20	1.2191	50	1.5253

附表四 氨水

质量分数/%	相对密度	质量分数/%	相对密度
1	0.9939	16	0.9362
2	0.9895	18	0.9295
4	0.9811	20	0.9229
6	0.9730	22	0.9164
8	0.9651	24	0.9101
10	0.9575	26	0.9040
12	0.9501	28	0.8980
14	0.9430	30	0.8920

二 弱酸、弱碱的电离平衡常数 $K^{\ominus}$(298.15K)

弱电解质	电离常数	弱电解质	电离常数
H_3AsO_4	$K_1=6.3\times10^{-3}$	H_3PO_4	$K_1=7.1\times10^{-3}$
	$K_2=1.0\times10^{-7}$		$K_2=6.3\times10^{-8}$
	$K_3=3.2\times10^{-12}$		$K_3=4.2\times10^{-13}$
H_3BO_3	5.8×10^{-10}	$H_4P_2O_7$(焦磷酸)	$K_1=3.0\times10^{-2}$
$H_2B_4O_7$(焦硼酸)	$K_1=1\times10^{-4}$		$K_2=4.4\times10^{-3}$
	$K_2=1\times10^{-9}$		$K_3=2.5\times10^{-7}$
H_2CO_3	$K_1=4.4\times10^{-7}$		$K_4=5.6\times10^{-10}$
	$K_2=4.7\times10^{-11}$	H_3PO_3(亚磷酸)	$K_1=6.3\times10^{-2}$
$H_2C_2O_4$	$K_1=5.4\times10^{-2}$		$K_2=2.0\times10^{-7}$
	$K_2=5.4\times10^{-5}$	H_2S	$K_1=1.32\times10^{-7}$
HCN	6.02×10^{-10}		$K_2=7.1\times10^{-15}$
HF	6.6×10^{-4}	H_2SO_3	$K_1=1.3\times10^{-2}$
HIO_3	1.69×10^{-1}		$K_2=6.1\times10^{-8}$
HIO	2.3×10^{-11}	HCOOH	1.77×10^{-4}
HNO_2	7.2×10^{-4}	CH_3COOH	1.75×10^{-5}
NH_4^+	5.64×10^{-10}	$CH_2ClCOOH$	1.4×10^{-3}
H_2O_2	2.2×10^{-12}	$CHCl_2COOH$	5×10^{-2}
CCl_3COOH	0.23	$NH_3\cdot H_2O$	1.8×10^{-5}
$H_3C_6H_5O_7$(柠檬酸)	$K_1=7.4\times10^{-4}$	H_2NNH_2(联氨)	$K_1=3.0\times10^{-6}$
	$K_2=1.73\times10^{-5}$		$K_2=7.6\times10^{-15}$
	$K_3=4.0\times10^{-7}$	NH_2OH(羟氨)	9.1×10^{-9}
C_6H_5OH	1.1×10^{-10}	C_5H_5N(吡啶)	1.5×10^{-9}
		$(CH_2)_6N_4$	1.4×10^{-9}

三　标准电极电势表

附表一　　标准电极电势表（298.15K，酸表）

电极反应	$E^{\ominus}$/V	电极反应	$E^{\ominus}$/V
$Li^+ + e^- \rightleftharpoons Li$	−3.045	$SO_4^{2-} + 4H^+ + 2e^- \rightleftharpoons H_2SO_3 + H_2O$	0.17
$Rb^+ + e^- \rightleftharpoons Rb$	−2.925	$AgCl + e^- \rightleftharpoons Ag + Cl^-$	0.2223
$K^+ + e^- \rightleftharpoons K$	−2.925	$Hg_2Cl_2 + 2e^- \rightleftharpoons 2Hg + 2Cl^-$	0.268
$Cs^+ + e^- \rightleftharpoons Cs$	−2.923	$Cu^{2+} + 2e^- \rightleftharpoons Cu$	0.337
$Ba^{2+} + 2e^- \rightleftharpoons Ba$	−2.90	$Cu^{2+} + 2e^- \rightleftharpoons Cu(Hg)$	0.345
$Sr^{2+} + 2e^- \rightleftharpoons Sr$	−2.89	$Fe(CN)_6^{3-} + e^- \rightleftharpoons Fe(CN)_6^{4-}$	0.358
$Ca^{2+} + 2e^- \rightleftharpoons Ca$	−2.87	$Ag_2CrO_4 + 2e^- \rightleftharpoons 2Ag^+ + CrO_4^{2-}$	0.4470
$Na^+ + e^- = Na$	−2.714	$H_2SO_3 + 4H^+ + 4e^- \rightleftharpoons S + 3H_2O$	0.45
$La^{3+} + 3e^- \rightleftharpoons La$	−2.52	$Ag_2C_2O_4 + 2e^- \rightleftharpoons 2Ag + C_2O_4^{2-}$	0.447
$H_3BO_3 + 3H^+ + 3e^- \rightleftharpoons B + 3H_2O$	−0.87	$Cu^+ + 2e^- \rightleftharpoons Cu$	0.52
$Zn^{2+} + 2e^- \rightleftharpoons Zn(Hg)$	−0.763	$I_2^- + 2e^- \rightleftharpoons 2I^-$	0.5345
$Zn^{2+} + 2e^- \rightleftharpoons Zn$	−0.763	$I_3^- + 2e^- \rightleftharpoons 3I^-$	0.536
$Cr^{3+} + 3e^- \rightleftharpoons Cr$	−0.744	$H_3AsO_4 + 2H^+ + 2e^- \rightleftharpoons HAsO_2 + 2H_2O$	0.560
$Fe^{2+} + 2e^- \rightleftharpoons Fe$	−0.44	$AgAc + e^- \rightleftharpoons Ag + Ac^-$	0.643
$Cd^{2+} + 2e^- \rightleftharpoons Cd$	−0.403	$Ag_2SO_4 + 2e^- \rightleftharpoons 2Ag + SO_4^{2-}$	0.654
$PbSO_4 + 2e^- \rightleftharpoons Pb + SO_4^{2-}$	−0.3553	$O_2 + 2H^+ + 2e^- \rightleftharpoons H_2O_2$	0.682
$Co^{2+} + 2e^- \rightleftharpoons Co$	−0.277	$Ce^{3+} + 3e^- \rightleftharpoons Ce$	−2.483
$Ni^{2+} + 2e^- \rightleftharpoons Ni$	−0.246	$Mg^{2+} + 2e^- \rightleftharpoons Mg$	−2.37
$Mo^{3+} + 3e^- \rightleftharpoons Mo$	−0.200	$Y^{3+} + 3e^- \rightleftharpoons Y$	−2.372
$AgI + e^- \rightleftharpoons Ag + I^-$	−0.152	$AlF_6^{3-} + 3e^- \rightleftharpoons Al + 6F^-$	−2.07
$Sn^{2+} + 2e^- \rightleftharpoons Sn$	−0.136	$Be^{2+} + 2e^- \rightleftharpoons Be$	−1.85
$Pb^{2+} + 2e^- \rightleftharpoons Pb$	−0.126	$Al^{3+} + 3e^- \rightleftharpoons Al$	−1.66
$Fe^{3+} + 3e^- \rightleftharpoons Fe$	−0.771	$SiF_6^{2-} + 4e^- \rightleftharpoons Si + 6F^-$	−1.2
$2H^+ + 2e^- \rightleftharpoons H_2$	0	$Mn^{2+} + 2e^- \rightleftharpoons Mn$	−1.18
$AgBr + e^- \rightleftharpoons Ag + Br^-$	0.071	$Cr^{2+} + 2e^- \rightleftharpoons Cr$	−0.74
$S_4O_6^{2-} + 2e^- \rightleftharpoons 2S_2O_3^{2-}$	0.08	$Ag^+ + e^- \rightleftharpoons Ag$	0.799
$S + 2H^+ + 2e^- \rightleftharpoons H_2S(aq)$	0.141	$Hg^{2+} + 2e^- \rightleftharpoons Hg$	0.851
$Sn^{4+} 2e^- \rightleftharpoons Sn^{2+}$	0.154	$2Hg^{2+} + 2e^- \rightleftharpoons Hg_2^{2+}$	0.920
$Cu^{2+} + e^- \rightleftharpoons Cu^+$	0.159	$NO_3^- + 3H^+ + 2e^- \rightleftharpoons HNO_2 + H_2O$	0.94

续表

电极反应	$E^\ominus$/V	电极反应	$E^\ominus$/V
$NO_3^- + 4H^+ + 3e^- \rightleftharpoons NO + 2H_2O$	0.96	$2BrO_3^- + 12H^+ + 10e^- \rightleftharpoons 6H_2O + Br_2$	1.52
$HNO_2 + H^+ + e \rightleftharpoons NO + H_2O$	1.00	$HClO_2 + 3H^+ + 4e^- \rightleftharpoons Cl^- + 2H_2O$	1.482
$Br_2(I) + 2e^- \rightleftharpoons 2B_r^-$	1.065	$MnO_4^- + 8H^+ + 5e^- \rightleftharpoons 4H_2O + Mn^{2+}$	1.51
$IO_3^- + 6H^+ + 6e^- \rightleftharpoons I^- + 3H_2O$	1.20	$Mn^{3+} + e^- \rightleftharpoons Mn^{2+}$	1.51
$Cu^{2+} + 2CN^- + e^- \rightleftharpoons Cu(CN)_2^-$	1.12	$HClO_2 + 3H^+ + 4e^- \rightleftharpoons 2H_2O + Cl^-$	1.570
$ClO_4^- + 2H^+ + 2e^- \rightleftharpoons H_2O + ClO_3^-$	1.19	$Ce^{4+} + e^- \rightleftharpoons Ce^{3+}$	1.61
$2IO_3^- + 12H^+ + 10e^- \rightleftharpoons I_2 + 6H_2O$	1.195	$2HClO_2 + 6e^- + 6H^+ \rightleftharpoons Cl_2 + 4H_2O$	1.628
$ClO_3^- + 3H^+ + 2e^- \rightleftharpoons H_2O + HClO_2$	1.214	$HClO_2 + 2H^+ + 2e^- \rightleftharpoons H_2O + HClO$	1.63
$MnO_2 + 4H^+ + 2e^- \rightleftharpoons Mn^{2+} + 2H_2O$	1.23	$MnO_4^- + 4H^+ + 3e^- \rightleftharpoons 2H_2O + MnO_2$	1.695
$O_2 + 4H^+ + 4e^- \rightleftharpoons 2H_2O$	1.229	$PbO_2 + SO_4^{2-} + 4H^+ + 2e^- \rightleftharpoons PbSO_4 + 2H_2O$	1.6913
$Cr_2O_7^{2-} + 14H^+ + 6e^- \rightleftharpoons 7H_2O + 2Cr^{3+}$	1.33	$Au^+ + e^- \rightleftharpoons Au$	1.692
$Cl_2 + 2e^- \rightleftharpoons 2Cl^-$	1.36	$H_2O_2 + 2H^+ + 2e^- \rightleftharpoons 2H_2O$	1.77
$ClO_4^- + 8H^+ + 8e^- \rightleftharpoons 4H_2O + Cl^-$	1.389	$Co^{3+} + e^- \rightleftharpoons Co^{2+}$ (2mol/L H_2SO_4)	1.84
$2ClO_4^- + 16H^+ + 14e^- \rightleftharpoons 8H_2O + Cl_2$	1.39	$S_2O_8^{2-} + 2e^- \rightleftharpoons 2SO_4^{2-}$	2.010
$BrO_3 + 6H^+ + 6e^- \rightleftharpoons 3H_2O + Br^-$	1.423	$Fe^{3+} + e^- \rightleftharpoons Fe^{2+}$	0.771
$ClO_3^- + 6H^+ + 6e^- \rightleftharpoons 3H_2O + Cl^-$	1.451	$Hg_2^{2+} + 2e^- \rightleftharpoons 2Hg$	0.7973
$PbO_2 + 4H^+ + 2e^- \rightleftharpoons 2H_2O + Pb^{2+}$	1.455	$F_2 + 2e^- \rightleftharpoons 2F^-$	2.87
$2ClO-_3 + 12H^+ + 10e^- \rightleftharpoons 6H_2O + Cl_2$	1.47	$F_2 + 2H^+ + 2e^- \rightleftharpoons 2HF$	3.06

附表二　　标准电极电势表（298.15K　碱表）

电极反应	$E^\ominus$/V	电极反应	$E^\ominus$/V
$Ca(OH)_2 + 2e^- \rightleftharpoons Ca + 2OH^-$	−3.02	$AgCN + e^- \rightleftharpoons Ag + CN^-$	−0.017
$Ba(OH)_2 + e^- \rightleftharpoons Ba + 2OH^-$	−2.99	$NO_3{}^- + H_2O + 2e^- \rightleftharpoons NO_2{}^- + 2OH^-$	0.01
$Mg(OH)_2 + 2e^- \rightleftharpoons Mg + 2OH^-$	−2.690	$HgO + H_2O + 2e^- \rightleftharpoons Hg + 2OH^-$	0.0977
$Mn(OH)_2 + 2e^- \rightleftharpoons Mn + 2OH^-$	−1.56	$Co(NH_3)_6^{3+} + e^- \rightleftharpoons Co(NH_3)_6{}^{2+}$	0.108
$Fe(OH)_2 + 2e^- \rightleftharpoons Fe + 2OH^-$	−0.887	$Cu(NH_3)_4^{2+} + e^- \rightleftharpoons Cu + 4NH_3$	−0.12
$Fe(OH)_3 + e^- \rightleftharpoons Fe(OH)_2 + OH^-$	−0.56	$MnO_2 + 2H_2O + 2e^- \rightleftharpoons Mn(OH)_2 + 2OH^-$	−0.05
$CrO_4^{2-} + 2H_2O + 3e^- \rightleftharpoons CrO^- + 4OH^-$	−0.12	$NO_3^- + H_2O + e^- \rightleftharpoons NO_2 + 2OH^-$	0.01
$ClO_2^- + H_2O + 2e^- \rightleftharpoons ClO^- + 2OH^-$	0.66	$ClO_4^- + H_2O + 2e^- \rightleftharpoons ClO_3{}^- + 2OH^-$	0.36
$ClO^- + H_2O + 2e^- \rightleftharpoons Cl^- + 2OH^-$	0.89	$ClO_2 + e^- \rightleftharpoons ClO_2^-$	1.16
$O_3 + H_2O + 2e^- \rightleftharpoons O_2 + 2OH^-$	1.24	$BrO_3{}^- + 3H_2O + 6e^- \rightleftharpoons Br^- + 6OH^-$	0.61

四 难溶电解质的溶度积常数

难溶电解质	$K_{sp}^{\ominus}$	难溶电解质	$K_{sp}^{\ominus}$
AgAc	4.4×10^{-3}	$CuCrO_4$	3.6×10^{-6}
AgBr	5.0×10^{-13}	CuI	1.1×10^{-12}
AgCl	1.77×10^{-10}	CuOH	1.0×10^{-14}
Ag_2CO_3	8.1×10^{-12}	$Cu(OH)_2$	2.2×10^{-20}
$Ag_2C_2O_4$	3.40×10^{-11}	$Cu_3(PO_4)_2$	1.3×10^{-37}
Ag_2CrO_4	1.1×10^{-12}	$Cu_2P_2O_7$	8.3×10^{-16}
$Ag_2Cr_2O_7$	2.0×10^{-7}	CuS	6.3×10^{-36}
AgI	8.52×10^{-17}	Cu_2S	2.5×10^{-48}
$AgIO_3$	3.0×10^{-8}	$FeCO_3$	3.2×10^{-11}
$AgNO_2$	6.0×10^{-4}	$FeC_2O_4\cdot2H_2O$	3.2×10^{-7}
AgOH	2.0×10^{-8}	$BaSO_4$	1.08×10^{-10}
Ag_3PO_4	1.4×10^{-16}	BaS_2O_3	1.6×10^{-5}
Ag_2SO_4	1.4×10^{-5}	$Bi(OH)_3$	4.0×10^{-31}
$Ag_2S(\alpha)$	6.3×10^{-50}	BiOCl	1.8×10^{-31}
$Ag_2S(\beta)$	1.09×10^{-49}	Bi_2S_3	1×10^{-97}
$Al(OH)_3$	1.3×10^{-33}	$CaCO_3$	3.36×10^{-9}
AuCl	2.0×10^{-13}	$CaC_2O_4\cdot2H_2O$	4×10^{-9}
$AuCl_3$	3.2×10^{-25}	CaC_rO_4	7.1×10^{-4}
$Au(OH)_3$	5.5×10^{-46}	CaF_2	5.3×10^{-9}
$BaCO_3$	2.58×10^{-9}	$CaHPO_4$	1.0×10^{-7}
BaC_2O_4	1.6×10^{-7}	$Ca(OH)_2$	5.5×10^{-6}
BaC_rO_4	1.2×10^{-10}	$Ca_3(PO_4)_2$	2×10^{-29}
BaF_2	1.84×10^{-7}	$CaSO_4$	4.93×10^{-5}
$Ba_3(PO_4)_2$	3.4×10^{-23}	$CaSO_3$	2.5×10^{-8}
$BaSO_3$	8.0×10^{-7}	$CdCO_3$	5.2×10^{-12}
CuBr	5.3×10^{-9}	$CdC_2O_4\cdot3H_2O$	1.42×10^{-14}
CuCN	3.2×10^{-20}	$Cd(OH)_2$(新析出)	2.5×10^{-27}
$CuCO_3$	1.4×10^{-10}	CdS	8.0×10^{-27}
CuCl	1.2×10^{-6}	$CoCO_3$	1.4×10^{-15}

续表

难溶电解质	$K_{sp}^{\ominus}$	难溶电解质	$K_{sp}^{\ominus}$
$Co(OH)_2$(新鲜)	1.6×10^{-15}	KIO_4	3.71×10^{-4}
$Co(OH)_2$(蓝)	5.92×10^{-44}	$K_2[PtCl_6]$	7.48×10^{-6}
$Co(OH)_3$	1.6×10^{-44}	$K_2[SiF_6]$	8.7×10^{-7}
$CoS(\alpha)$(新析出)	4.0×10^{-21}	Li_2CO_3	8.15×10^{-4}
$CoS(\beta)$	2.0×10^{-25}	LiF	1.84×10^{-3}
$Cr(OH)_3$	6.3×10^{-25}	$MgNH_4PO_4$	2.5×10^{-13}
$Mn(OH)_2$	1.9×10^{-13}	$MgCO_3$	3.5×10^{-8}
MnS(无定形)	2.5×10^{-10}	MgF_2	6.5×10^{-9}
MnS(结晶)	2.5×10^{-13}	$Mg(OH)_2$	1.8×10^{-11}
Na_3AlF_6	4.0×10^{-10}	$MnCO_3$	2.24×10^{-11}
$NiCO_3$	6.6×10^{-7}	PbF_2	7.12×10^{-7}
$Ni(OH)_2$(新析出)	2×10^{-15}	PbI_2	9.8×10^{-9}
$\alpha-NiS$	3.2×10^{-19}	$Pb(OH)_2$	1.2×10^{-20}
$\beta-NiS$	1.0×10^{-24}	$Pb(OH)_4$	3.2×10^{-44}
$\gamma-NiS$	2.0×10^{-26}	$Pb(PO_4)_2$	8.0×10^{-40}
$PbBr_2$	6.60×10^{-6}	$PbMoO_4$	1.0×10^{-13}
$PbCl_2$	1.7×10^{-5}	PbS	8×10^{-28}
$PbCO_3$	7.4×10^{-14}	$PbSO_4$	1.6×10^{-8}
PbC_2O_4	4.8×10^{-10}	$Sn(OH)_2$	1.4×10^{-28}
$PbCrO_4$	2.8×10^{-13}	$Sn(OH)_4$	1×10^{-56}
$Fe(OH)_2$	8×10^{-16}	SnS	1.0×10^{-25}
$Fe(OH)_3$	4.0×10^{-38}	$SrCO_3$	$1.\times10^{-10}$
FeS	6.3×10^{-18}	$SrC_2O_4\cdot H_2O$	1.6×10^{-7}
Hg_2Cl_2	1.43×10^{-18}	$SrCrO_4$	2.2×10^{-5}
Hg_2I_2	5.2×10^{-29}	$SrSO_4$	3.44×10^{-7}
$Hg(OH)_2$	3.0×10^{-26}	$ZnCO_3$	1.46×10^{-10}
Hg_2S	1.0×10^{-47}	$ZnC_2O_4\cdot 2H_2O$	1.38×10^{-9}
HgS(红)	4.0×10^{-53}	$Zn(OH)_2$	3.0×10^{-17}
HgS(黑)	1.6×10^{-52}	$\alpha-ZnS$	1.6×10^{-24}
Hg_2SO_4	6.5×10^{-7}	$\beta-ZnS$	2.5×10^{-22}

五 常见配离子的稳定常数

配离子	$K_稳$	$\lg K_稳$	配离子	$K_稳$	$\lg K_稳$
1∶1			$[HgI_4]^{2-}$	7.2×10^{29}	29.86
$[NaY]^{3-}$	5.0×10^{1}	1.69	$[Co(CNS)_4]^{2-}$	3.8×10^{2}	2.58
$[AgY]^{3-}$	2.0×10^{7}	7.30	$[Ni(CN)_4]^{2-}$	1×10^{22}	22.0
$[CuY]^{2-}$	6.8×10^{18}	18.79			
$[MgY]^{2-}$	4.9×10^{8}	8.69	1∶2		
$[CaY]^{2-}$	3.7×10^{10}	10.56	$[Cu(NH_3)_2]^{+}$	7.4×10^{10}	10.87
$[SrY]^{2-}$	4.2×10^{8}	8.62	$[Cu(CN)_2]^{-}$	2.0×10^{38}	38.3
$[BaY]^{2-}$	6.0×10^{7}	7.77	$[Ag(NH_3)_2]^{+}$	1.7×10^{7}	7.24
$[ZnY]^{2-}$	3.1×10^{16}	16.49	$[Ag(En)_2]^{+}$	7.0×10^{7}	7.84
$[CdY]^{2-}$	3.8×10^{16}	16.57	$[Ag(CNS)_2]^{-}$	4.0×10^{8}	8.60
$[HgY]^{2-}$	6.3×10^{21}	21.79	$[Ag(CN)_2]^{-}$	1.0×10^{21}	21.0
$[PbY]^{2-}$	1.0×10^{18}	18.0	$[Au(CN)_2]^{-}$	2×10^{38}	38.30
$[MnY]^{2-}$	1.0×10^{14}	14.00	$[Cu(En)_2]^{2+}$	4.0×10^{19}	19.60
$[FeY]^{2-}$	2.1×10^{14}	14.32	$[Ag(S_2O_3)_2]^{3-}$	1.6×10^{13}	13.20
$[CoY]^{2-}$	1.6×10^{16}	16.20	1∶3		
$[NiY]^{2-}$	4.1×10^{18}	18.61	$[Fe(CNS)_3]^{0}$	2.0×10^{3}	3.30
$[FeY]^{-}$	1.2×10^{25}	25.07	$[CdI_3]^{-}$	1.2×10^{1}	1.07
$[CoY]^{-}$	1.0×10^{36}	36.0	$[Cd(CN)_3]^{-}$	1.1×10^{4}	4.04
$[CaY]^{-}$	1.8×10^{20}	20.25	$[Ag(CN)_3]^{2-}$	5×10^{0}	0.69
$[InY]^{-}$	8.9×10^{24}	24.94	$[Ni(En)_3]^{2+}$	3.9×10^{18}	18.59
$[T1Y]^{-}$	3.2×10^{22}	22.51	$[A1(C_2O_4)_3]^{3-}$	2.0×10^{16}	16.30
$[T1HY]^{-}$	1.5×10^{23}	23.17	$[Fe(C_2O_4)_3]^{3-}$	1.6×10^{20}	20.20
$[CuOH]^{+}$	1×10^{5}	5.00			
$[AgNH_3]^{+}$	2.0×10^{3}	3.30	1∶6		
1∶4			$[Cd(NH_3)_6]^{2+}$	1.4×10^{6}	6.15
$[Cu(NH_3)_4]^{2+}$	4.8×10^{12}	12.68	$[Cd(NH_3)_4]^{2+}$	3.6×10^{6}	6.55
$[Zn(NH_3)_4]^{2+}$	5×10^{8}	8.69	$[Zn(CNS)_4]^{2-}$	2.0×10^{1}	1.30
$[Hg(SCN)_4]^{2-}$	7.7×10^{21}	21.88	$[Zn(CN)_4]^{2-}$	1.0×10^{16}	16.0
$[HgCl_4]^{2-}$	1.6×10^{15}	15.20	$[Cd(SCN)_4]^{2-}$	1.0×10^{3}	3.0

续表

配离子	$K_{稳}$	$\lg K_{稳}$	配离子	$K_{稳}$	$\lg K_{稳}$
$[CdCl_4]^{2-}$	3.1×10^{2}	2.49	$[Co(NH_3)_6]^{3+}$	1.4×10^{35}	35.15
$[CdI_4]^{2-}$	3.0×10^{6}	6.43	$[AlF_6]^{3-}$	6.9×10^{19}	19.84
$[Cd(CN)_4]^{2-}$	1.3×10^{18}	18.11	$[Fe(CN)_6]^{3-}$	1×10^{42}	42.0
$[Hg(CN)_4]^{2-}$	3.3×10^{41}	41.51	$[Fe(CN)_6]^{4-}$	1×10^{35}	35.0
$[Co(NH_3)_6]^{2+}$	2.4×10^{4}	4.38	$[Co(CN)_6]^{3-}$	1×10^{64}	64.0
$[Ni(NH_3)_6]^{2+}$	1.1×10^{8}	8.04	$[FeF_6]^{3-}$	1.0×10^{16}	16.0

注：式中 Y^{4-} 表示 EDTA 的酸根；En 表示乙二胺。

参考文献

1. 凌沛学．药品检验技术．北京：中国轻工业出版社，2010.
2. 赵晓华．无机及分析化学．北京：化学工业出版社，2008.
3. 叶芬霞．无机及分析化学．北京：高等教育出版社，2005.
4. 侯曼玲．食品分析．北京：化学工业出版社，2004.
5. 高职高专化学教材编写组编．无机化学．第2版．北京：高等教育出版社，2000.
6. 北京师范大学无机化学教研室等编．无机化学．北京：人民教育出版社，1982.
7. 华中师范学院等编．分析化学．北京：人民教育出版社，1982.
8. 徐英岚．无机与分析化学．北京：中国农业出版社，2005.
9. 刘斌．无机及分析化学．北京：高等教育出版社，2006.
10. 南京大学《无机及分析化学实验》编写组．无机及分析化学实验．北京：高等教育出版社，1999.
11. 南京大学《无机及分析化学》编写组．无机及分析化学．第3版．北京：高等教育出版社，1998.
12. 谢庆娟．分析化学．北京：人民卫生出版社，2003.

附表八　元素周期表

原子序数 ← 19　K → 元素符号
钾 → 元素名称
原子量 ← 39.098
注 *的是人造元素

周期＼族	ⅠA	ⅡA	ⅢB	ⅣB	ⅤB	ⅥB	ⅦB	Ⅷ			ⅠB	ⅡB	ⅢA	ⅣA	ⅤA	ⅥA	ⅦA	0	电子层	0族电子数
1	1 H 氢																	2 He 氦 4.002602(2)	K	2
2	3 Li 锂 6.941(2)	4 Be 铍 9.0131823(3)											5 B 硼 10.811(5)	6 C 碳 12.011	7 N 氮 14.006747(7)	8 O 氧 15.9994(3)	9 F 氟 18.9984032(9)	10 Ne 氖 20.1797(6)	L K	8 2
3	11 Na 钠 22.989768(6)	12 Mg 镁 24.3050(6)											13 Al 铝 26.981539(5)	14 Si 硅 28.0855(3)	15 P 磷 30.973762(4)	16 S 硫 32.066(6)	17 Cl 氯 35.4527(9)	18 Ar 氩 39.948	M L K	8 8 2
4	19 K 钾 39.0983	20 Ca 钙 40.078(4)	21 Sc 钪 44.955910(9)	22 Ti 钛 47.88(3)	23 V 钒 50.9415	24 Cr 铬 51.9961(6)	25 Mn 锰 54.93805(1)	26 Fe 铁 55.847(3)	27 Co 钴 58.93320(1)	28 Ni 镍 58.69	29 Cu 铜 63.546(3)	30 Zn 锌 65.39(2)	31 Ga 镓 69.723(4)	32 Ge 锗 72.61(2)	33 As 砷 74.92159(2)	34 Se 硒 78.96(3)	35 Br 溴 79.904	36 Kr 氪 83.80	N M L K	8 18 8 2
5	37 Rb 铷 85.4678(3)	38 Sr 锶 87.62	39 Y 钇 88.90585(2)	40 Zr 锆 91.224(2)	41 Nb 铌 92.90638(2)	42 Mo 钼 95.94	43 Tc 锝 (97.99)	44 Ru 钌 101.07(2)	45 Rh 铑 102.90550(3)	46 Pd 钯 106.42	47 Ag 银 107.8682(2)	48 Cd 镉 112.411(8)	49 In 铟 114.82	50 Sn 锡 118.710(7)	51 Sb 锑 121.75(3)	52 Te 碲 127.60(3)	53 I 碘 126.90447(3)	54 Xe 氙 131.29(2)	O N M L K	8 18 18 8 2
6	55 Cs 铯 132.90543(5)	56 Ba 钡 137.327(7)	57—71 La-Lu 镧系	72 Hf 铪 178.49(2)	73 Ta 钽 180.9479	74 W 钨 183.85(3)	75 Re 铼 186.207	76 Os 锇 190.2	77 Ir 铱 192.22(3)	78 Pt 铂 195.08(3)	79 Au 金 196.96654(3)	80 Hg 汞 200.59(3)	81 Tl 铊 204.3833(2)	82 Pb 铅 207.2	83 Bi 铋 208.98037(3)	84 Po 钋 (209.210)	85 At 砹 (210)	86 Rn 氡 (222)	P O N M L K	8 18 32 18 8 2
7	87 Fr 钫 (223)	88 Ra 镭 226.0254	89—103 Ac-Lr 锕系	104 Rf 𬬻* (261)	105 Db 𬭊* (262)	106 Sg 𬭳* (263)	107 Bh 𬭛* (262)	108 Hs 𬭶* (265)	109 Mt 鿏* (266)											

镧系	57 La 镧 138.9055(2)	58 Ce 铈 140.15(4)	59 Pr 镨 140.90765(3)	60 Nd 钕 144.24(3)	61 Pm 钷* (147)	62 Sm 钐 150.36(3)	63 Eu 铕 151.965(9)	64 Gd 钆 157.25(3)	65 Tb 铽 158.92534(3)	66 Dy 镝 162.50(3)	67 Ho 钬 164.93032(3)	68 Er 铒 167.26(3)	69 Tm 铥 168.93421(3)	70 Yb 镱 173.04(3)	71 Lu 镥 174.967
锕系	89 Ac 锕 227.0278	90 Th 钍 232.0381	91 Pa 镤 231.0359	92 U 铀 238.0289	93 Np 镎 237.0482	94 Pu 钚 (239.244)	95 Am 镅* (243)	96 Cm 锔* (247)	97 Bk 锫* (247)	98 Cf 锎* (251)	99 Es 锿* (252)	100 Fm 镄* (257)	101 Md 钔* (258)	102 No 锘* (259)	103 Lr 铹* (260)

注：1.原子量录自1985年国际原子量表，以$^{12}C=12$为基准。原子量的末位数的准确度加注在其后括弧内，未加注者准至±1。
2.括弧内数据是天然放射性元素较重要的同位素的质量数或人造元素半衰期最长的同位素的质量数。
3.105—109号元素中文名称分别读作dù(𬭊)、xǐ(𬭳)、bō(𬭛)、hēi(𬭶)、mài(鿏)。